普通高等教育"十一五"国家级规划教材
机械设计制造及其自动化专业系列教材

机械系统设计

Jixie Xitong Sheji

第三版

赵 韩 黄 康 邱明明 陈 科 编著

中国教育出版传媒集团

高等教育出版社·北京

内容简介

　　本书是普通高等教育"十一五"国家级规划教材,是在第二版的基础上总结近几年的教学经验及其他兄弟高校的建议修订而成的。本书从包括生产线的整个机械系统出发,按系统论"流"的观点进行机械系统的分解,进而介绍机械系统设计的一般规律和方法。

　　全书共九章,包括概述、机械系统的总体设计、机械系统的物料流设计、机械系统的能量流设计、机械系统的信息流与控制设计、机械结构系统设计、机械运动系统设计、人-机-环境工程设计、机械系统设计的专家系统及仿真。

　　本书为高等学校机械设计制造及其自动化专业教材,也可作为相关专业的研究生教材,亦可供相关的工程技术人员参考。

图书在版编目(C I P)数据

　　机械系统设计 / 赵韩等编著. -- 3 版. -- 北京:高等教育出版社,2023.12
　　ISBN 978 - 7 - 04 - 061401 - 5

　　Ⅰ.①机… Ⅱ.①赵… Ⅲ.①机械系统-系统设计-高等学校-教材 Ⅳ.①TH122

　　中国国家版本馆 CIP 数据核字(2023)第 224354 号

策划编辑	卢 广	责任编辑	卢 广	封面设计	李卫青	版式设计	李彩丽
责任绘图	黄云燕	责任校对	张 薇	责任印制	刁 毅		

出版发行	高等教育出版社	网　址	http://www.hep.edu.cn
社　址	北京市西城区德外大街 4 号		http://www.hep.com.cn
邮政编码	100120	网上订购	http://www.hepmall.com.cn
印　刷	北京市大天乐投资管理有限公司		http://www.hepmall.com
开　本	787mm×1092mm　1/16		http://www.hepmall.cn
印　张	21	版　次	2005 年 3 月第 1 版
字　数	490 千字		2023 年 12 月第 3 版
购书热线	010 - 58581118	印　次	2023 年 12 月第 1 次印刷
咨询电话	400 - 810 - 0598	定　价	47.40 元

课程绑定说明页

计算机访问：

    1. 计算机访问 https://abooks.hep.com.cn/12273472；

    2. 注册并登录，点击页面右上角的个人头像展开子菜单，进入"个人中心"，点击"绑定防伪码"按钮，输入图书封底防伪码（20位密码，刮开涂层可见），完成课程绑定；

    3. 在"个人中心"→"我的图书"中选择本书，开始学习。

手机访问：

    1. 手机微信扫描下方二维码；

    2. 注册并登录后，点击"扫码"按钮，使用"扫码绑图书"功能或者输入图书封底防伪码（20位密码，刮开涂层可见），完成课程绑定；

    3. 在"个人中心"→"我的图书"中选择本书，开始学习。

    课程绑定后一年为数字课程使用有效期。受硬件限制，部分内容无法在手机端显示，请按提示通过计算机访问学习。

    如有使用问题，请直接在页面点击答疑图标进行问题咨询。

新形态教材网

第三版前言

本书第二版自 2011 年出版以来已历经十余载,而随着设计制造技术尤其是智能制造技术的发展,机械系统设计内涵也有了新的发展,为此决定对本书进行修订。本次修订,按照国家一流本科课程建设要求,结合同行专家以及各兄弟院校的使用意见与建议,遵循以下修订原则。

(1) 进一步完善教材内容。继续以"三流"(物料流、能量流、信息流)为主线,运用系统和功能的观点,介绍机械系统设计的关键技术。特别强调机械系统各组成部分之间的协调与匹配,注重各组成部分之间的联系。与上一版教材相比,更加注重了系统的实践性,增加了习题和工程案例。

(2) 引入最新研究成果,提升教材的先进性。增加了一些技术发展的最新成果和一些新的设计理论与方法,例如智能感知技术、基于模型的设计、数字孪生等。另外,将编者团队的项目研究成果引入本教材,例如新能源汽车的能量流系统设计、基于模型的机械臂控制系统设计等。

(3) 处理好与相关教材的关系,避免重复。机械系统设计涉及的内容很多,但作为一门课程不可能讲述所有的相关内容。作为教材,必须在体现其内容的科学性、先进性的基础上,既要处理好与相关课程内容的衔接关系与延伸关系,又要做到不与相关课程内容重复,故不能过分强调完整性。基于上述原则,在本次修订中,更加注重了与相关教材的关系,以系统设计思想、设计过程和方法的讲述为主,以具体的分系统设计的讲述为辅,与其他课程一起共同构成机械设计类专业课程的完善体系。

本次修订在保留第二版的基本体系和内容的基础上,进行了部分补充和修改,具体修订内容如下:

(1) 机械系统总体设计部分:进一步完善了功能结构图绘制的内容;

(2) 能量流系统设计部分:在能量流系统布局形式部分增加了混合动力系统的结构方案,在能量流系统设计实例部分增加了电动汽车能量流系统设计实例;

(3) 信息流系统设计部分:增加了基于模型的设计方法和部分实例;

(4) 信息流系统信号采集与处理部分:增加了传感器选型原则部分的内容,而减少有关传感器类型介绍部分的内容;

(5) 机械系统设计专家系统及仿真部分:增加了数字孪生技术的内容。

此外,还补充了每章后的习题。

参加本书修订工作的有合肥工业大学赵韩教授、黄康教授、邱明明副教授、陈科教授。赵韩规划了全书的内容体系。赵韩、黄康共同编写了第 1、2、3、6、7、8、9 章与附录;赵韩、邱明明共同编写了第 4 章,5.2、5.4 节和全书习题;赵韩、陈科共同编写了 5.1、5.3、5.5 节。

　　合肥工业大学机械工程学院研究生曹龙凯、张义雷、刘浩、虞伟、唐之宇、江铖、王雷、沐笑宇、龚成、侯学伟等同学参加本书的校稿及绘图工作。甄圣超副教授等为本书提供了部分实例,在此一并表示感谢!

　　教育部高等学校机械类专业教学指导委员会委员、合肥工业大学刘志峰教授悉心审阅了本书,提出了很多宝贵的修改意见,在此表示深切谢意!

　　由于本书作者水平有限,错误与疏漏之处在所难免,敬请广大读者提出宝贵意见,联系邮箱:hfutqmm@ hfut. edu. cn。

编著者

于合肥

2023 年 3 月

第二版前言

本书第一版自 2005 年出版以来已历经数载,综合近几年的教学经验以及使用本书的各兄弟院校的意见,决定对本书进行修订。经编写组讨论,修订原则如下:

1) 进一步完善教材体系。将系统论基本思想——"使局部和整体之间的关系协调配合以实现系统的综合最优化"应用于机械设计中,即特别强调系统的观点,也就是必须考虑整个系统的运行,而不是只关心各组成部分的工作状态和性能。

2) 吸纳最新研究成果,提高教材的先进性。将一些新的设计理论与方法,例如专家系统、机械系统仿真等介绍给读者。另外,本书注重实践性,本书中的很多实例来自我们的最新研究成果,如精密矫直机设计、汽车行驶平顺性仿真等。

3) 处理好与相关教材的关系,避免重复。机械系统设计涉及的内容很多,但作为教材不可能讲述所有的相关内容,必须在体现其内容的科学性、先进性的基础上处理好与相关课程内容的关系(衔接关系、延伸关系),同时注意不能与相关课程内容重复。在本次修订中,更加注重与相关教材的关系,与其他课程一起共同构成机械设计类专业课程的完整体系。

本次修订在保留第一版的基本体系和内容的基础上,进行了部分补充和修改,具体修订内容如下:

1) 增加机械结构系统设计的内容。作为系统设计中的一个环节,结构系统是其重要组成部分之一,虽然在其他课程中也有提及,但没有较系统的介绍,故本次修订时专门增加了第六章机械结构系统设计。

2) 在机械系统总体设计部分进一步增加原理方案设计的内容。

3) 改变了部分章节的编排顺序,即在概述、总体设计后进行物料、能量、信息、结构四大系统的介绍,再进行运动系统及人-机-环境系统的介绍,最后进行专家系统及仿真的介绍。

4) 在物料流系统设计部分中,由于定位设计在机械制造基础等相关课程中已有介绍,故删去其相关内容。

5) 在机械运动系统设计部分略去大部分学校已在前述课程中讲述过的内容,如液压传动和气压传动部分,增加无级变速部分的内容。

6) 信息流系统设计部分增强接口技术的内容,减少有关控制原理的内容。

7) 人-机-环境工程设计部分增加绿色设计的介绍。

8) 机械系统设计专家系统及仿真部分减少仿真原理的介绍,增加有限元部分的简介。

在本次修订工作中赵韩提出了全书的内容体系,并与陈科共同修订了第五章,与黄康共同修订了其余部分。

　　合肥工业大学机械与汽车工程学院研究生张卫霞、李佳伟、曹火、陈戈、熊杨寿、闫敏良同学参加了修订版的校稿及绘图工作,翟华老师等为本书提供了部分实例,在此一并表示感谢!

　　本书承合肥工业大学高荣慧老师悉心审阅,提出了很多宝贵的修改意见,在此表示由衷的谢意!

　　本书为普通高等教育"十一五"国家级规划教材,并得到了高等教育出版社的大力支持。在此对本书所获得的所有支持表示衷心的感谢!

　　书中难免存在缺点和错误,敬请读者批评指正。

编著者
2010 年 12 月

第一版前言

随着科学技术的发展和社会的进步,人们对机械系统及装备的要求越来越高。机械系统及装备除了要实现基本的工作要求,还要具有美观、操作简便、维修容易、安全、节能、环保、智能、遥控等附加功能,因而越来越复杂,涉及的相关知识领域,如机械、电子、数学、力学、人机工程、人工智能、环境、材料等越来越多。传统的机械设计主要是以解决运动学和动力学的问题为主,即以实现基本工作要求为主,已不能满足现代机械系统及装备的设计要求。近年来,有些专家学者看到了这一问题,提出了机械系统设计的概念,并出版了相关的著作,推动了机械系统设计的发展。这些著作总体上受传统的机械设计的影响较大,也仍基本局限在单机设计的层面。因此,对于如何从更广的角度考虑和设计复杂的机械系统,是机械设计领域急需解决的问题,也是机电类本科专业学生迫切需要掌握的内容。

现代机械系统及装备都是机、电、光、液等高度一体化的复杂技术系统,传统概念中的机械,在现代机械系统中仅仅被视为"机械部分",并且机械系统本身也只是"人-机-环境"这个更大系统的一个要素(子系统)。在这一系统中,各组成部分之间是相互联系、相互作用的,它们均对机械产品的性能存在着直接或间接的影响。因此,从系统的角度考虑设计问题,能避免传统的以零部件设计为中心而引起的零部件间相互不能匹配、设计周期长等问题。为使机械系统更容易理解,使众多的学科领域知识在设计中得到有机的融合,本书将系统科学的有关理论引入到机械系统设计中。其主要特点是在充分考虑现代科技发展的基础上,引入物料流、信息流和能量流的概念,将机械系统分成子系统进行论述。

机械系统设计是机械工程类专业的主干课程。通过本课程的学习,将使学生能用系统的观点从整机和整个系统的角度去发掘机械产品设计的规律和特点,扩充机械结构知识、控制知识和现代设计知识等,初步掌握它们在机械系统设计中的应用,增强整机和系统的设计能力,从而掌握一定的复杂机械系统的开发设计能力。

本书共分为8章,由赵韩提出全书的体系框架,并和陈科共同撰写了第六章,和黄康一起撰写了其他章节。第一章介绍了机械系统的概念、基本特性、组成和各部分的关系,机械系统的功能要求,机械系统设计的思想、特性及一般程序等,以使读者对机械系统以及机械系统设计等概念有总体的认识;第二章介绍了总体设计的概念及一般过程,包括设计任务的确定(需求分析)、功能分析与分解、功能求解与集成、设计方案的形成、方案的评价、总体布局设计及主要技术参数的确定和总体设计图等内容;第三章介绍了物料流系统的基本组成和存储子系统、输送子系统及装夹定位子系统的设计问题,并对制造系统中的物流系统进行了专门介绍;第四章介绍了能量流系统的构成及能量流理论,并按能量流系统设计的一般顺序介绍了系统载荷类型及确定,常用动力机的种类、特点及选用,还专门介绍了伺服驱动装置;第五章介绍了传动系统(含液压传动及气压传动系统)的构成及常用的变速装置、执行系统的组成与分类、操纵系统的组成及其设计,并介绍了微位移机电系统这一新内容;第六章介绍了信息流系统的类型及构成,主要传感器的类型、特性及选择;第七章介绍了人机工程学及造型设计的一些原则和方法,机械系统噪声控制方面的基础知识,机械振动及振动控制、机械基础设计的基本知识等内容;第八章介绍了计算机在机械系统设计中的应用情况,主要是机械系统设计的专家系统和机械系统的仿真分析。为使读者对机械系统设计的过程有一个完整的印象,在附录中给出了一个完整的机械系统设计的实例。

　　本书内容比较多,但由于分解得比较合理,在进行一定的取舍后并不影响整体的效果。因此,基于各校的先修课程有所不同,教师在具体的教学内容安排上可根据实际情况进行适当选择。例如,先修课程中有电机学或相关课程的,第四章中常用电机特性及选择部分的内容可以不讲;而先修课程中有机械产品造型设计课程的,第七章中的人机工程学及造型设计方面的内容可以不讲。如此等等,不再赘述。

　　书稿承合肥工业大学朱文予教授悉心审阅,提出了很多宝贵的修改意见,特在此表示深切的谢意。

　　本书被评选为教育部高等教育"十五"国家级规划教材,并得到了高等教育出版社的大力支持。在此对本书所获得的所有支持表示衷心的感谢!

编著者

2003 年 9 月

目　　录

第 **1** 章

概述

1.1　系统与机械系统

1.1.1　系统

1. 系统的含义

系统是由具有特定功能的、相互间具有有机联系的许多要素构成的一个整体。它有多种定义方式,如现代系统论创始人、美国生物学家贝塔朗菲把系统定义:由相互联系,且与环境发生关系的各组成部分构成的整体。无论如何定义,它都少不了如下两重含义:

① 系统由相互联系的要素构成;

② 系统与环境发生关系,不是孤立的。

所谓要素,就是构成系统的各组成部分。离开要素,系统就不存在了,但系统并不是要素的简单相加。如机床不是各种零件的简单相加,制造系统也不是各种机床的简单相加。

系统不是孤立存在的,每一系统都受到更大系统的制约,因此系统与要素的区分也是相对的。每个系统对于更大的系统来说,则又称为要素,或称子系统。如,可以将一个柔性制造系统看作是一个系统,而其中的数控机床可看作是基本单元(要素);也可以将一台数控机床看作是一个系统,而将各零部件看成要素。

系统在特定环境中发挥的作用或能力就叫系统的功能。一个司机可能不完全掌握汽车的构造和原理,但他会驾驶,这就是掌握了汽车的功能。

2. 系统的特性

（1）整体性

系统是由各要素按一定的要求和结构组织起来的整体,这个整体获得了各个孤立要

微视频 1.1
系统的整体性

素所不具备的新品质和新功能,如制造系统的功能就是单台机床所不具有的。系统结构把要素连接在一起,这不是机械的相加,而是有机的结合。系统的要素受系统整体的制约,它不具有独立性,不是作为孤立事物而是作为系统的一部分出现和发挥作用的,而且系统的变化必然引起要素的变化。

掌握整体性原则,就要求我们重视整体效应,即将着眼点放在系统整体上来,将具体事物放在系统整体中来考察。同时,要注意处理好各部分的比例关系。

（2）相关性

所谓相关性,即系统的要素之间、要素与整体之间、系统与环境之间的普遍联系,它们互相制约,互相影响,不可分割。

掌握相关性原则,就要求注意事物之间的互相联系,防止孤立、片面地看问题。洋务运动时,湖广总督张之洞请法国人按法国的图样建造的高炉,不能冶炼中国的铁矿砂,就是因为张之洞不懂得高炉与铁矿砂的相关性,才闹了大笑话。

（3）自组织性与动态性

自组织性与动态性也就是环境适应性。由于系统结构的有机性以及系统具有反馈功能,因此系统能够适应环境的变化,而由于外部环境总是不断变化,因此系统也总是处于动态的过程中,稳态是相对的、暂时的。

掌握这一原则,就要求在系统设计时充分考虑外部环境的各种变化和干扰所带来的影响,以使系统具有良好的运行状态。

（4）目的性

系统存在的目的是指系统的活动最终趋向有序和稳态,即完成特定的功能。这是系统价值的体现。

因此,系统具有明确的目的性,即实现要求的功能,排除或减小有害的干扰。

（5）优化原则

系统通过要素的重组、自调节活动,达到在一定环境下的最佳结构。

系统的优化离不开一定的现实环境,是随人的认识的深化和环境条件的改变而逐步提高的,因此系统优化是相对的。

如,任何产品的设计都不是一次完成的,总是在获得较满意的效果后就问世,然后再根据实践结果和新的研究加以改进。

1.1.2　机械系统

1. 机械系统的定义

任何机械均是由若干机构、部件和零件组成的系统。

按照系统的定义,零件是组成系统的要素,它们为完成一定的功能而分别组成了各个子系统。广义上讲,机械系统是人-机-环境这个更大系统的子系统。因此,常把机械构成的系统称为内部系统,而把人和环境构成的系统称为外部系统。内部系统与外部系统之间存在着一定的联系,即相互间有作用和影响,如图1-1所示。

2. 机械系统的构成

从不同的角度出发,机械系统的构成有不同的描述。以前大多是按照系统的结构和组成的装置进行描述的,这使得在设计时比较零乱,难以集成。现代系统论的观点认为,世界是由物质、能量及信息组成的。与此相对应,任何工程系统的功能,从本质上讲,都是接收物料、能量及信息,经过加工转换,输出新形态的物料、能量及信息。据此,本书从"流"的观点出发,将机械系统划分为物料流系统、能量流系统和信息流系统,如图1-2所示。由于能量流系统中的传动装置、信息流系统中的操纵装置及物料流系统中的执行装置均为常用机构所构成的机械运动部件,从机械设计角度出发可将其归入机械运动系统。

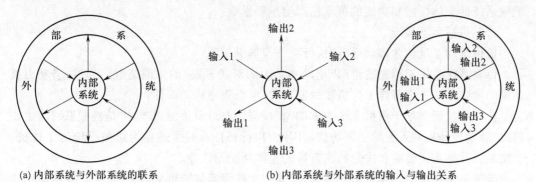

(a) 内部系统与外部系统的联系　　　　(b) 内部系统与外部系统的输入与输出关系

图 1-1　内部系统和外部系统的输入与输出

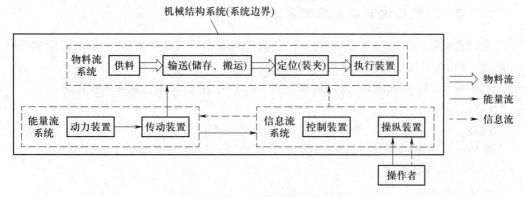

图 1-2　机械系统构成

（1）物料流系统

物料是机械系统工作的对象,机械系统的任务就是改变物料的形状和状态。因此,在机械系统中,物料流是最重要的部分,机械系统中直接与物料接触且使物料发生形状和状态变化的部分就构成了物料流系统。

（2）能量流系统

任何机器的工作都需要能量,要使物料的形状和状态发生变化,更需要大量的能量。因此,机械系统中用于提供能量、转换能量和传递能量的部分就构成了能量流系统。

（3）信息流系统

在物料流和能量流中,各种机构和装置的工作和停止都要满足一定的要求。同时,系统还要随时发现一些故障,并给出相应的处理措施。这些都涉及信息的采集、处理以及指令的发送与接收。因此,机械系统中用于对系统内的信息和指令进行处理的部分就称为信息流系统。

（4）机械结构系统

结构系统在机械系统中起着支承、连接的作用,用来安装物料流、能量流、信息流系统中的零部件,并保证各零部件和系统之间的相互空间位置关系。结构系统由各种结构件组成,常见的有机身、导轨、箱体、横梁、工作台等。

机械结构系统是机械系统的重要组成部分,其强度、刚度、动态性能和热性能等,都对机械系统的整体性能和功能的可靠性产生重要影响。

（5）机械运动系统

机械运动系统包含传动系统、执行系统及操纵系统。

传动系统是用于传递能量（以运动和动力的形式表现）的中间装置。当然,当动力机能量的输出形式完全符合工作机械的要求时,可以省略传动部件。

执行系统通常处于机械系统的末端,直接与作业对象接触,其输出是机械系统的主要输出,其功能是机械系统的主要功能。因此,执行部件有时也被称为机械系统的工作机,其功能及性能直接影响和决定机械系统的整体功能及性能。

操纵系统用于将人和机械联系起来,即把操作者施加于机械的信号,经转换传递到执行部件,以实现机械系统的起停、换向、变速、变力等目的。

1.1.3　现代机械系统的功能要求

现代机械系统的功能要求非常广泛,不同的机械系统因其工作要求、追求目标和使用环境的不同,其具体功能的要求也有很大差异。

对机械产品功能的理解,人们通常是指该产品的用途、使用性能和工作能力。

例如,电动机:

用途——作为动力机,用以驱动机床、电扇等各类机械。

性能——效率、寿命、振动……

能力——功率、转速……

金属切削机床:

用途——切去毛坯余量,将其加工成符合规定尺寸、形状、精度要求的零件。

性能——精度、刚度、寿命、噪声……

能力——功率、速度……

各种机械系统的功能要求大体可归纳为:

① 运动要求　如速度、加速度、转速、调速范围、行程、运动轨迹以及运动的精确性等。

② 动力要求　包括传递的功率、转矩、力、压力等。

③ 可靠性和寿命要求　包括机械和零部件执行功能时的可靠性和寿命,零部件的强度、硬度、耐磨性等。

④ 安全性　包括强度、刚度、热力学性能、摩擦学特性、振动稳定性、系统工作的安全性及操作人员的安全性等。

⑤ 体积和重量。

⑥ 精度　如运动精度、定位精度等。

⑦ 经济性 包括机械的设计、制造及使用、维修的经济性。

⑧ 环境保护要求 如噪声、振动、防尘、工业三废的处理与排放。

⑨ 产品造型要求 如外观、色彩、装饰、人-机-环境的协调性等。

⑩ 其他特殊要求 除上述要求之外,不同的机械还可有一些特殊要求,如户外型机械要求良好的防护和密封性,食品机械、纺织机械要求不污染被加工产品等。

1.2 机械系统设计的任务与过程

了解机械系统设计的任务与方法之前,必须首先了解机械系统设计的基本思想。

1.2.1 机械系统设计的基本思想与特点

1. 机械系统设计的基本思想

机械系统设计的思想很早就已产生,早在 1824 年,卡诺在《论火的动力与发出这种动力的机器》中写道:任何时候都不要指望把燃料的全部热能加以利用。如果忽略其他目标,而一味追求此点,将有害而无益。燃料的经济性只是热机应满足的条件之一,在很多情况下,燃料的经济性常常处于第二位,热机首先应满足可靠性、强度、寿命、尺寸等要求。

微视频 1.7
机械系统设计
的基本思想

这段话,实际包含了机械系统设计的基本思想,即:在机械系统(热机)设计时不应追求局部最优(燃料的经济性),而应该追求整体的最优(燃料的经济性加上热机的可靠性、强度、寿命、尺寸等综合性能)。

2. 机械系统设计的特点

机械系统设计必须考虑整个系统的运行,而不是只关心各组成部分的工作状态和性能。传统的设计注重内部系统的设计,且以改善零部件的特性为重点,对于各零部件之间、外部系统与内部系统之间的相互作用和影响考虑较少。零部件的设计固然应该给予足够的重视,但全部用最好的零部件未必能组成好的系统,其技术和经济性未必能实现良好的统一。应该在保证系统整体工作状态和性能最好的前提下,确定各零部件的基本要求及它们之间的协调和统一。

同时,应在调查研究的基础上搞清外部系统,如市场的要求(包括功能、价格、销售量、尺寸、质量、工期、外观等)和约束条件(包括资金、材料、设备、技术、人员培训、信息、使用环境、后勤供应、检修、售后服务、基础和地基、法律和政策等)对该机械系统的作用和影响。这些外部系统都对内部系统设计有直接影响,不仅影响机械系统的总体方案、经济性、可靠性和使用寿命等指标,也影响具体零部件的性能参数、结构和技术要求,甚至可能导致设计失败。

此外,也不能忽略机械系统对外部环境的作用和影响,包括该产品投入市场后对市场形势、竞争对手的影响,运行中对操作环境、操作人员及周围其他人员的影响等。

内部系统设计与外部系统设计相结合是系统设计的特点,它可使设计尽量做到周密、合理,少走弯路,避免不必要的返工和浪费,以尽可能少的投资获取尽可能大的效益,其技术、经济、社会效果往往随系统复杂程度的增加而越趋明显。

1.2.2 机械系统设计的任务

机械系统设计的任务是为市场提供优质、高效、价廉物美的产品,在市场竞争中取得优势,赢得用户,并取得良好的经济效益。产品质量和经济效益取决于设计、制造、管理的综合水平,而产品设计是关键,没有高质量的设计,就不可能有高质量的产品;没有经济观点的设计人员,绝不可能设计出经济性好的产品。据统计,产品的质量事故中约有一半是设计不当造成的;产品成本中的 60% ~ 70% 取决于设计。同时,从国民经济支出的角度看,设计通常是产品研制的所有阶段中花费最少的一个阶段。但从后果看,这个阶段可能是最昂贵的。例如,在科学研究中出现了及时更正只需要 1 元的错误,那么在试验设计时更正它的代价就会是 10 元,在试制阶段可能增加到 100 元,最后在生产阶段就会增加到 1 000 元。机械系统设计时,特别强调和重视从系统的观点出发,合理地确定系统功能,增强可靠性,提高经济性,保证安全性。

1. 合理确定系统功能

一项产品的推出总是以社会需求为前提,没有需求就没有市场,也就失去了产品存在的价值和依据。而社会需求是变化的,不同时期、不同地点、不同社会环境就会有不同的市场行情和要求。所以,设计师必须确立市场观念,以社会需求和为用户服务作为最基本的出发点。

所谓需求,就是对功能的需求。用户购买产品实际就是购买产品的功能。

按性质功能可分为基本功能和辅助功能。基本功能是用户直接要求的功能,体现了产品存在的基本价值。辅助功能是为了实现基本功能而附加在产品上的功能,是实现基本功能的手段。而无论实现哪种功能都需要成本投入。价值工程中常用价值来评价功能与成本的统一程度,即产品的价廉物美程度。价值 V(value)可用功能 F(function)与成本 C(cost)的比来表示:

$$V = \frac{F}{C} \tag{1-1}$$

从式(1-1)可以看出,为了提高产品的价值 V,可以采取下述五种措施:① 增加功能 F,成本 C 不变;② 功能 F 不变,降低成本 C;③ 增加一些成本 C 以换取更多的功能 F,即 F 的增加比 C 的增加多。④ 降低一些功能 F 以使成本 C 更多地降低,即 F 的减少小于 C 的减少;⑤ 增加功能 F,降低成本 C。显然,最后一种是最理想的,但也是最困难的,这就要求我们采用一些特别的手段,如高科技手段。

因此,确定系统功能时应遵循保证基本功能、满足使用功能、增添新颖功能、剔除多余功能,恰到好处地利用外观功能的原则,降低现实成本,提高功能价值,力求使产品更加物美价廉。

2. 增强可靠性

按照 GB/T 2900.13—2008 的规定,可靠性可定义为:"产品在给定的条件下和在给定的时间区间内能完成要求的功能的能力。"

① 产品 是泛指的,包括零件、部件、设备、系统。

② 要求的功能 是指产品所应实现的使用任务的预期功能。例如,汽车的规定功能是运输,机床的规定功能是加工零件。产品丧失要求的功能称为失效,对可修复的产品也称为故障。

③ 给定的条件 是指使用条件与环境条件,含运输、保管条件。

④ 给定的时间 产品的功能只有同使用时间相联系才有实际意义,不同的产品应有不同的规定时间,如海底电缆要求使用时间长达三四十年,火箭只要求保证一次工作。给定的时间有时要求的是应力循环次数、转数等相当于时间的量。

增强系统可靠性的最有效方法是进行可靠性设计,也称概率设计。

3. 提高经济性

机械系统的经济性表现在设计、制造、使用、维修,乃至回收的全过程中。

(1) 提高设计和制造的经济性

产品的经济性决定于其成本,而成本是由设计和制造两方面的因素决定的。因此,设计师应该了解影响产品成本的设计因素和制造因素,在保证产品功能的前提下努力降低产品的成本。

提高设计和制造的经济性,从设计角度来说主要有以下几个方面:

1) 合理地确定可靠性要求或安全系数

可靠性要求和安全系数分别是可靠性设计及传统设计方法中描述系统工作而不失效的程度指标,但它们的含义及应用有所不同。

由于设计时使用的载荷、材料强度等数据都属于统计量,因而可靠性要求更符合客观实际。所以,采用可靠性设计可以使系统的设计更合理、更经济。系统越复杂,其优越性也就越明显,经济性和可靠性也就越统一。

采用传统设计方法,以安全系数作为判据时,将设计中的统计量当作确定量来处理,显然不符合客观实际,当安全系数大于1时,并不能排除失效的可能性。

2) 贯彻标准化

标准化是组织现代化大生产的重要手段,它大大提高了产品的通用性和互换性,可以使生产技术活动获得必要的统一协调和良好的经济效果。它创造的经济性体现在很多方面,如加快了产品开发速度,缩短了生产技术准备时间,节约了原材料,提高了产品质量、可靠性和劳动生产率,改善了维修性等。

标准化通常包括产品标准化、系列化和通用化。机械工业的技术标准有以下三大类:

① 物品标准

它又称为产品标准,是以产品及其生产过程中使用的物质器材为对象制定的标准,如机械设备、仪器仪表、工装、包装容器、原材料等标准。

② 方法标准

它是以生产技术活动中的重要程序、规划、方法为对象制定的标准,如设计计算、工艺、测试、检验等标准。

③ 基础标准

它是以机械工业各领域的标准化工作中具有共性的一些基本要求或前提条件为对象制定的标准,如计量单位、优先数系、极限与配合、图形符号、名词术语等标准。

我国标准分国家标准、部颁标准(行业标准)、企业标准三级。

鉴于目前我国标准化工作的现状和需要,积极采用国际标准和国外先进标准也是一项重要的技术经济政策。国际标准主要是指国际标准化组织(ISO)和国际电工委员会(IEC)两个国际性的标准化机构公布的标准。我国是 ISO 和 IEC 的成员国。

3)采用新技术

随着科学技术的发展,各种新技术(包括新工艺、新结构和新材料等)不断问世,在设计中采用新技术可以使产品具有更好的性能和经济性,因而具有更强的市场竞争力。

4)改善零部件的结构工艺性

零部件的结构工艺性包括铸造工艺性、锻造工艺性、冲压工艺性、焊接工艺性、热处理工艺性、切削加工工艺性和装配工艺性等,深入研究结构工艺性,对新产品的设计,对简化设计、缩短生产周期、提高劳动生产率、降低成本有重大的经济意义。良好的结构工艺性也是实现设计目标、减少差错、减少废品率、提高产品质量的基本保证。

影响结构工艺性的因素很多,如生产规模、设备和工艺条件、原材料的供应等。当生产条件改变时,零部件结构工艺性是否良好的评价也会随之变化。因此,结构工艺性既有原则性和规律性,又有一定的灵活性和相对性。设计时应根据不同的情况进行具体分析后确定。

改善结构工艺性的具体措施、原则和规范可参阅有关的设计手册和资料。

(2)提高使用和维修的经济性

使用和维修的经济性就是考虑使用者的经济效益,主要可从以下几个方面加以考虑。

1)提高产品的效率

用户总是希望购买的产品效率高,能源消耗低。机械设备的效率主要取决于传动系统和执行系统的效率。设计人员应在方案设计和结构设计时,充分考虑提高效率的措施。

对属于生产资料的机械设备,提高其生产率,提高原材料的利用率,降低物耗等,也是提高其效率的重要途径。

2)合理地确定经济寿命

一般都希望产品有长的使用寿命,但在设计中单纯追求长寿命是不恰当的。

系统正常运行寿命的延长必须以相应的维修为代价。使用寿命的延长,往往伴随着系统性能的下降,效率降低,使用费用(包括运行、维修、保养、操作、材料及能源消耗等费用)增加,使用经济性降低,因此在适当的时候应考虑设备更新。另外,由于科学技术的进步,不断有一些技术更先进、性能价格比更高的新设备出现,加上企业生产规模的发展、产品品种的扩大或改变等,都是要求更新设备的原因。

设备从开始使用至其主要功能丧失而报废所经历的时间称为功能寿命;设备从开始使用至因技术落后而被淘汰所经历的时间称为技术寿命。对设备进行适时的技术改造可延长其技术寿命,在延长其技术寿命的同时,再以良好的维修为保证,可延长其经济寿命。在科技高速发展的时代,设备的技术寿命、经济寿命常大大短于功能寿命。按成本最低原则,设备更新的最佳时间应由其经济寿命确定。

3)提高维修保养的经济性

维修能延长设备的使用寿命,是保持设备良好的技术状况及正常运行的技术措施,但必须以付出一定的维修费为代价,以尽可能少的维修费用换取尽可能多的使用经济效益,是机械设备进行维修的原则。

目前,在机械设备中应用比较多的是定期维修方式。这种维修方式因无法准确估计影响故障的因素及故障发生的时间,因而难免出现设备失修或维修次数过多的现象。有的零件未到维修期就已经失效,而有的零件虽未失效,但因已到维修期,而不得不提前更换。因此,定期维修方式的总维修费较高。但由于能够尽量安排在非正常生产时间进行,从而使因停机停产造成的损失减少,而且便于安排维修前的准备工作,有利于缩短维修时间,保证维修质量。

随着故障诊断技术的不断进步,维修技术也得到了飞速发展。按需维修的方式就是采用了故障诊断技术。它不断地对系统中的主要零部件进行特性值的测定,当发现某种故障征兆时就进行维修或更换。这种维修方式既能提高系统有效的运行时间,充分发挥零部件的功能潜力,又能减少维修次数,尤其是盲目维修,因而其总的经济效益较高。但因需配备十分可靠的监控和测试装置,所以只在重要的和价值很高的系统中采用。

对于不太重要的或价值不太高的产品,有时可设计成免修产品。它在使用期内不必维修,功能寿命终止时即报废。

4. 保证安全性

机械系统的安全性包括机械系统执行预期功能的安全性和人-机-环境系统的安全性。

(1) 机械系统执行预期功能的安全性

机械系统执行预期功能的安全性是指机械运行时系统本身的安全性,如满足必要的强度、刚度、稳定性、耐磨性、耐腐蚀性等要求。为此,应根据机械的工作载荷特性及机械本身的要求,按有关规范和标准进行设计和计算。为了避免机械系统由于意外原因造成故障或失效,常需配置过载保护、安全互锁等装置。

(2) 人-机-环境的安全性

在人-机-环境的关系中,包括三个要素,即人、机与环境。这三者之间形成了三种子关系,即人与机关系、机与环境关系以及人与环境的关系。从机械系统设计的角度讨论安全性问题就是要考察以下这两个方面的内容:人-机安全与环境保护。

1) 人-机安全

人-机安全首先指的是人员的劳动安全。改善劳动条件,防止环境污染,保护劳动者在生产活动中的安全和健康,是工业技术发展的重要法规,也是企业管理的基本原则之一。

为了保障操作人员的安全,应特别注意机械系统运行时可能对人体造成伤害的危险区,并进行切实有效的保护。

人-机安全另一方面的内容是人对机器运行安全性的影响,即由于人的操作错误(或称人为差错)造成系统的功能失灵,甚至危及人的生命安全,这往往不被人们所认识,或不能引起人们的足够重视。实践表明,随着科学技术的发展,人工操纵或控制的各类机器也日趋复杂,对操作人员的要求愈来愈高,如要有准确、熟练的分析、判断、决策和对复杂情况迅速做出反应的能力。然而,人的能力是有限的,不可能随着机器的发展而无限提高。如果先进的机器对人的操作要求过高,超出人的能力范围,就容易发生操作错误,这不仅使系统性能得不到发挥,甚至使整个系统失灵或发生重大事故。如美国的 AV-8A 垂直起落飞机装备部队后,从 1973 年到 1977 年的五年中,发生 16 起事故,其中有 11 起是由飞行员的操作错误引起的,占 68%。因此,如何从总体设计上尽量减少系统的不安全因素,是确保"安全"性的一个非常重要的方面。

2）环境保护

环境保护的内容非常广泛,如工业三废(废气、废水、废渣)的治理,除尘,防毒,防暑降温,采光,采暖与通风,放射保护,噪声和振动的控制等。

1.2.3　机械系统设计的一般过程

机械系统设计的一般过程包括产品规划、系统技术设计和制造销售三个阶段。

1. 产品规划

① 编制设计任务书　根据产品发展规划和市场需要编制设计任务书,或由上级主管部门下达计划任务书。

② 调查研究　进行市场调查,收集技术情报和资料,掌握外部环境条件,预测市场趋势。

③ 可行性研究　包括技术研究和费用预测,对市场前景、投资环境、生产条件、生产规模、生产组织、成本与效益等进行全面的分析研究,提出可行性研究报告。

④ 系统计划　明确设计任务、目的和要求,搞清外部环境的作用和影响,制订系统开发计划。

2. 系统技术设计

（1）总体设计

分析和确定系统目的与要求,选择工作原理,设计总体方案,对可行的各候选方案进行分析比较,确定最佳系统方案,并进行总体布置设计,必要时应针对所选方案进行试验研究(前期试验)。

（2）技术设计

进行子系统的选型和设计,计算和确定主要尺寸,绘制部件装配图和总图,必要时进行试验研究(中期试验)。

（3）工作图设计

绘制全部零件图,编写各种技术文件和说明书。

（4）鉴定和评审

对设计进行全面的技术、经济评价,分析内部系统对周围环境的作用和影响。

3. 制造销售

（1）样机试制及样机试验(后期试验)。

（2）样机鉴定和评审。

（3）改进设计。

对不能满足系统要求的技术、经济指标进行分析,根据样机鉴定和评审意见修改和完善。

（4）小批试制。对单件生产的产品,经修改、试验、调整后,投入运行考核,并在运行中不断改进和完善。

对大量生产的产品,通过小批试制进一步考核设计的工艺性,并不断修改和完善设计,同时进行工艺装备的准备工作。

（5）定型设计。完善全部零件图和装配图、技术文件和工艺文件。

（6）销售。对于前期试验和中期试验,可部分或全部使用机械系统仿真分析的虚拟样机技术,这对缩短开发周期和减少开发成本都大有好处。

（7）产品使用。产品进入使用阶段后还可能会暴露一些问题,一般经修改后,产品的设计就日臻完善。

（8）产品报废与回收。产品达到使用寿命（或经济寿命）后,不能继续使用或失去进一步的使用价值,就必须进行报废处理,对于产品中有回收利用价值的部分经处理后可以进行再制造。这就要求在产品方案设计阶段就要考虑回收利用的问题,进行全生命周期设计。

1.3 本课程的主要内容

机械系统设计是一门阐述现代机械的基本组成,以及这些组成部分如何构成一个完整、彼此协调的复杂系统的机械工程类专业的主干课程。

本课程的目的是培养学生从系统的角度进行机械设计的能力,即用系统的观点从整机的角度去了解一般机械产品设计的规律和特点,加强对机械结构知识、控制知识和现代设计知识的学习,并初步掌握它们在机械系统设计中的应用方法,增强整机和系统的设计能力。因此,本书是从系统的观点出发,以机、电、液、气结合的机械系统为对象,阐述机械系统设计的一般规律和特点,介绍机械系统设计的设计原理、设计过程和设计方法,结构和零部件的造型,系统的设计计算以及大型复杂机械系统设计的一些最新研究成果。

机械系统设计是研究范围相当宽的一门课程,解决机械系统设计问题也需要涉及多方面的知识,本书的目的不在于让读者深入地了解具体技术方面的内容,而强调全局与综合的知识,即现代机械设计的知识体系。据此,本书安排了以下一些主要内容。

① 机械系统设计中的系统分解与系统评价方法。

② 机械系统的方案设计和总体设计的过程与方法。

③ 机械系统的物料流系统的分析与设计。

④ 机械系统设计中能量流的分析,并介绍载荷的确定方法及动力机的选择问题。

⑤ 机械系统设计中信息流的分析,讨论控制系统设计,其中重点介绍数字控制的有关内容。

⑥ 机械结构系统设计,介绍机械结构件的类型、设计方法以及结构件设计中的一般问题。

⑦ 机械运动系统设计问题,分传动系统、执行系统和操纵系统几部分叙述。

⑧ 人-机-环境工程设计(包含机械基础设计)。

⑨ 设计型专家系统及机械系统仿真。

习题

1-1　系统的含义是什么?

1-2　什么是机械系统?

1-3　机械系统的特性有哪些?

1-4　从流的观点出发,机械系统的组成有哪几部分?

1-5　机械系统设计的基本思想是什么?

1-6　机械系统设计的任务是什么?

1-7　简述机械系统设计的一般过程。

第 **2** 章

机械系统的总体设计

2.1 概述

机械系统设计的第一个环节是总体设计,就是在具体设计之前对所要设计机械系统的各方面,本着简单、实用、经济、安全、美观等基本原则所进行的综合性设计,是一个从整体目标出发,实现系统整体优化设计的一个阶段。

机械系统总体设计的主要内容有系统原理方案的构思、结构方案的设计、总体布局与环境的设计、主要参数及技术指标的确定、总体方案的评价与决策。

总体设计对机械系统的性能、尺寸、外形、质量及生产成本具有重大影响。因此,在总体设计中要充分应用现代设计方法中提供的各种先进设计原理,综合利用机械、电子等关键技术并重视科学实验,力求在原理上新颖、正确,在实践上可行,在技术上先进,在经济上合理。

机械系统的总体设计步骤没有严格的规定,但一般来说,一开始总有一个产品目标设想,然后进行总的可行性论证和技术经济分析。在总的意向确定以后,应认真地分析和确定总体功能、指标,提出方案设想,然后进行系统分析和功能分解,最后形成总体方案。为了保证总体方案的可行性,必要时需做方案试验和关键技术验证,同时要认真做好分系统的初步设计以及各类接口设计。在此基础上就可以形成总体设计报告,并对其进行认真严肃的评价与审定,特别是在一些重要的技术问题上,一定要听取不同方面的意见,反复论证。评审通过之后,总体设计初步告一段落,但因为在实施中也还可能有反复,所以评审要贯穿产品开发的整个过程。其基本步骤如图 2-1 所示。

总体设计给具体设计规定了总的基本原理、原则和布局,指导具体设计的进行,而具体设计则是在总体设计基础上的具体化,并促成总体设计不断完善,二者相辅相成。因此,在工程设计、测试和试制的中间或后期,总体设计人员仍有大量工作要做,只有把总体和系统的观点贯穿于产品开发的过程,才能保证最后的成功。

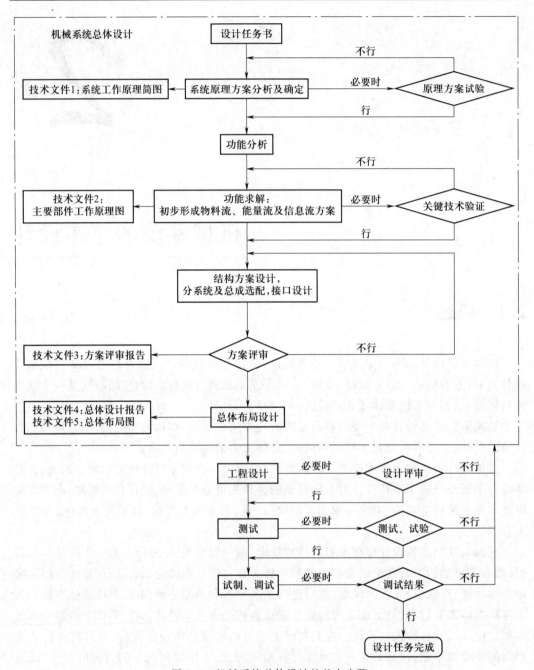

图 2-1　机械系统总体设计的基本步骤

在总体设计的过程中应逐步形成下列技术文件：

① 系统工作原理简图；

② 主要部件的工作原理图；

③ 方案评审报告；

④ 总体设计报告；

⑤ 系统总体布局图。

2.2　设计任务的形成与确定

微视频 2.1
设计任务的类型

设计任务是对设计对象的简略描述,包括一些要求达到的指标。

2.2.1　设计任务的类型

如果对机械工业中所使用的各类机械做一番调查统计,就会发现设计者常会遇到下述三类不同的设计任务。

1. 开发性设计

开发性设计是指在工作原理、结构等完全未知的情况下,应用成熟的科学技术或经过试验证明是可行的新技术,设计过去没有过的新型机械。这是一种完全创新的设计。最初的蒸汽机车设计就属于开发性设计,这也称为"零"→"原型"的创新开发。

2. 适应性设计

适应性设计是指在原理方案基本保持不变的前提下,对产品做局部的变更或设计一个新部件,使产品在质和量的方面更能满足使用要求。如内燃机加一增压器后就可使输出功率增大,加一个节油器就可节约燃料。增添增压器和节油器的设计就属适应性设计。

3. 变型设计

变型设计是指在工作原理和功能结构都不变的情况下,变更现有产品的结构配置和尺寸,使之适应于更多量的要求。如由于需要传递的转矩或传动比改变而重新设计减速器的传动系统和尺寸,就属于变型设计。

在工业实践中,开发性设计总是少量的,为充分发挥现有机械设备的潜力,适应性设计和变型设计就显得很重要了。但不论从事的是哪一类设计,着眼点都应尽量放在"创新"上。

2.2.2　设计任务的来源

设计任务反映了客观的需要。随着旧产品的改进和新产品的出现,又会出现新的需要,提出新的设计任务,如此反复循环。

通常设计任务主要来自下列几个方面。

1. 指令性设计任务

从国家的发展战略、国防等方面考虑,政府和军队等部门往往会选择一些实力比较强的企业、研究单位下达一些指令性的设计任务。研制单位则需根据计划的总要求,了解产品的使用环境、条件及工艺情况,在充分进行技术经济分析的基础上,对新产品的选型和发展方式等提出建议,报请有关部门审批后执行。据此制订的新产品发展计划任务书中包括较详细的产品研发目的,产品技术经济指标,系列化、标准化、通用化水平,需要解决的技术关键,可行性分析,经费预算,环保措施,预期经济效果等。

2. 来自市场的设计任务

这是用户根据自己的需要提出来的。它们主要出自使用的考虑,与用户对该领域情况的掌握有极大关系。这种设计任务常包括一些使用方面的性能指标,如生产率、速度等,并常有样机作为对比目标。这类任务常是为解决某特定需求而提出并作为一般商品的开发来进行的。

3. 考虑前瞻的预研设计任务

随着市场竞争越来越激烈,产品更新换代的时间也越来越短。一个企业,即使在产品市场非常好的情况下,也要着手新产品的开发。企业及研究人员要始终关注市场的发展动向,从中发现市场需求变化的趋势,并根据这种趋势拟出具有前瞻性的产品和装备的预研项目。

2.2.3 拟订设计任务书

作为明确设计任务阶段的成果,常以表格形式编写设计任务书(设计要求表),它将作为设计与评价的依据。

1. 拟订设计任务书的一般原则

拟订设计任务书的一般原则是详细而明确,合理而先进。所谓详细,就是针对具体设计项目应尽可能列出全部设计要求,特别是不要遗漏重要的设计要求。所谓明确,就是对设计要求尽可能定量化,例如生产能力、工作中维修保养周期等。此外,要区别主要要求和次要要求。所谓合理,就是对设计要求提得适度,实事求是。要求定得低,产品设计很容易达到,但产品实用价值和竞争力也低;要求定得过高,制造成本增加,或受技术水平限制而达不到。所谓先进,就是与国内外同类产品相比,在产品功能、技术性能、经济指标方面都有先进性。

2. 产品设计要求

产品设计要求是设计、制造、试验和鉴定的依据,一项成功的产品设计应该满足许多方面的要求,要在技术性能、经济指标、整体造型、使用维护等方面都能做到统筹兼顾、协调一致。

设计要求视具体产品而定,有些产品可依据国际标准、国家标准或行业标准来确定,有些可通过统计法、类比法、估算法、试验法来确定,有些则可通过直接计算得到。

产品设计要求可采用"要求明细表"或逐条叙述两种方式提出。下面列举一些通用的主要要求。

(1) 产品功能要求

同一产品功能越多,价值越高。因此,在满足主要功能的情况下,还应满足用户附加功能的要求,做到功能齐全,一机多用。这一要求是设计任务书中必须要表达清楚的。

(2) 适应性要求

所谓适应性,是指工况发生变化时产品的适应程度。工况包括作业对象、工作载荷、环境条件等。在设计任务书中应明确指出该产品的适应范围。从扩大产品的应用范围角度考虑,产品的适应范围越广越好。

(3) 性能要求

性能是指产品的技术特征,包括动力、载荷、运动参数、可靠度、寿命等。例如汽车有动力性、燃油经济性、制动性、操纵稳定性、平顺性、可靠度、维护保养等。

（4）生产能力要求

生产能力是产品的重要技术指标，它表示单位时间内创造财富的多少。高生产能力是人们追求的目标之一。一般情况下，生产能力分为理论生产能力、额定生产能力和实际生产能力。在设计要求中，应对理论生产能力做出规定。

（5）制造工艺要求

产品结构要符合工艺原则，有好的工艺性，同时要尽量减少专用件，增加标准件。零件工艺性好，通用性强，会有效降低加工制造费用。

（6）可靠性要求

可靠性设计要求包括产品固有可靠性设计、维修性设计、冗余设计、可靠度预测和使用可靠度设计。

此外，还有使用寿命、人机工程、安全性等各项要求。

上述各项设计要求都是对整机而言的，而且是主要设计要求。在设计时，应针对不同产品加以具体化、定量化。

3. 设计任务书的格式

产品设计要求拟订后，以设计任务书或说明书的形式固定下来。设计任务书是设计师进行产品设计的"路标"，是产品鉴定和验收的依据，是解决设计单位和委托单位之间矛盾的准绳。目前，设计任务书没有统一的格式，它可用明细表、合同书等方式表达。

表 2-1 为全自动洗衣机的设计任务书。

表 2-1 全自动洗衣机的设计任务书

编号			名称	全自动洗衣机
设计单位			起止时间	
主要设计人员			设计费用	
设 计 要 求				
1	功能	主要功能：洗涤脏衣物。 辅助功能：毛衣物上的毛绒过滤等		
2	适应性	洗涤对象：普通衣物，毛毯、牛仔服类重衣物，羊毛、丝绸等纤细织物。 入口水压：0.1~0.6 MPa。 环境：远离热源、振源等，要有水源、电源		
3	性能	动力：额定输入功率 400 W 左右。 外形尺寸：小于 550 mm×550 mm×900 mm。 整机质量：小于 30 kg		
4	洗涤能力	额定洗涤、脱水容量：3.8 kg（干衣）		
5	可靠度	整机可靠度要求达到 99.9% 以上		
6	使用寿命	一次性使用寿命要求达到 5 年，多次性维修使用寿命要求达到 10 年以上		
7	经济成本	700 元左右（含材料、设计、制造加工、管理费用）		

续表

	设 计 要 求	
8	人机工程	操作方便(面板式操作,全自动控制洗涤过程,可简单编程),显示清晰,造型美观
9	安全性	保证人身、设备安全(漏电保护功能、洗涤过程异常时的自动报警功能等)

2.3　机械系统的功能及其分解

微视频 2.2
系统的功能描述(黑箱法)

在充分研究设计任务,对各项设计要求进行仔细分析,明确设计任务的核心要求及相应的约束条件之后,即可开始进行机械系统的总体设计。

总体设计的第一步就是充分理解设计任务书所规定的设计要求,并将其抽象化,即对系统的功能(包括约束)进行描述。

2.3.1　系统的功能描述

功能是对某一产品的特定工作能力的形象化描述。

功能的描述要准确、简洁,合理地抽象,抓住其本质,避免带有倾向性的提法,这样能避免方案构思时形成种种框框,使思路更为开阔。

功能分析为产品的原理方案设计提出了一种新的构思方法,它可以使设计者摆脱经验设计和类比设计的束缚,开拓设计人员创造性思维,有利于在产品设计中得到最佳的原理方案。

从系统论的观点出发,任何一个产品都可以看作一个技术系统。根据第 1 章所述的系统划分理论,在进行机械产品的功能原理分析时,可以先把待设计的机械产品看作一个技术系统,其总功能用内部看不清楚的"黑箱"来描述,系统的输入量与输出量可以抽象为物料、能量与信息三大要素来表示,如图 2-2a 所示。

具体地,系统的总功能还可以从以下四个方面描述:即主功能——物料的输入、转换与输出功能(物料流),动力功能——能量传递与变换功能(能量流),控制功能——信息传递与控制功能(信息流),结构功能。其中主功能是直接实现系统目的的功能,它表明了系统的主要特征和功能;动力功能为系统的运行提供必要的能量;控制功能包括信息检测、处理和控制,是使系统精确、可靠、节能、协调运行所必需的功能;系统各要素组合起来,进行空间配置,形成一个统一的整体,而保证系统工作中的强度和刚度,则应由结构功能实现。除了主功能的输入、输出外,还有能量输入与控制输入。为了使操作者或其他系统从外部了解系统的运行状态,现代机械还必须有信息输出。此外,系统在运行中总会遇到外部环境的干扰(外扰),干扰无论是作用在主功能上,还是作用在结构功能或动力功能上,特别是作用在控制功能上,如果不能抑制,最终会影响主功能的正常工作,系统还可能会产生无用的输出(废弃的输出),这种输出会对环境造成有害的影响。尽管各种机械的功能各异,千姿百态,它们的功能构成都有相似的模式,因而也必然具有相似的组成规律。图 2-2b 所示为描述洗衣机的功能构成图。

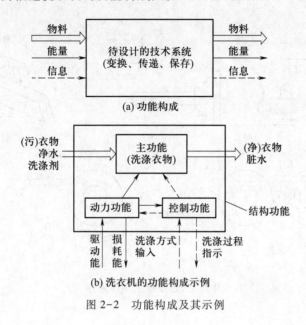

(a) 功能构成

(b) 洗衣机的功能构成示例

图 2-2 功能构成及其示例

2.3.2 系统的原理方案总体分析

在功能分析的基础上,首先应对系统的原理方案进行总体分析。

在工作对象一定的情况下,系统的主功能与工艺过程密切相关。对其进行原理方案分析时,首先需要分析其工艺过程,在较大的领域内进行工作原理的搜索。不同的工艺原理,所对应的技术系统不同,甚至完全不一样,因而实现主功能所采用的技术原理对整个技术系统有决定性影响。

例如,对于洗衣机的设计,就有各种各样的工作原理可供选用。其实早在洗衣机还未问世前,人类就想出各种洗涤方法,如搓洗、抓洗、压洗、振洗、擦洗、捶洗、碰洗等,当选用搓洗原理时,就可设计出波轮式洗衣机;而采用捶洗原理时,设计出来的就是滚筒式洗衣机;而当采用振洗原理时,就可设计出振动式洗衣机,如超声波洗衣机。

又如,同样是制造一个零件,采用切削加工的方法就需要从毛坯上去除多余部分,采用挤压成形的方法就需要使毛坯发生塑性变形,而采用激光烧结快速成形的方法就是让组成零件的材料分层堆积凝聚成形。这是三种完全不同的成形方法,所对应的技术系统分别是切削机床、压力加工机床及快速成形设备。

由此可见,在分析或设计一个现代机械系统时,首先应该从主功能分析着手。

例 2-1 螺纹加工机的总体原理方案分析。

分析:根据"螺纹加工机"的总功能,在机械加工的范围内可能形成五种方案,如图 2-3 所示。其中,图 2-3a 所示为车削加工螺纹,图 2-3b 所示为铣削加工,但车削刀具、铣削刀具和工件的运动都不同;图 2-3c、d、e 所示为无切屑加工,利用滚压加工进行搓丝,而由于执行元件的不同,也会有不同的搓丝方案。然后根据螺纹的特定加工要求(强度、批量、成本等)选定总体方案,进行机器的具体设计。

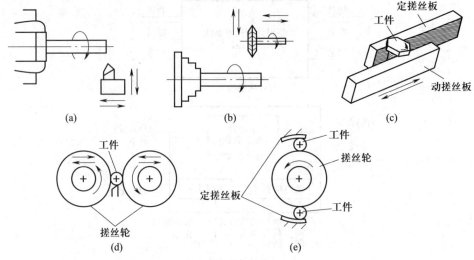

图 2-3 螺纹加工工作原理

2.3.3 功能分解与功能树

一般情况下,机械系统都比较复杂,难以直接求得满足总功能的系统方案,可按系统工程分解性原理进行功能分解,建立功能结构图即功能树,化繁为简。这样既可显示各功能元、分功能与总功能之间的关系,又可通过各功能元解的有机结合求系统方案。

功能树自总功能起,按一级分功能、二级分功能……进行分解,其末端为功能元。前级功能是后级功能的目的功能,后级功能是前级功能的手段功能。另外,同一层次的功能单元组合起来,应能满足上一层功能的要求,最后合成的整体功能应能满足系统的要求。

实际设计时,系统功能结构的建立可以从系统功能分解出发,分析功能关系和逻辑关系。首先从上层分功能的结构考虑,建立该层功能结构的雏形,再逐层向下细化,最终得到完善的功能树。

下面以全自动洗衣机的设计为例,说明功能树的建立过程。

由洗衣机的设计任务可知,其总功能的技术原理是将信息化了的洗涤过程自动复现,通过波轮搅拌的方法使脏衣物洗涤干净,其主要特征是自动化。为实现此功能,必须具有洗涤功能,能将程序转化为波轮和脱水桶运动控制命令的信息处理功能,能在洗涤过程中承受各种作用力、保证几何精度的结构功能。由此得到第一级分功能:洗涤功能(主功能)、控制功能、结构功能以及动力功能。对于洗涤功能,它涉及脏衣物、水与洗涤剂三个方面,因此洗涤功能的第二级分功能就是分别与脏衣物、水与洗涤剂相关的容纳、搅动衣物和水,添加洗涤剂,甩干脱水、排水等功能。搅动衣物和水对应的第三级分功能就是波轮旋转。各层还可继续向下分解,如动力功能中的"用于干燥",还可继续分解为电动机、减速器、脱水桶等。如此逐层分解,就可得到全自动洗衣机的功能树,如图2-4所示。

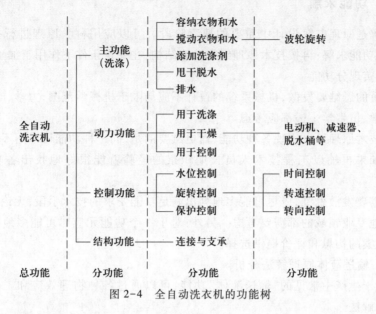

图 2-4　全自动洗衣机的功能树

根据洗衣机的功能树中的各个分功能,分析各个分功能之间的逻辑关系如下:

其输入物料为脏衣物、清水和洗涤剂,它们混合后在洗涤桶内通过与波轮摩擦模拟手搓衣物进行脏物分离,一定时间后排出脏水,再次洗涤,如此反复,最后进行甩干;

在此过程中,洗涤及甩干两个运动需要能量支持,该能量则由电能通过电动机转换而来;

而洗涤过程中的运行速度、正反转、洗涤、甩干时间控制等则由信息流系统实现;

整个结构需各种连接与支承。

如此分析,即可得到洗衣机的功能结构图,如图2-5所示。

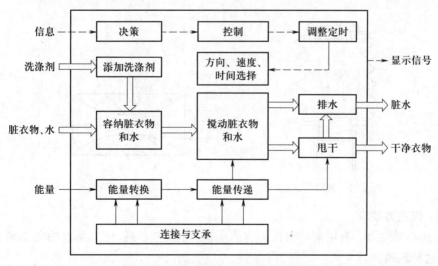

图 2-5　全自动洗衣机的功能结构图

2.3.4   功能求解

功能求解是原理方案设计中重要的搜索阶段。可以应用科学原理进行技术原理构思,从而进行功能求解;再按技术原理组织功能结构,在一定条件下作用于加工对象,成为技术分系统,实现分功能。

设计人员的思维要发散,机械系统的设计不应局限于机械学范围,力学、电子学、电磁学、热学、光学、仿生学……都应考虑。

同一种技术原理可以实现各种功能,而更重要的是,同一种功能可以用不同的技术原理来实现。如果再辅以工程技术人员长期积累的经验就能很好地找出各功能的实现方案。

这一步需要发散思维,应尽可能多地列出满足功能要求的技术手段,无论是本专业领域的还是其他专业领域的都需要考虑。另外,对于一个功能元应尽可能多地提出技术原理,以便为方案的构思和评价提供选择。

例 2-2   输送液体原理解法分析。

分析:对于生产中常见的"输送液体"功能,可以通过各种物理效应和工作原理的探索,求得多种解法。

(1)负压效应

① 利用压力 p 与容积 V 的关系($pV=$常数),增大容积空间形成负压吸入液体,减小容积空间形成高压输出液体。所有的容积泵如柱塞泵、偏心转子泵等都是应用这种原理,其最简单的结构是如图 2-6 所示的波纹管水泵,拉压塑料波纹管 1 改变其容积,液体从单向阀 2 吸入,从单向阀 3 压出,扬程可达 3 m 多。

② 利用流速与压力的关系,即文丘里喉管原理,如图 2-7 所示,使流体(液体或气体)流经变截面喉管,在狭窄处流速增大,形成负压,被输送液体就可从小孔 M 抽进喉管,当流速达 600~700 m/s 时,扬程可达 5~6 m。

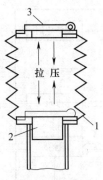

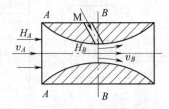

图 2-6   波纹管水泵   图 2-7   喉管原理

(2)惯性力效应

① 离心惯性力。利用离心惯性力将水引出,一般离心泵、化工系统的化工离心泵都是应用这种原理。

② 往复运动惯性力。利用往复运动的惯性力工作的惯性泵,如图 2-8 所示,将管 1

置于水中,在 A、B 方向往复运动,水即通过单向阀 2、3 由管 4 输出。

③ 虹吸原理。图 2-9 所示为吸液器原理图。将软管 1 插入盛液桶 2 中,反举吸液器缸套使活塞到 A 位置,放下缸套使其位置比液面低,活塞由位置 A 落至位置 B,上部形成真空,盛液桶中的液体在大气压力的作用下进入软管到达吸液器底部流出,形成虹吸流。

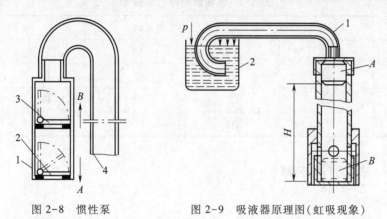

图 2-8 惯性泵   图 2-9 吸液器原理图(虹吸现象)

(3) 毛细管效应

高性能的轻质热管为两端封闭的管子,衬里为数层金属丝网,管内封装液体,如图 2-10 所示。在高温端液体吸热蒸发,蒸汽流至低温端放热,冷凝后的液体由毛细管效应通过金属丝网流回热端。此种热管可用于人造卫星和冻土层输油管保温等。

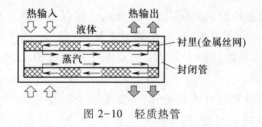

图 2-10 轻质热管

2.4 机械系统的方案设计

方案设计的过程实际上就是对子功能方案进行综合的过程。因为一个实际的机械系统有很多子功能或功能元,而每一子功能或功能元都有若干个解,它们可以形成若干个总体方案,各总体方案的优劣有很大差异,故方案综合是一项复杂的工作,一般可采用形态学矩阵的方法来解决总体方案中功能匹配的问题。

2.4.1 形态学矩阵

形态分析法是一种系统搜索和程式化求解的创新技法。在形态学中,将各子系统的目标(功能)及基本可能实现的办法(可以是物理效应、作用原理或功能载体)列入一个矩阵形式的表中,这个表就称为形态学矩阵,亦称模幅箱图。一个典型系统解的形态学矩阵如表2-2所示,若功能元为A、B、C、D,对应的功能元解分别为3、5、4、5个,则理论上可综合出3×5×4×5＝300个方案。如A1-B2-C3-D4为一组可能的方案。在全体方案中,既包含有意义的方案,也可能包含无意义的虚假方案。

表2-2 系统解的形态学矩阵

		功能元解				
功能元	A	A1	A2	A3		
	B	B1	B2	B3	B4	B5
	C	C1	C2	C3	C4	
	D	D1	D2	D3	D4	D5

2.4.2 总体方案求解

1. 求解原则

对于大型复杂的问题,所得方案数巨大,甚至无法检验。实践证明,没有必要对其逐一检验,关键是处理好以下两个问题:

① 各功能元原理方案之间在物理上的相容性,可以从功能结构中的能量流、物料流及信息流能否不受干扰地连续流过,以及功能元的原理方案在几何学和运动学上是否有矛盾来进行直觉判断,从而剔除那些不相容的方案。这些工作可以用计算机来完成。

② 从技术、经济效益较好的角度,初步挑选几个较有希望的方案进行进一步比较。

另外,在进行总体方案综合时,还应注意以下几点:

① 要考虑设计要求及附加要求,例如,当要求采用机械传动时,就不必过多地考虑液压、电磁等方面的功能解。

② 选择时,不仅针对某项具体功能元,还要兼顾全局及其他相关的功能元,最好能将几个功能元用同一类原理来实现,使原理方案简化。

③ 对于关键性的功能元,应多考虑采用创造性方法解决,必要时,应做有关的试验。

设计人员根据自己的经验,并灵活掌握以上基本问题,就可以从众多的方案中选出合适的总体方案来。

例2-3 单桶洗衣机的总体方案设计。

分析:(1) 功能分解

从洗衣机的总功能出发,分析实现洗涤功能的手段,可得到盛装衣物、分离脏物和控制洗涤等几个基本分功能,以分功能作为形态分析的三个因素。

(2) 功能求解

对应分功能的形态,是实现这些功能的各种技术手段或方法。为列举功能形态,应进行信息检索,密切注意各种有效的技术手段与方法。在考虑利用新的方法时,可能还要进行必要的试验,以验证方法的可利用性和可靠性。在上述的三个分功能中,"分离脏物"是最关键的功能,列举其技术形态或功能载体时,要针对"分离"二字广思、深思和精思,从多个技术领域(机、电、热、声等)去发散思考。

（3）列形态学矩阵并进行方案综合

经过一系列分析和思考,在条件成熟时即可建立起表 2-3 所示的洗衣机的形态学矩阵。

表 2-3　洗衣机的形态学矩阵

分功能		功能解			
		1	2	3	4
A	盛装衣物	铝桶	塑料桶	玻璃钢桶	陶瓷桶
B	分离脏物	机械摩擦	电磁振荡	热胀	超声波
C	控制洗涤	人工手控	机械定时	计算机自控	

利用表 2-3,理论上可组合出 $4 \times 4 \times 3 = 48$ 种方案。

某些方案是明显不太合理的,如 A1—B4—C1,这些方案可以直接去掉,下面简要分析五种具有代表性的方案。

方案 1:A1—B1—C1 是一种最原始的洗衣机。

方案 2:A1—B1—C2 是最简单的普及型洗衣机。这种洗衣机通过电动机和 V 带传动使洗衣桶底部的波轮旋转,产生涡流并与衣物相互摩擦,再借助洗衣粉的化学作用达到洗净衣物的目的。

方案 3:A2—B3—C1 是一种结构简单的热胀增压式洗衣机。它在桶中装热水并加进洗衣粉,用手摇动使桶旋转增压,也可实现洗净衣物的目的。

方案 4:A1—B2—C2 所对应的方案,是一种利用电磁振荡原理进行分离脏物的洗衣机。这种洗衣机可以不用洗涤波轮,把水排干后还可利用电磁振荡使衣物脱水。

方案 5:A1—B4—C2 是超声波洗衣机的设想,即考虑利用超声波产生很强的水压使衣物纤维振动,同时借助气泡上升的力使衣物运动而产生摩擦,达到洗涤去脏的目的。

其他方案的分析不再一一列举。

2. 功能集成

接下来的工作就是进行功能集成,即如何将求解所得的功能载体进行集成,其中最主要的工作就是接口设计。

复杂的机械产品是多输入多输出的系统。每个机械产品总是由若干个功能载体组成,在最简单的情况下,这些功能载体各自相互独立工作。除了在控制信息上互相协调外,每个单元的输出都不影响其他单元的输出,这种状态为正交。如洗衣机中的脱水运动与洗涤运动,在设计得较完善的情况下,两者之间不发生动力学的相互影响。但在许多情况下,这些功能载体是互相关联的。这些关联有的表现在运动学上,例如数控车床在作插补运动时,为复现运动轨迹,要求各运动轴联动;有的则表现在动力学上,像机器人手臂各关节之间不仅有运动学的关联,也有动力学的关联,特别是机械结构刚性较差时,各个单元之间的关系更复杂。在这种情况下,每一个输入都会影响所有的输出,想在不改变其他输出的情况下去调整某个输出是十分困难的。

综上所述,功能集成需要考虑各功能载体在机械结构上的关联与控制信息上的关系两个方面,是一个充分考虑如何确定合理的整体布局形式,采用恰当的传动和支承结构、检测控制硬件、信息处理方法等的过程。

例如,传统的双桶洗衣机的脱水及洗涤就分别由两套机构来实现,而全自动单桶洗衣机在设计时就考虑到,因为脱水与洗涤不是同时进行的,故只采用一个电动机,这样,这两种运动就产生了关联。通过恰当布置机械结构(主要是传动结构),再从程序上控制两种运动不同时发生,从而实现了节约空间的套缸结构(关于这两种洗衣机的详细结构可参见总体布局部分)。

2.5 机械系统方案的评价

上述拟订的总体方案,可能是一个,也可能是几个,为了进行决策,必须对各种方案进行评价。

系统评价是一项很困难的工作,至今并无统一的好方法。系统评价时应考虑的因素很多,如功能、性能指标、可靠性、成本、寿命及人机工程学等。有些因素可以进行定量化评价,而有的则难以定量化,给评价带来困难。而且,虽然系统的价值是客观存在的,但在评价时,评价人员的经验及其评价角度等主观因素,常常使评价结果有所不同,因此评价又只具有相对价值。

在进行系统评价时应坚持客观性、可比性、合理性及整体性等原则。

1. 客观性原则

客观性一方面是指参加评价的人员应站在客观立场,实事求是地进行资料收集、方法选择及对评价结果作出客观解释;另一方面是指评价资料应当真实可靠和正确。

2. 可比性原则

被评价的方案在基本功能、基本属性及强度上要有可比性。

3. 合理性原则

合理性是指所选择的评价指标应当正确反映预定的评价目的,要符合逻辑,有科学依据。

4. 整体性原则

整体性是指评价指标应当相互关联、相互补充,形成一个有机整体,能从多角度全面综合反映评价方案。如果片面强调某一方面指标,就有可能歪曲系统的真实情况,导致做出错误决策。

系统评价的方法很多,特别是人工智能的介入,给系统评价技术带来了新意(详见第9章)。但是,各种方法都不全面。现在采用较多的还是专家评审集体讨论的方法,具体有名次计分法、评分法、技术经济评价法、模糊评价法等。评价的指标基本上还是将系统的总收益与总投资费用之比作为主要评价值。

评分法较为简单(参见本章2.7的实例)。本节将着重介绍评价指标的建立及模糊评价方法。

2.5.1 评价指标

对一个方案进行科学的评价,首先应确定其指标以作为评价的依据,然后再针对评价指标给予定性或定量的评价。

1. 评价指标的内容

作为技术方案评价依据的评价指标(评价准则)一般包含以下三个方面的内容:

(1)技术评价指标

工作性能、加工装配工艺性、使用维护性、技术上的先进性等。

(2)经济评价指标

成本、利润、投资回收期等。

(3)社会评价指标

方案实施的社会影响、市场效应、节能、环境保护、可持续发展等。

通过分析,选择主要的要求和约束条件作为实际评价指标,一般最好不超过 6~8 项,项目过多容易掩盖主要影响因素,不利于方案的选出。

2. 加权系数

定量评价时,需根据各指标的重要程度设置加权系数。

加权系数是反映指标重要程度的量化系数,加权系数大意味着重要程度高。为便于分析计算,取各评价指标加权系数 $g_i < 1$,且 $\sum g_i = 1$。

加权系数值一般由经验确定或采用强制判定法(forced decision,简称 FD)计算。强制判定法操作时将评价指标和比较指标分别列于判别表的纵、横坐标。根据评价指标的重要程度两两加以比较,并在相应格中给出评分。两指标同等重要,各给 2 分;某项比另一项重要,分别给 3 分和 1 分;某项比另一项重要得多,则分别给 4 分和 0 分。最后通过计算求出各加权系数 g_i,即

$$g_i = \frac{k_i}{\sum\limits_{i=1}^{n} k_i} \tag{2-1}$$

式中:k_i——各评价指标的总分;

$\quad\quad n$——评价指标数。

例 2-4　确定洗衣机的评价指标的加权系数。已知:洗衣机六个评价指标的重要程度顺序为价格、洗净度、维修性、寿命、外观、耗水量(其中维修性与寿命同等重要)。

解:按强制判定法确定加权系数,列出判别表并计算各评价指标的加权系数,如表 2-4 所示。

3. 评价指标树

评价指标树是分析表达评价指标的一种有效手段。用系统分析的方法对指标系统进行分解并图示,将总指标具体化为便于定性或定量评价的指标元,从而形成指标树。图 2-11 所示为一指标树的示意图。z 为总指标,z_1、z_2 为子指标,z_{11}、z_{12} 为 z_1 的二级子指标。指标树的最后分枝为总指标的各具体评价指标元。图中 g_i 为加权系数,子指标加权系数之和为上级指标的加权系数。

表 2-4　各评价指标加权系数的判别表

评价指标	比较指标						k_i	加权系数（近似）$g_i = \dfrac{k_i}{\displaystyle\sum_{i=1}^{n} k_i}$
	价格	洗净度	维修性	寿命	外观	耗水量		
价格	×	3	4	4	4	4	19	0.31
洗净度	1	×	3	3	4	4	15	0.25
维修性	0	1	×	2	3	4	10	0.17
寿命	0	1	2	×	3	4	10	0.17
外观	0	0	1	1	×	3	5	0.08
耗水量	0	0	0	0	1	×	1	0.02
							$\sum k_i = 60$	$\sum g_i \approx 1$

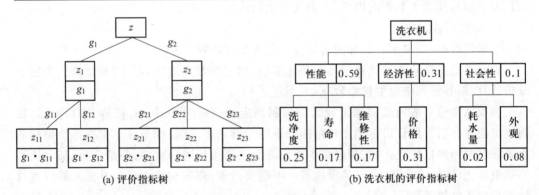

(a) 评价指标树　　　　　　　(b) 洗衣机的评价指标树

图 2-11　评价指标树

2.5.2　模糊评价法

对于某些指标，例如美观、安全性、舒适度等，人们往往会用好、中、差等不定量的模糊概念来评价。模糊评价就是利用集合和模糊数学将模糊信息数值化以进行定量评价的方法。

1. 隶属度

模糊评价是用方案对某些评价指标隶属度的高低来表达的。

隶属度表示某方案对评价指标的从属程度，用 0~1 之间的一个实数表达，数值越接近 1，说明隶属度越高，即对评价指标的从属程度越高。

确定隶属度可采用统计法或隶属函数法。

统计法是收集一定量的评价信息通过统计得到隶属度的方法，例如需对某种洗衣机的洗净度进行评价，其评价等级为优、良、中、差，这可通过对一些用户进行调查统计求得。若其中 10% 的人评价为优，评价为良和中的各占 20%，而有 50% 的人对其评价为差，即可求得隶属度 $B = \{0.1, 0.2, 0.2, 0.5\}$。进行模糊统计试验次数应足够多，以使统计得到的隶属度稳定在某一数值范围内。

隶属度也可通过隶属函数求得,模糊数学有关资料中推荐了十几种常用的隶属函数,可利用其求取特定条件下的隶属度。

2. 模糊评价

对于多个评价指标的方案,先分别求各评价指标的隶属度,考虑加权系数,根据模糊矩阵的合成规律求得综合模糊评价的隶属度,再通过比较求得最佳方案。

多指标的模糊评价步骤如下:

第一步,取评价指标集 $Y = \{y_1, y_2, \cdots, y_n\}$,评价等级集(论域)$X = \{x_1, x_2, \cdots, x_m\}$。

第二步,确定某方案对 n 个评价指标的模糊评价隶属度矩阵

$$R = \begin{bmatrix} R_1 \\ R_2 \\ \vdots \\ R_i \\ \vdots \\ R_n \end{bmatrix} = \begin{bmatrix} r_{11} & r_{12} & \cdots & r_{1j} & \cdots & r_{1m} \\ r_{21} & r_{22} & \cdots & r_{2j} & \cdots & r_{2m} \\ \vdots & \vdots & & \vdots & & \vdots \\ r_{i1} & r_{i2} & \cdots & r_{ij} & \cdots & r_{im} \\ \vdots & \vdots & & \vdots & & \vdots \\ r_{n1} & r_{n2} & \cdots & r_{nj} & \cdots & r_{nm} \end{bmatrix}$$

和加权系数矩阵 $A = \begin{bmatrix} a_1 & a_2 & \cdots & a_n \end{bmatrix}$。

第三步,确定综合模糊评价隶属度矩阵

$$B = A \cdot R = \begin{bmatrix} b_1 & b_2 & \cdots & b_j & \cdots & b_m \end{bmatrix} \tag{2-2}$$

一般可选用模糊数学中以下两种方法进行模糊矩阵合成:

乘加法:
$$b_j = a_1 r_{1j} + a_2 r_{2j} + \cdots + a_n r_{nj} \tag{2-3}$$

取小取大法($\wedge \vee$法):
$$b_j = (a_1 \wedge r_{1j}) \vee (a_2 \wedge r_{2j}) \vee \cdots \vee (a_n \wedge r_{nj}) \tag{2-4}$$

式中符号"$\wedge$"和"$\vee$"分别为表示取小、取大的逻辑运算符,并有

$$a \wedge r = \min(a, r), \quad a \vee r = \max(a, r)$$

取小取大运算简单,小中取大突出了主要因素的影响,但由于运算中部分信息丢失,在评价指标多、加权系数绝对值小的情况下有时不能得到合理的评价结论。一般情况下,使用乘加法较为准确。

第四步,方案选优。方案比较时遵循两个原则确定级别并排序。

① 最高隶属度原则 每个方案按综合模糊评价集中隶属度最高的一级确定其级别。

② 排序原则 方案优劣排序时同级中隶属度高者在先,注意应以本级与更高级的隶属度之和为准进行比较。

也可按打分法计算综合得分以确定优先度。

例如,某厂在开发一种新产品时,总体设计时选定了 A_1、A_2 两个候选方案。为了优选方案,组织了一个由 10 位专家组成的评价小组,用模糊评价法对两个方案进行评价。专家组进行了如下几项工作:

(1) 确定评价指标及评价等级

专家组选用三个评价指标:产品性能(P_1)、可靠性(P_2)及使用方便性(P_3),同时将每个评价指标划分为 4 个等级:0.9,0.7,0.5,0.3。记评价等级向量 E 为

$$E = (0.9 \quad 0.7 \quad 0.5 \quad 0.3)$$

（2）确定评价指标加权系数

专家组对各评价指标的相对重要性进行讨论,最后认为,产品可靠性的重要度是使用方便性的 3 倍,而产品性能的重要度又是可靠性的 2 倍。由此不难确定,评价指标 P_1、P_2、P_3 的相对重要度之比为 $6 : 3 : 1$,因此根据式(2-1)可得评价指标 P_1、P_2、P_3 的加权系数依次为 0.6、0.3、0.1。得加权系数矩阵

$$A = \begin{bmatrix} 0.6 & 0.3 & 0.1 \end{bmatrix}$$

（3）构造评价方案 A_1、A_2 的隶属度矩阵

专家组在进行了充分酝酿讨论后,就评价方案在指定的评价指标应归属哪个等级的问题进行了投票,投票结果见表 2-5 和表 2-6。表中评价等级栏下的数据是得票数。

表 2-5　方案 A_1 得票

评价指标	加权系数	评价等级			
		0.9	0.7	0.5	0.3
产品性能	0.6	3	4	3	0
可靠性	0.3	2	5	3	0
使用方便性	0.1	1	3	2	4

表 2-6　方案 A_2 得票

评价指标	加权系数	评价等级			
		0.9	0.7	0.5	0.3
产品性能	0.6	1	5	4	0
可靠性	0.3	4	3	2	1
使用方便性	0.1	3	4	1	2

记方案 A_k 的隶属度矩阵为 R_k,$k = 1, 2$,则 R_k 是 3 行 4 列矩阵,其元素 r_{ij} 为

$$r_{ij} = \frac{得票数}{总人数}$$

于是,由表 2-5 和表 2-6,可得隶属度矩阵为

$$R_1 = \begin{bmatrix} 0.3 & 0.4 & 0.3 & 0 \\ 0.2 & 0.5 & 0.3 & 0 \\ 0.1 & 0.3 & 0.2 & 0.4 \end{bmatrix}, \quad R_2 = \begin{bmatrix} 0.1 & 0.5 & 0.4 & 0 \\ 0.4 & 0.3 & 0.2 & 0.1 \\ 0.3 & 0.4 & 0.1 & 0.2 \end{bmatrix}$$

（4）计算评价方案的综合模糊评价隶属度矩阵

根据式(2-2)及式(2-3)进行计算,得

$$B_1 = A \cdot R_1 = \begin{bmatrix} 0.25 & 0.42 & 0.29 & 0.04 \end{bmatrix}, B_2 = A \cdot R_2 = \begin{bmatrix} 0.21 & 0.43 & 0.31 & 0.05 \end{bmatrix}$$

（5）计算评价方案的综合得分(优先度)并选优

要计算综合得分,应当将评价指标归属于每个等级的隶属度与该等级的分数相乘,然后所有项相加:

$$z_1 = \boldsymbol{E} \cdot \boldsymbol{B}_1^{\mathrm{T}} = 0.9 \times 0.25 + 0.7 \times 0.42 + 0.5 \times 0.29 + 0.3 \times 0.04 = 0.676$$

$$z_2 = \boldsymbol{E} \cdot \boldsymbol{B}_2^{\mathrm{T}} = 0.9 \times 0.21 + 0.7 \times 0.43 + 0.5 \times 0.31 + 0.3 \times 0.05 = 0.66$$

从计算结果看出,两个方案非常接近,但对方案 A_1 的评价比方案 A_2 略高一些。

2.6 机械系统的总体布局设计及主要参数确定

人-机系统设计是总体设计的重要部分之一,它是把人看成系统中的组成要素,以人为主体来详细分析人和机器系统的关系。其目的是提高人-机系统的整体效能,使人能够舒适、安全、高效地工作。

产品进入市场后,其外观造型首先给人以重要的直觉印象,先入为主就是用户心理的普遍反映。随着现代科学技术的发展,我国的物质、文化水平已有了很大的提高,人们的需求观和价值观也发生了变化,经过造型设计的机械产品已进入了人们的工作、生活领域。造型设计已成为产品设计的一个重要方面。

这两方面的内容将在第 8 章中详细论述。

2.6.1 结构方案与总体布局设计

1. 结构方案设计

机械系统的原理方案仅表示功能载体的组合,但同样的功能载体可以有不同的组合,所得到的产品可能有不同的形状和尺寸,甚至可能影响整体性能。

结构方案设计的主要工作就是确定功能载体的组合方式。因此,结构方案设计的目的不仅是将原理方案结构化,而且要实现结构的优化与创新。

在进行结构方案设计时,首先要求了解所设计产品的具体功能要求。例如,对于小型客车,其发动机较小,工作时发热、振动等影响较小,同时为了便于传动部分及操纵部分的布置,可考虑采用发动机前置的方案;而对于较大的豪华型客车,由于其发动机较大,工作时的发热、振动等的影响都较大,若发动机前置则会对驾驶员及乘客产生较大的影响,因此可采用发动机后置的方案。其次要明确所选取的功能载体的工作原理,这样才能使所设计的结构可靠地实现物料流、能量流及信息流的传导和转换,这时就必须考虑所依据的工作原理、可能的各种物理效应,尽可能避免出现意外情况。结构布局设计虽没有固定的模式遵循,但可在设计时参考以下基本原则:

(1)运动学原则

根据物体需要实现的运动方式,按所需的自由度数来配置约束数,并将这些约束适当地配置,以满足物体需求的运动方式。

(2)基面合一原则

结构方案设计时,要尽量满足基面合一原则,即应使定位基面与使用基面和加工基面合为一体,这样可以减小基面不一致所带来的误差。

(3)最短传动链原则

在保证运动要求的前提下,传动链越短,零件数就越少,材料的消耗和制造费用就越低,同时,也有利于提高传动效率和精度。

（4）保证安全性原则

对于构件的安全性,从结构布局上考虑主要是避免构件受载情况恶化,出现过载应力,另外还要考虑构件在使用过程中材料性能的变化;对于系统功能的可靠性,主要是采用冗余配置的方法来解决;对于系统工作时的安全性,主要采用报警方式或自动监控装置来保证。

（5）简单化原则

一方面要求结构简单,即组成系统方案的零件数最少,几何形状简单;另一方面要求产品零件尽量标准化和通用化,以达到便于操作、监控、制造、装配的目的。

结构方案设计虽然不考虑各部分的具体布局和尺寸参数,但它是总体布局设计的前提,其方案将在总体布局设计阶段验证和落实。因此,结构方案设计应考虑总体布局设计的要求。

2. 总体布局设计的基本要求

总体布局设计的主要任务是确定系统各主要部件之间的相对位置关系以及它们之间所需要的相对运动关系。布局设计是一个带有全局性的问题,它对产品的制造和使用都有很大的影响。

总体布局设计一般从粗到细,有时要经过多次反复才能确定。总体布局图可由主视图和左视图组成或用三维图形表达,当然,有时只需一个视图就可表达清楚。总体布局图应能反映:

① 机械的大致工艺路线。

② 机型特征,外形尺寸。

③ 主要组成部件及其相对位置、尺寸。

在进行总体布局时,应注意以下基本问题:

① 有利于系统功能的实现。无论在系统的内部还是外观上都不应该采用不利于功能目标的布局方案。

② 有利于物料流的畅通。物料流系统的配置与所选的系统原理方案及实现它的工艺过程有关。

另外,物料流系统的配置还应尽量考虑组成生产线时的整个物流系统的配置问题[参见总体布局设计示例（3）,即粒状巧克力糖包装机总体布局]。

③ 有利于安装、使用与维修。在保证系统总功能的前提下,应力求操作方便、舒适,以改善操作者的劳动条件,减少操作时的体力及脑力消耗,同时还应考虑安装、维修的方便性,如对于易损件,需经常更换,就应做到装拆方便。

④ 应注意整体的平衡性。在总体布局时,应力求降低质心高度,尽量对称布置,减小偏置。另外,有些机械在完成不同作业或工况改变时,整机质心可能会改变,如塔式起重机,其质心位置会随着起重量的不同而改变,即必然存在着偏置问题,但若质心偏置过大,就会有倾覆的危险,因此对这种情况,在总体布局时应留有放置配重的位置。

⑤ 有效避免干涉。在机械系统中或多或少地存在着运动零件,在总体布局时一定要为运动零件预留足够的空间,以免运动时发生干涉。如柴油机的活塞推动连杆,从而带动

曲柄作整周转动,因而在所有这些运动件可能到达的空间内都不应该与缸体等其他构件发生干涉。目前,一种有效的检验方法是应用三维 CAD 软件或计算机图形仿真系统,模拟运动件的运动情况,以判断是否会产生运动件的干涉。另一种干涉的情况就是机械与周围环境中物体的干涉,这就要求在进行总体布局设计之前,应对周围环境中的物体分布有充分的了解。一般在进行总体布局设计之前,可将周围环境用双点画线画出,这样可有效地避免这种干涉。

另外,还需对机械系统在比较特殊的情况(如恶劣工况)下可能会发生的干涉引起足够的重视。例如,汽车的货厢与驾驶室之间应留出足够的间隙以防止在紧急制动时货厢与驾驶室之间可能出现的碰撞与摩擦。

3. 系统总体布局的基本形式

可以按形状、大小、数量、位置、顺序五个基本方面进行综合,得出一般布局的类型。

① 按主要工作机构的空间几何位置,可分为平面式、空间式等。

② 按主要工作机构的相对位置,可分为前置式、中置式、后置式等。

③ 按主要工作机构的运动轨迹,可分为回转式、直线式、振动式等。

④ 按机架或机壳的形式,可分为整体式、组合式等。

4. 总体布局示例

(1) 洗衣机的总体布局

洗衣机一般都由洗衣桶、脱水桶及相应的动力和传动机构,进水和排水装置,控制台等几部分组成,下面分析两种日常生活中使用较多的波轮式洗衣机——双桶洗衣机和全自动洗衣机的总体布局方案。

图 2-12、图 2-13 分别为双桶洗衣机和全自动洗衣机的总体布置图。

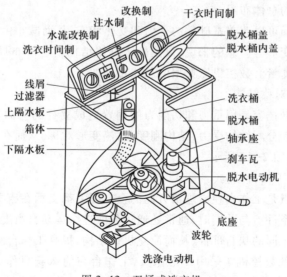

图 2-12 双桶式洗衣机

图 2-12 中,双桶洗衣机的洗衣桶及脱水桶分开放置,导致洗衣机的体积较大。而图 2-13 所示的全自动洗衣机采用了独特的套缸式结构,即洗衣脱水桶是由两个桶套在一起

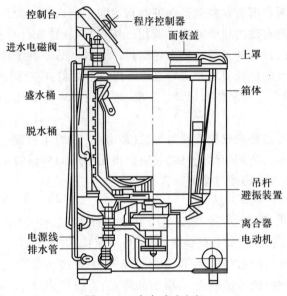

控制台
程序控制器
面板盖
进水电磁阀
上罩
盛水桶
箱体
脱水桶
吊杆
避振装置
离合器
电动机
电源线
排水管

图 2-13   全自动洗衣机

而形成的,里面一个是脱水桶,外面的则是盛水桶,它们以其相应的控制和传动装置,使洗衣机既具有洗衣功能,又能自动脱水,使其体积大为减小。另外,需注意的是其传动机构的布置,由于体积减小,全自动洗衣机只采用了一个电动机,另用一个洗涤-脱水离合装置连接两条不同传动比的传动路线,以解决洗涤与脱水需要不同的转速问题。由此可见,洗衣桶和脱水桶的两种不同布置方式产生了两种不同的后果,后者比前者的体积大为减小,这种变化,尤其对减小宽度方向的尺寸有着重要的意义。

（2）数控机床的总体布局

合理的总体布局可以改善基础件的受力和受热状态,从而减小由切削力、切削热和构件自重引起的结构变形等。总的来说,数控机床总体结构的合理布局,常常以刚度、抗振和热稳定性指标来衡量。数控机床典型的总体布局如下。

1）采用框架式对称结构

主轴箱体单面悬挂容易因重力和切削力的偏置造成立柱的弯曲和扭转变形,框架式对称结构有利于合理分配结构受力,结构刚度高,热变形对称,从而在相同的受力条件下,结构的变形较小,如图 2-14 所示。

2）采用无悬伸工作台结构

这种结构的优点是工作台在沿进给方向的全行程上都支承在床身上,没有悬伸,从而改善了工作台承载条件。与此同时,通常还通过分散进给运动自由度,将机床所需的进给运动自由度分配给不同的执行部件,从而简化机械结构,提高工作台刚度。

图 2-15a 所示的数控机床采用 T 形床身,工作台在前床身只作 X 向进给,由立柱进给完成 Z 向运动,Y 向进给由沿立柱运动的主轴箱完成。由于工作台运动自由度减少了,因而简化了机械结构,再加上在沿进给方向的全行程上工作台的重量都由床身支承,没有悬伸,因而改善了工作台承载条件。

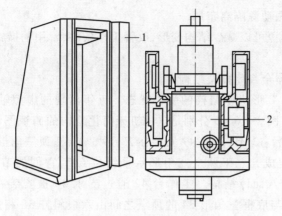

图 2-14 框架式对称结构

1—立柱；2—主轴箱

图 2-15b 所示的数控机床采用 I 形床身，工作台沿床身作 Z 向进给，由主轴箱实现 X 向和 Y 向进给。由于结构简单，且工作台全行程都支承在床身上，因而机床的刚度和承载条件都得到了改善。为了提高机床的结构刚度，数控机床尽可能采用这种龙门式的框架结构。

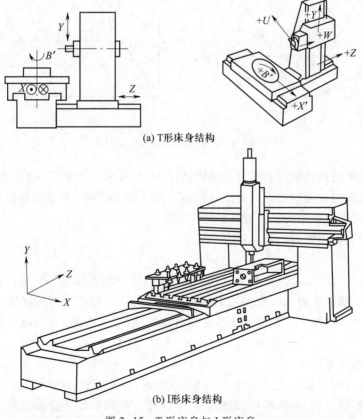

(a) T形床身结构

(b) I形床身结构

图 2-15 T 形床身与 I 形床身

3）采用热源和振动源隔离布局

隔离热源和振动源可以减少结构变形，改善工作条件，常用的措施有将电动机和油箱移出床身之外等。

4）采用双八面体全封闭框架结构

这种结构改善了 C 形机床结构的受力状态。近年出现的虚拟轴机床框架结构是这种设计思想的突破。图 2-16a、b 分别是这种机床简化结构的俯视图和主视图，加工时工件 48 被安装在工作台 42 上，刀具 47 安装在刀台 45 上，框顶三角形和框底三角形分别由水平杆 32 和 34 组成，上、下两个三角形水平错位 60°，它们的节点分别由六根斜杆 36 相连，构成了一个八面体结构。工作台 42 通过支承 44 被安装在三根短杆 40 组成的三角形上，其顶点与底框三角形 34 的顶点之间由六根斜杆 38 相连，构成了一个内嵌八面体结构。

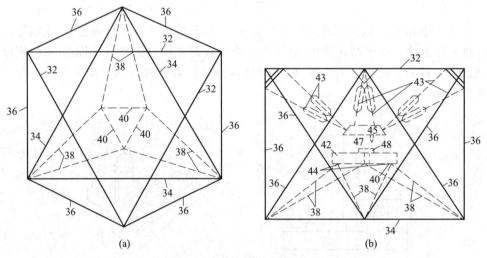

(a) (b)

图 2-16 虚拟轴机床框架结构外形

刀台三角形的顶点通过六根可伸缩活动杆 43 与顶框三角形 32 的顶点相连，同时驱动这六根伸缩杆构成切削加工所需的运动轴。由于加工时承受切削力的所有杆件只受拉压载荷，因此此类机床结构具有很高的结构刚度。

（3）粒状巧克力糖包装机总体布局

1）布局形式

由于粒状巧克力糖是流水线生产，每分钟约生产 120 粒，因此不宜采用料仓式上料方式，而应将包装机的进料系统直接与生产线前端设备——巧克力糖的浇注成形机的出口相衔接，因此采用回转式工艺路线的多工位自动机型，立式布局（与巧克力糖的浇注成形机相适应）。

2）执行机构简介

根据巧克力糖包装工艺，确定包装机由下列执行机构组成：送糖机构、供纸机构、接糖和顶糖机构、折纸机构、拨糖机构、钳糖机械手的开合机构以及转盘步进传动机构等。现着重介绍钳糖机械手、进出糖机构的结构工作原理。

如图 2-17 所示,送糖盘 4 与机械手作同步间歇回转,逐一将糖块送至工位I。机械手的开合动作由固定的开合凸轮 8 控制,开合凸轮 8 的轮廓线由两个半径不同的圆弧组成,当从动滚子在大半径弧上,机械手就张开,从动滚子在小半径弧上,机械手靠弹簧 6 闭合。

3)总体布局

粒状巧克力糖包装机的总体布局如图 2-18 所示。

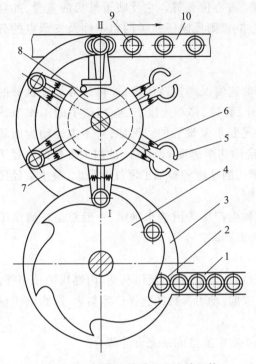 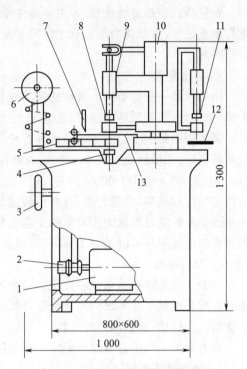

图 2-17　钳糖机械手及进出糖机构

1—输糖带;2—糖块;3—托盘;4—送糖盘;
5—钳糖机械手;6—弹簧;7—托板;8—凸轮;
9—成品;10—输料带;
I—进料、成形、折边工位;II—出糖工位

图 2-18　巧克力糖包装机总体布局

1—主电动机;2—带式无级变速机构;3—盘车手轮;
4—顶糖机构;5—送糖机构;6—供纸机构;7—剪纸刀;
8—钳糖机械手;9—接糖杆;10—凸轮箱;
11—拨糖机构;12—输送带;13—包装纸

2.6.2　机械系统的主要技术参数与技术指标

机械系统的主要技术参数是能够基本反映该系统的概貌与特征的一些项目,如对于机床设备来说,这些参数可以是规格参数、运动参数、动力参数和结构参数等。

机械系统的技术指标主要是指设备或产品的精度、功能等,因此技术指标既是设计的基本依据,又是检验成品质量的基本依据。确定恰当的技术指标,是所设计的设备或产品能否质优价廉的前提。

常用的技术参数及指标有以下几类:

1. 尺寸与规格参数

尺寸与规格参数主要是指影响力学性能的结构尺寸、规格尺寸,包括总体轮廓尺寸(总长、总宽、总高)、安装连接尺寸(基础尺寸、安装尺寸等)、规格参数(加工安装工件的最大尺寸、最大工作行程、测量范围、示值范围等)以及主要零部件的结构尺寸。例如,机床的主要尺寸参数:普通车床,最大工件直径和最大工件长度;钻床,最大钻孔直径及主轴至立柱导轨之间的跨距,齿轮加工机床,最大工件直径以及齿轮的最大模数等。

尺寸及规格参数一般在产品的设计任务书中规定。

2. 重量参数

重量参数包括整机重量、各主要部件重量、重心位置等。它反映了整机的重量,如自重与载重之比、生产能力与机重之比等。重心位置则反映了机器的稳定性及支承点的分布等问题。

3. 运动参数

运动参数一般是指执行机构的转动或移动速度及调速范围等,如机床等加工机械的主轴、工作台、刀架的运动速度,起重机的上升、旋转、移动速度,工业机械手的工作节拍等。调速范围是为了适应不同品种和各种工况要求来设置的。例如,对于主运动为回转运动的车床,主轴转速 n(r/min)与由材料决定的切削速度 v(m/s)、被加工零件的直径 D(mm)有关,即 $n = 60 \times 1\,000v/(\pi D)$,所以根据切削速度和被加工零件的最大、最小直径便可确定车床的最高、最低转速,并得出转速范围。

运动参数主要根据工作对象的工艺过程和生产率等因素来确定,一般总是在满足工艺要求的前提下尽可能缩短工作时间,以提高生产率。

4. 动力参数

动力参数是指机械系统中使用的动力源参数,如电动机、液压马达、内燃机的功率等。动力参数是机械中各零部件尺寸设计计算的依据,动力参数的选择恰当与否,既影响机械系统的工作性能,也影响其经济性。

动力参数一般由负载要求确定。详见第 4 章中能量流系统设计部分。

5. 技术经济指标

技术经济指标是评价机械设备性能优劣的主要依据,也是设计应达到的基本要求。技术经济指标主要包括生产率、加工质量、成本等。

生产率是指机械在单位时间内生产的产品数量。根据所选用的计量和计时单位不同,可表示为每小时多少件或每分钟多少米等。生产率是机械的基本指标之一,设计者要根据这个参数来确定机械的结构形式、工作机构的运动速度、各工序的步进速度及其衔接机械之间的关系。

加工质量是指被加工产品的质量。加工质量主要由机械设备的精度等技术指标来保证,其中最重要的是精度指标。现代机械系统尤其是数字控制系统,都具有较高的精度,为了保证输出量(加工好的零件或测量好的信号)的精度,在总体设计时,必须以保证输出量的精度作为主要技术参数和指标的依据。例如,设计高精度外圆磨床,以加工出圆度为 2 μm、圆柱度为 3 μm、表面粗糙度 Ra<0.4~0.8 μm 的圆柱工件等为依据,就可以定出头架主轴中心线径向跳动、轴向蹿动、头架和尾座导向面对工作台移动的平行度允差技术指标分别为 3 μm/1 000 mm、2 μm/1 000 mm、15 μm/1 000 mm。

机械的经济指标是指机械的效率、寿命、成本等。这些指标对机械的经济性提出了要求,以保证机械的功能与成本的统一。

2.6.3 绘制总体设计图

总体设计图一般是指单个产品的总装配图或成套设备的总体布置详图,是对所设计机械系统总体布置和结构的完整描述。总体设计图是零部件工程设计的依据,不仅要严格按比例绘制,而且还要表示重要零部件的细部结构、机构运动部件的极限位置、操纵件的位置,并标注有关尺寸,必要时应绘出联系尺寸图。此外,根据需要有时还要绘制分系统图(如传动系统图、液压系统图、润滑系统图等)、原理图(电气原理图、逻辑原理图、功能原理图等)及电路接线图等。

总体设计图的绘制要贯穿整个设计过程,并随着设计的变化而不断修改,直到设计完成才能完全定稿。

2.7 机械系统总体设计实例

微视频 2.5 电子皮带秤设计实例

为了更清晰地描述机械系统总体设计的完整过程,本节将介绍冶金、化工、水泥等行业使用的电子皮带秤的总体设计过程。

电子皮带秤是对松散物料在运输过程中进行称量的计量设备,并能远距离传输各种质量信息,以实现遥控和自动控制。电子皮带秤是各种配料系统(如冶金、化工、水泥、粮食等系统)中的一个重要组成部分。

由于电子皮带秤是在物料运动状态下进行称量的机械设备,因此机械传输装置所产生的振动、冲击等动态干扰,使得称量误差比物料静止状态的称量误差要大。

1. 明确设计任务,编写设计任务书

由于本产品一般用来实现配料时的成分控制,因此要求称量准确、工作可靠。根据市场调研,拟订的设计任务书如表 2-7 所示。

表 2-7 电子皮带秤的设计任务书

编号		名称	电子皮带秤
设计单位		起止时间	
主要设计人员		设计费用	
设 计 要 求			
1	功能	主要功能:称量散装物料净重	
2	适应性	适用对象:冶金、化工、水泥等行业原材料称量。 环境:温度 0~40 ℃,相对湿度 5%~9%,多尘。 能源:交流电源 50 Hz,160~240 V	
3	加工能力	称量分挡范围 0.2~1 t/h、0.8~4 t/h、4~20 t/h	
4	性能	工作误差:不超过 0.3%,温度每变化 10 ℃,零点变化 0.25%,量程变化 0.25%; 外形尺寸、整机重量无特别限制	

续表

	设 计 要 求	
5	可靠度	日维护期间不发生故障,月检修期间不发生失效
6	使用寿命	主要零部件使用寿命要求达到 10 年
7	人机工程	使用方便(遥控、自动控制等),维护、检修方便; 称量结果显示直观; 造型美观
8	安全性	电气接地,机械部位有过载保险; 设自检程序,计量超差鸣警; 误操作可发警报

2. 系统功能描述

根据设计任务书可知,皮带秤主要服务于散装物料的配料过程,实现在运送过程中的称量和控制。据此,抽象出设计任务简图,如图 2-19 所示。

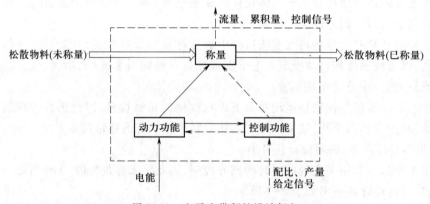

图 2-19   电子皮带秤的设计任务

3. 工艺原理选择

称量的工艺原理主要有两种:一种为传统的杠杆砝码式,即利用杠杆原理的机械式称量,这种称量方式不仅无法满足高准确性的水泥等行业的配比要求,而且无法测出所要求的物料输出速度;另一种也是基于杠杆原理,但称量不是采用砝码,而是采用传感器,因此不仅能做到称量准确,而且可测出所要求的物料输出速度,如图 2-20 所示。根据设计要求,本设计采用后一种工艺原理。

4. 功能分解

为了完成散装物料运送过程中的定量及其控制,皮带秤应能承接、运送、称量散装物料,并能按给定的信息控制称量的质量,这就要求皮带秤能实现测量及测速,并在超差时通过调节运送速度控制称量的质量,还要显示称量过的累计质量。经详细分析,得出电子皮带秤的功能树,如图 2-21 所示(因对连接支承功能无特殊要求,故未在此图及对应的形态学矩阵中列出)。

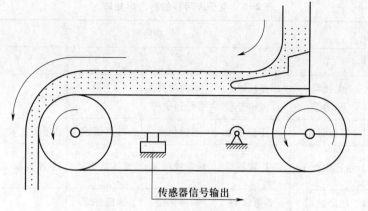

图 2-20 电子皮带秤工艺原理简图

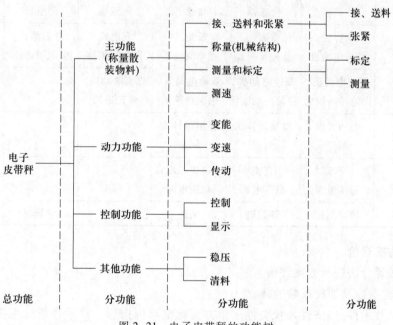

图 2-21 电子皮带秤的功能树

5. 总体方案设计

（1）功能求解

根据功能树中所提出的各分功能,寻求可能的功能载体,形成功能载体形态学矩阵,如表 2-8 所示。

根据形态学矩阵可组合出很多种方案。考虑相容性及最佳配置原则,将各功能载体组合成四个原理解答方案,分别为

方案 1:A1+B1+C4+D1+E1+F1+G2+H1+I2+J1

方案 2:A2+B2+C2+D2+E2+F2+G3+H1+I2+J1

方案 3:A2+B1+C5+D2+E1+F2+G4+H2+I3+J2

方案 4:A3+B4+C3+D4+E1+F3+G1+H3+I3+J4

表 2-8 电子皮带秤的形态学矩阵

分功能		功能解					
		1	2	3	4	5	6
A	接、送料	无托辊运输带	有托辊运输带	不同滚筒直径运输带			
B	张紧	螺旋张紧	下托辊张紧	重锤张紧	自重张紧	悬垂张紧	
C	称量（机械结构）	单托辊框架	双托辊框架	悬臂式框架	整体式框架	悬浮式框架	磅秤式框架
D	标定	挂码标定	链条标定	物料标定	液链标定		
E	测量	电阻式传感器	电感式传感器	压磁式传感器	压电式传感器	光电码盘测量器	
F	测速	摩擦轮测速电动机	摩擦轮脉冲发生器	反射式光电测速器	直射式光电测速器	开磁路式磁电测速器	闭磁路式磁电测速器
G	驱动	双速电动机、齿轮传动滚筒	双速电动机、带轮传动滚筒	双速电动机、内装电滚筒	直流电动机、齿轮滚筒		
H	调控	电测仪表调控	微型计算机调控	模拟指针式调控			
I	稳压	交流稳压电源	直流稳压电源	集成二端稳压电源			
J	清料	固定刮板	弹簧刷	刷链	托辊	螺旋辊	

（2）方案评价

本例按评分法进行方案评价。

1）评价指标及加权系数的确立

本例从技术性、经济性及社会性三个方面确定评价指标。技术性指标主要指性能指标，具体可分为主要性能指标、运行性能指标、制造性能指标；经济性指标分为功能成本比及制造成本两项指标；社会性指标分为外观、人机工程学指标。考虑其相对重要程度，确定加权系数并建立评价指标树，如图 2-22 所示。

2）专家组评分并决策

专家组经集体讨论，对上述四个方案的各项评价指标进行评分，结果如表 2-9 所示。

由于方案 3 总评价值最高，各分项评价亦全部符合要求，故取方案 3 为原理解答方案。

6. 总体布局设计

根据方案 3 进行总体布局设计。由于控制与信息传递以及显示部分需根据工程使用设备的现场情况单独布置，因此对该设备而言，总体布局主要是指机械结构部分的布置。完成的布局草图如图 2-23 所示。

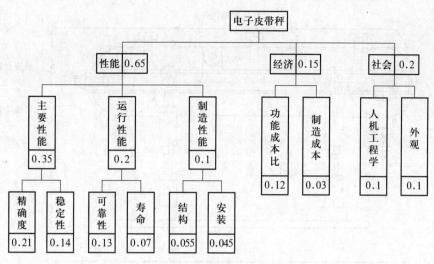

图 2-22 电子皮带秤的评价指标树

表 2-9 方案评价结果

序号	加权系数	评价指标	单位	方案 1			方案 2			方案 3			方案 4		
				e	W	W_g	e	W	W_g	e	W	W_g	e	W	W_g
1	0.21	精确度	%	较差	3	0.63	一般	5	1.05	很高	8	1.68	很高	8	1.68
2	0.14	稳定性	%	较差	3	0.42	一般	5	0.7	好	7	0.98	较好	6	0.85
3	0.13	可靠性	%	足够	4	0.52	足够	4	0.52	好	7	0.91	较好	6	0.75
4	0.07	寿命	%	较长	6	0.42	一般	5	0.35	一般	5	0.35	一般	5	0.35
5	0.055	结构	%	较好	6	0.33	一般	5	0.275	好	7	0.385	一般	5	0.275
6	0.045	安装	%	一般	5	0.225	较好	6	0.27	一般	5	0.225	较差	3	0.135
7	0.12	功能/成本比	%	足够	4	0.48	足够	4	0.48	很好	8	0.96	很好	8	0.96
8	0.03	制造成本	%	很好	8	0.21	很好	8	0.21	刚好	4	0.12	刚好	4	0.12
9	0.1	人机工程学	%	一般	5	0.5	较差	3	0.3	好	7	0.7	好	7	0.7
10	0.1	外观	%	好	7	0.7	足够	4	0.4	中等	5	0.5	好	7	0.7
绝对总评价值($\sum W_g$)						4.435			4.555			6.81			6.52

表中：e 表示特征值，一般做定性评价；W 表示评价值，采用 10 分制；W_g 表示加权评价值。

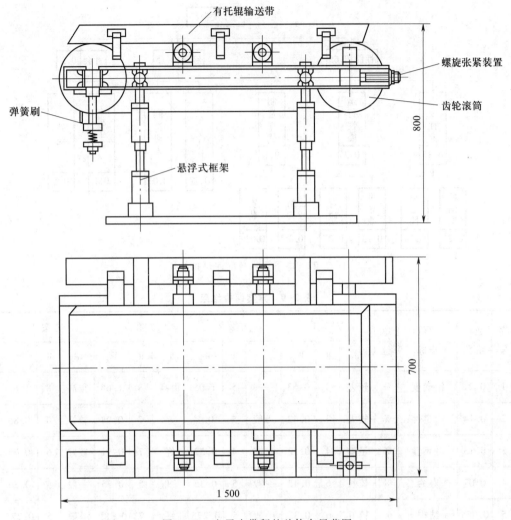

图 2-23 电子皮带秤的总体布局草图

习题

2-1 总体设计过程中应形成哪些基本的技术文件？

2-2 设计任务的类型有哪些？有哪些来源？

2-3 拟订设计任务书的一般原则是什么？任务书中一般要包含哪些内容？

2-4 试用黑箱法对苹果分选机进行功能描述。

2-5 图 2-24 所示为一款自动包装机,请对其进行功能分析,画出其功能树,并根据各分功能之间的逻辑关系建立其功能结构图。

2-6 什么是功能的解？什么是形态学矩阵？

2-7 试建立挖掘机的形态学矩阵,并根据总体方案确定的基本原则,确定几种合理的方案,并作简要说明。

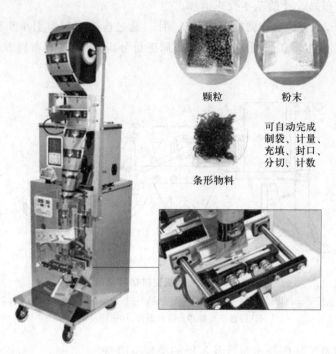

颗粒　　粉末

可自动完成
制袋、计量、
充填、封口、
分切、计数

条形物料

图 2-24　自动包装机

2-8　机械系统方案评价的基本原则是什么? 常用的评价方法有哪些?

2-9　在某机器设计中,有 A、B 两种备选方案,为了确定选择哪个方案,组织了一个由 20 位专家组成的评价小组用模糊综合评价法对两个方案进行评价。已知

1) 评价指标:产品性能(B_1)、可靠性(B_2)、使用方便性(B_3)、制造成本(B_4)、使用成本(B_5);每个评价指标划分为优、良、中等、较差、很差 5 个等级对应分值为 0.9,0.7,0.5,0.3,0.1;

2) 评价指标 B_1、B_2、B_3、B_4、B_5 的加权系数分别为 0.25、0.2、0.2、0.2、0.15;

3) 投票结果如表 2-10 所示:

试从 A、B 两种备选方案中选出最优方案。

表 2-10　A、B 两方案得表结果

评价指标	评价等级（A 方案）					评价等级（B 方案）				
	优	良	中等	较差	很差	优	良	中等	较差	很差
B_1	10	4	4	2	0	8	6	4	2	0
B_2	10	4	2	4	0	8	4	4	2	2
B_3	8	4	4	2	2	8	4	4	2	2
B_4	8	4	4	4	0	6	4	4	4	2
B_5	8	6	4	2	0	6	4	4	6	0

2-10 结构布局设计的基本原则有哪些?

2-11 总体布局设计的基本要求有哪些?

2-12 图 2-25 为玉米施肥旋耕播种机简图,通过连接架与牵引车头连接,依次完成旋耕、施肥、播种、覆土等工作,请对其结构布局进行分析,说明现有布局方案的依据。

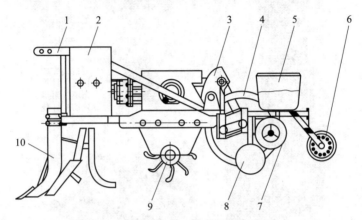

图 2-25 玉米施肥旋耕播种机简图

1—连接架;2—化肥箱;3—变速机构;4—地轮;5—种子箱;6—镇压轮;7—排种器;
8—圆盘开沟器;9—旋耕刀片;10—深浅铲

2-13 机械系统常用技术参数及指标的类型有哪些?

第 **3** 章

机械系统的物料流设计

3.1　概述

3.1.1　物料流的基本概念及其重要性

物料流指的是机械系统工作过程中一切物料,如毛坯、成品、半成品、废料、液体等的运动变化过程。各种物料的流动构成了机械工作的整个过程,原材料、零部件在运动中不断地被变形和组装,最终形成产品。

在物料流中,最主要的物料是机械的作业对象,其他的物料都是根据所选定的工艺过程为其服务的。例如,在数控加工中心中,最主要的物料是待加工的工件,其他的物料如刀具、切削液等,都为加工工件这一任务服务。因此,作业对象的转化流程也称主物料流程,简称主流程,其他的物料流为辅助物料流程。需注意的是,机械系统中是否需要辅助物料流是根据具体条件分析确定。

物料流系统的设计非常重要,机械系统设计的过程实际上就是围绕物料流尤其是主流程展开的。

1. 物料流系统决定了机械系统的总体布置

由于物料的输入或输出部分往往要受制于周围条件,例如,联合收割机的输入物料为生长在田地里的庄稼,因此物料输入部分就应放在贴近庄稼的位置。而当输入或输出部分确定下来后,与其相连的物料流的其他部分也就可以相应地确定下来,从而可以将对应的能量流部分(含驱动及传动部分)的位置确定下来。因此说,物料流系统决定了机械系统的总体布置情况。

2. 物料流系统决定了能量流系统的主要参数

能量流所提供的能量主要用于物料的运动、变形等。能量流中动力机的容量主要取决于物料的量与性质。例如,推土机所推土的种类及铲斗大小将直接决定其发动机的功率。而物料流动的速度决定了相应传动部分的速比。例如,传动带输送机的物料所需的

微视频 3.1
物料流系统决定了机械系统的总体布置

微视频 3.2
物料流系统决定了能量流系统的主要参数

输送速度决定了传动带的速度,也就决定了动力机与传动带间的速比关系。洗衣机洗涤与甩干时,物料(衣物)需要不同的转速,因而在洗涤与甩干时就有不同速比的两条传动路线。因此说,物料流系统决定了能量流系统的主要参数。

微视频 3.3
物料流系统是
信息流系统的
主要控制对象

3. 物料流系统是信息流系统的主要控制对象

信息流的主要作用就是根据机械系统工作进程的具体情况对工作进程进行必要的操纵和调整,而机械系统的工作进程实际上也就是物料流的运动与转换进程。例如,轴加工中的启动、停止、运动方向和速度的变换等实际上也就是加工机床的工作进程,无论这些动作是由人工完成还是由控制系统自动完成的,都是根据被加工轴所需而定的。另外,机械的工作节拍也是决定物料流输入、输出的节拍。因此说,信息流系统的设计也取决于物料流系统。

微视频 3.4
物料流系统的
组成

3.1.2　物料流系统的组成

物料流一般由加工、输送、储存、检验等物流过程组成。

1. 加工

机械系统用以完成转变或改变加工对象的形态、结构、性质、外观等的动作或运动统称为加工,如联合收割机的切割、脱粒等工作,激光打印机打印指定文档的过程,车床完成工件车削的过程等都可以称为"加工"。它通过机械系统及辅助设施或操作者的共同作用而完成。

2. 输送

输送是指在各工作位置之间移动物料,以改变其空间位置的功能,一般也称为物料输送。它也是机械系统完成预期功能所不可缺少的一项作业。物料输送工作的高效化、系统化可以提高机械系统的工作效率。

关于如何优化物料输送,有关文献中提出了一些一般性的原则,这里不再赘述。

3. 储存

储存又称为停滞,是指在一段时间内,使工件处于无任何形状和空间位置改变的状态。激光打印机及复印机中纸张在储纸器中的存放,制造企业中工件在加工工序前等待和加工后的停放,都是储存的典型例子。一般的储存都伴随着加工和传送活动之间的不平衡而出现。例如,打印机及复印机的工作特性是时断时续的,实际不可能也没必要每打印或复印一页就加一页纸,因此需在储纸器中储存一定数量的纸张。在制造企业中,制造过程中工序之间的停滞,称为制品储存。适量的储存对平滑的和具有柔性的物料流来说,起一种缓冲作用,对于保证用户的需求和机械系统稳定运行有着重要作用。

4. 检验

在制造系统中,检验的含义是广义的,主要是指对物料的质量控制。检验是一个和加工相互对立而又相互统一的物料流作业环节,特别是在现代制造系统中,广义的检验功能已越来越重要。

上述物流过程的四种基本形态一般是交错和重复出现的,有时其中的两个过程或多个过程是一体的。例如,图 3-1 所示为塑料在普通螺杆挤出机的挤出过程简图,其中,物料(塑料颗粒)在挤出机中螺旋输送的过程也是完成加工的过程,输送与加工两个过程是一体的。

微视频 3.5
注塑机物料流系统的组成

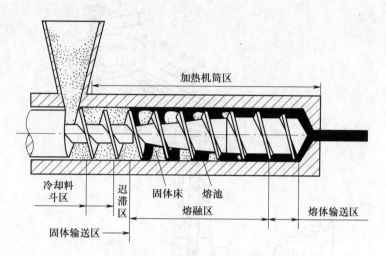

图 3-1　普通螺杆挤出机的挤出过程简图

为实现上述运动,物料流系统的构成一般应包括存储系统(含物料供应、中间储存及最后的成品储存)、输送系统以及定位与装夹装置,另有完成加工过程的执行系统将在机械运动系统一章中介绍。一个典型的物料流系统的构成如图 3-2 所示。图 3-3 所示为硬币计数包卷机的物料流示意图。

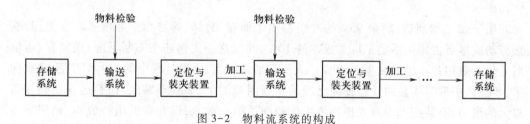

图 3-2　物料流系统的构成

3.1.3　生产线物流系统

现代物流包含的内容相当广泛,已从制造系统中扩大到流通领域、社会经济活动中,一切物资实体(物资及其载体)的物理流动过程,即物资场所(位置)的转移及其时间的占用均可称为物流。本书仅对制造系统中的物流系统做简单介绍。

在生产制造迅速发展的初期,人们并没有足够重视物流。结果是,生产制造过程越自动化,越柔性化,生产规模越大,物流落后的矛盾就越突出。生产制造系统的高效率与物流系统的低效率越来越不适应。

美国是世界上现代化物流发展得比较早的国家,物流的研究和发展备受重视,早在1980 年的全美物资讨论会上,研究者们就指出,在产品生产的整个过程中,仅仅有 5%的

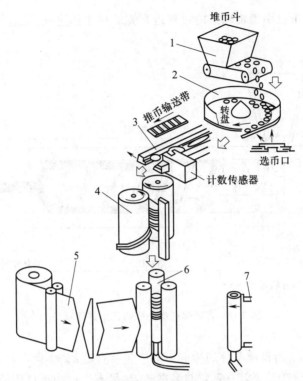

图 3-3　硬币计数包卷机的物料流

1—硬币堆放、输送；2—排列、分送、选残；3—分选、计数；4—码摞；
5—送纸、切纸；6—包卷；7—卷边

时间用于加工和制造,剩余 95% 的时间都用于储存、装卸、等待加工和输送。在美国,直接劳动成本所占比例不足工厂总成本的 10%,并且这一比例还在不断下降;而储存、运输所支付的费用却占生产成本的 40%。人们深切地感到,生产过程中的“油水”几乎已被榨干,要想从中取得明显的效益提高已经是相当困难的了,而物料输送、储存过程还存在着极大的潜力,有待挖掘。有人把物流比作利润的第三源泉,即在降低生产成本、销售成本的同时,更要着眼于降低物流成本。

目前,在世界各地已普遍把改造物流结构、降低物流成本作为企业在竞争中取胜的重要措施。为适应现代生产的需要,物流正向着现代化的方向发展。

在生产线的设计中,物流系统的设计尤为重要,它直接影响整个生产系统的工作效率。柔性制造系统(FMS)是一种典型的成组布局的生产线。其思想是,机床或设备按照成组工艺分组,每一组设备可以用来生产一个零件族的零件,不同的零件可以按不同的工艺路径,有不同的物料流。这种方式下,零件(物料)传输的路径较短,生产率较高。

图 3-4 所示为一个柔性制造系统的实例。可以看出,各种物料(材料、半成品、成品、工具等)在该系统中可以通过计算机硬件及软件系统的控制在系统中合理地流动。

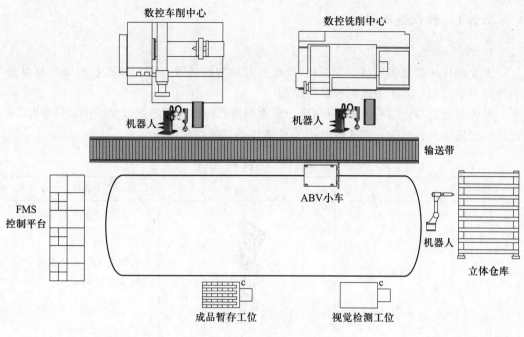

数控车削中心

数控铣削中心

机器人

机器人

输送带

FMS
控制平台

ABV小车

机器人

立体仓库

成品暂存工位

视觉检测工位

图 3-4 柔性制造系统

3.2 存储系统

机械系统中物料的输入、输出及中间的储存是由各种存储系统完成的。

存储系统的作用是为了保持机械系统能按预定的节拍工作,将物料按一定的余量存储起来,并按生产节拍释放出去。由于物料的尺寸、形状、结构以及物理性能、化学特性不同(如件料、棒料、卷料、片状料、颗粒状料、粉末状料、液体等),所以存储系统的结构和性能有所不同,其设计方法也不尽相同。

对于小型件料,储料装置存储一定数量的坯件,根据机械系统的节拍自动输出件料,经输料槽和定向装置送到指定位置。储料装置可设计成料仓式或料斗式。料仓式储料装置需要人工将坯件按一定方向摆放到仓内,料斗式储料装置只需将坯件倒入料斗,由料斗自动完成定向。对于中型或中型以上的件料则需要由装卸料机械手完成供料过程。

散件物料多是依靠物料自重实现流动供料,如图 3-3 所示的硬币计数包卷机就是这样。其中物料的流动性受许多因素影响,包括几何因素、物理因素和动力因素,因此设计时要从结构和功能两方面考虑。

理想的存储系统应符合以下要求:效率高、供料速度快、工作可靠、噪声小、不损伤物料、结构紧凑、通用性好、使用寿命长、易维护修理和制造成本低。

3.2.1　料仓结构设计

1. 件料料仓

由于坯件的重量和形状千变万化,因此料仓结构设计没有固定模式。粗略地可以分为坯件自重式和外力作用式两种料仓结构。

坯件自重式料仓结构简单,应用广泛。而当依靠坯件自重不足以完成供料任务时,考虑外力作用是很自然的。表 3-1 为具有代表性的几种件料料仓。

表 3-1　件 料 料 仓

类型	名称	简图	备注
坯件自重式	螺旋式	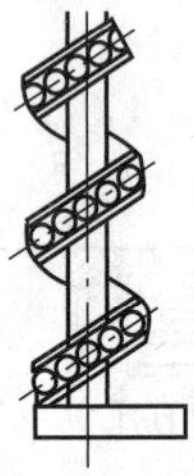	可以在不加大外形尺寸的条件下多容纳坯件
	料斗式	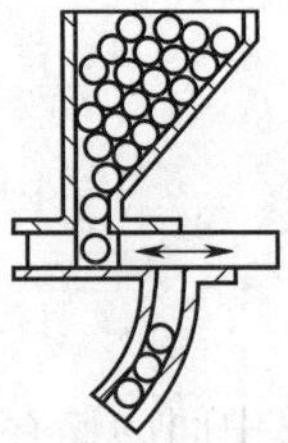	设计难度较小,但坯件容易形成拱形而阻塞出料口,应设有拱形消除机构
外力作用式	重锤压送式	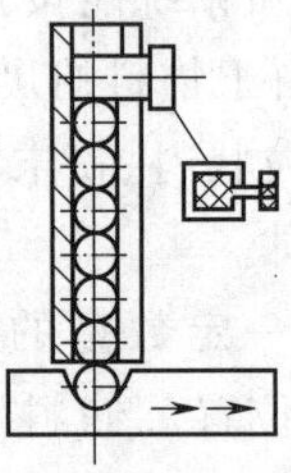	适合于容易黏附料仓壁的小零件
	水平压送式	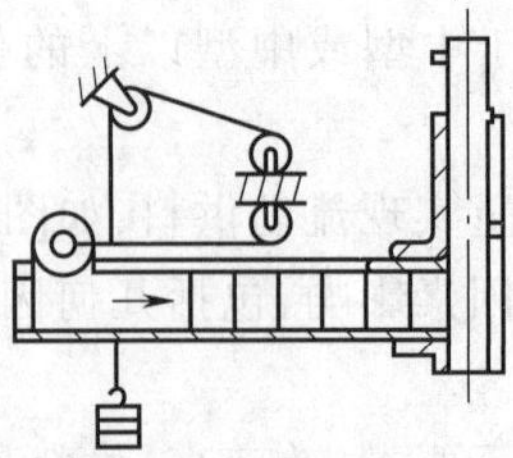	适用于自重较大的零件

2. 散装料料仓

常用的散装料料仓结构形状如表 3-2 所示。

表 3-2 常用散装料料仓结构形状

类型	料仓名称	几何形状	简图	类型	料仓名称	几何形状	简图
矩形料仓	矩形棱锥仓	棱锥		槽形料仓	单斜底槽状仓	单斜底槽状	
		直壁棱锥混合式		缝式料仓	缝式料仓	平底侧缝梯形槽	
	矩形平底式	直壁平底		圆形料仓	圆柱锥形仓	圆锥	
槽形料仓	梯形槽状仓	梯形槽状				圆柱圆锥混合式	
		直壁槽状混合式			圆柱平底仓	圆柱体	

所谓料仓的出口是其仓斗部分,这部分设计对料仓的功能影响很大。物料在这里改变流向,经过截面较小的出料口流出,而流出能力在很大程度上取决于仓斗的结构和形状。因此,设计中需进行仓斗壁倾角、出口尺寸及排料能力等计算和验算。

(1)仓斗壁倾角 α

对于槽形、缝式和圆形料仓,除出料口要有足够的尺寸外,仓斗壁倾角应满足下式要求(图 3-5):

$$\alpha \geqslant \varphi + (10° \sim 17°) \tag{3-1}$$

式中: φ ——物料与仓斗壁的静摩擦角。

对于矩形或方形棱锥料仓,棱角 ϕ 的大小将影响物料的流动(图 3-6),可按下式进行计算:

$$\phi = \arctan \frac{2h}{\sqrt{a^2 + b^2}} \tag{3-2}$$

式中: h ——仓斗垂直高度,mm;

a、b ——仓斗边长,mm。

(2)出口尺寸及排料能力

出料口可以是底开式、侧开式和侧斜式。出口尺寸是指有效的出口截面积,可按下式计算:

$$D \geqslant (3 \sim 6) d_b \tag{3-3}$$

$$A = \frac{1}{4} \pi D^2$$

式中: D ——出料口直径,mm;

d_b——物料典型块尺寸,mm。

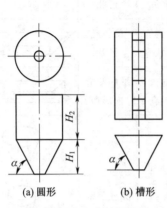

图 3-5　仓斗壁倾角计算

(a) 圆形　　(b) 槽形

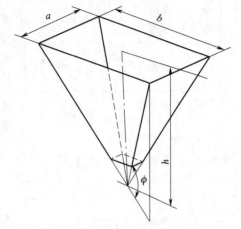

图 3-6　矩形料仓棱角

仓斗出口的物料通过能力 Q(单位为 t/h)可按下式计算:

$$Q = 3\ 600\rho_0 Av \tag{3-4}$$

式中:ρ_0——物料堆积密度,t/m³;

　　A——出料口面积,m²;

　　v——物料流速,m/s。

3.2.2　机械式料斗设计

1. 平均供料率与生产率的关系

对于件料而言,机械式料斗装置与料仓式料斗装置不同,它带有定向机构,以使料斗中的坯件自动定向。但是,坯件被送出料仓之前能否完成定向,具有一定的偶然性,未完成定向的坯件在料斗出口处被分离,返回料斗中重新定向。这样,料斗的供料率就不是恒定的,有时高于机械系统的生产率,有时则可能低于机械系统的生产率。为了保证机械系统的正常工作,应使料斗的平均供料率 $Q_{平均}$ 大于机械系统的生产率 $Q_{系统}$,即

$$Q_{平均} > Q_{系统} \tag{3-5}$$

由式(3-5)可知,在一定的时间后,储料机构会储满从料斗中送来的已定向的坯件,这时应设计自动控制料斗暂停工作的机构。随着坯件的消耗,储料机构有了空位时再使其自动逐渐补空。

2. 结构设计

进行结构设计时主要考虑坯件的特点。根据坯件的几何形状、尺寸、重心位置等特征,选择合适的定向方法,进而确定料斗形式。表 3-3 给出了几种机械式料斗。实际设计时,应根据具体情况,参考有关资料选择更恰当的结构。

3.2.3　输料槽设计

1. 结构设计

输料槽的结构设计取决于坯件的形状。图 3-7 给出了一些输料槽的结构形式,可作

为设计参考。其中,图 3-7a~d 为滚动式输料槽,适合于长径比小于 3 的回转类物料;图 3-7e~h 为滑动式输料槽,适合于长径比大于 3 的回转件或非回转件。另外,为了防止物料因速度较高造成碰撞而跳出槽外,可将输料槽设计成全封闭式、半封闭式或可调整式。

表 3-3 机械式料斗

机构名称	简图	适用范围/mm	技术特性		
			最大生产率 $Q/($ 件 $\cdot$ min$^{-1})$	定向机构最高速度 $v/($ m $\cdot$ s$^{-1})$	上料系数 K
板式定向机构		$d=4\sim12,l<120$ 的带肩小轴; $d<15,l<50$ 的光轴; $h=3\sim15,d<40$ 的圆盘及垫圈; M20 以下的螺母	$40\sim80$	$0.3\sim0.5$	$0.3\sim0.6$
往复管式定向机构		$d<15,l=(1.1\sim1.25)$ d 的短轴; $d>20$ 的球类	$80\sim100$	$0.3\sim0.4$	$0.5\sim0.6$
往复半管式定向机构		$0.8<\dfrac{l}{d}<1.4$ 的短柱; $\dfrac{l}{d}>5,d<3$ 的小杆	$60\sim100$	$0.2\sim0.5$	$0.4\sim0.6$

注:l—长度;d—直径;h—厚度;t—壁厚;b—宽度。

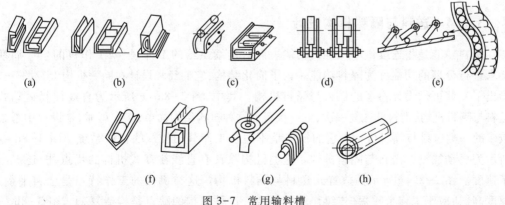

图 3-7 常用输料槽

2. 物料的非料斗定向

有些复杂的物料不易在料斗内定向,或在料斗内不能完全定向,需在料斗外的输料槽中再次定向,这就是非料斗定向,也称为二次定向。非料斗定向也要利用物料的结构特征。表 3-4 给出了一些非料斗定向设计实例。

表 3-4　非料斗定向设计实例

简图	适用物料	说明	简图	适用物料	说明
	重心偏置的杆状物料	物料重心靠近大头,在平带转弯处,大头向下落入受料孔中		盖类或不对称物料	物料经过缺口时如果重心偏向缺口一侧,便翻转脱离输料槽;反之则可通过
	同上	受料孔中有一隔板,重心偏置物料水平落下与隔板接触,偏向重心一头先落入受料口,完成定向		平放的带肩轮、盘、环形物料	物料在运行过程中自动定向成凸肩向下的位置
	圆头或尖头的套状物料	孔朝左的物料受钩子的作用改为圆头朝下进入受料管内,圆头朝右的物料顶开钩子后直接落入管中		同上	物料在运行过程中自动定向成凸肩向上的位置

微视频 3.9
送料与隔料机构

3.2.4　送料与隔料机构设计

送料功能是指连续供给工件的功能。而对连续供给的工件,根据工作机的生产周期要求进行分离的功能称为隔料功能。为了简化结构,它们经常设计在同一机构上。图 3-8 给出了一些可供设计参考的送料与隔料机构。其中,图 3-8a~c 所示为直线往复运动式送料与隔料机构,推料杆往复一次,上一次料。这种机构结构简单,工作可靠,是设计中考虑较多的一类送料与隔料机构。它的缺点是不适合工作节拍较短的机械系统。图 3-8d~e 所示为摆动往复式送料与隔料机构。这类机构除具有直线往复式机构的优点外,还提高了速度。图 3-8f~g 所示为放置式送料与隔料机构。这类机构的工作特点是上料平衡,速度高,适应于工作节拍短、连续作业的场合。这种机构的缺点是构造复杂。图 3-8h 所示为复合运动式送料与隔料机构。这种机构可以在上升送料过程中将坯件旋转一定角度。如图 3-8h 所示,在送料杆上铣一个导向槽,槽与固定在机座上的圆柱销接触,当上料杆在气缸的作用下上下移动时,圆柱销孔迫使其沿导向槽的轨迹旋转某一角度,旋转角度的大小由导向槽的轨迹来决定。这种机构的缺点是构造复杂,工作速度低,设计中较少采用。

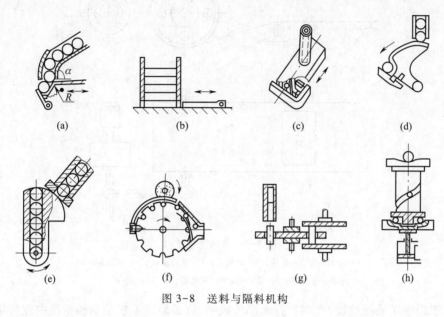

图 3-8 送料与隔料机构

微视频 3.10 电磁振动料斗

3.2.5 电磁振动料斗设计

电磁振动料斗广泛应用于一些相关机械系统中。它利用电磁振动使物料排列和定向,具有结构简单、工作速度快、物料损伤小、适用范围宽等优点。用于散装料的电磁振动料斗是利用电磁振动使仓壁产生局部高频微振动,破坏物料之间和物料与仓壁之间摩擦力的平衡,从而保证物料连续地由料仓排出。

电磁振动料斗具有一定的特殊性,需要时可参考有关专门书籍和资料进行设计。

3.3 输送系统

输送系统在一定程度上决定了整个机械系统的布局和运行方式。由于输送的物料不同,输送系统的形式也不同。

按输送路线的不同可以将输送系统分为直线输送、环形输送及空间输送,按输送方式又可分为连续输送和间歇输送。连续输送常用于矿砂、煤炭、粮食及某些物件的输送;间歇输送常用在自动生产线上,使工件在工位上停顿一段时间,以便进行工艺操作。

微视频 3.11 输送带

3.3.1 带输送系统

如图 3-9 所示,带输送系统主要由输送带、传动装置、托辊、张紧装置组成。其中,输送带既有输送功能,又有承载功能;传动装置包括动力设备、减速器、传动链和驱动滚筒。带输送系统是利用带与物料之间的摩擦力实现输送功能的。

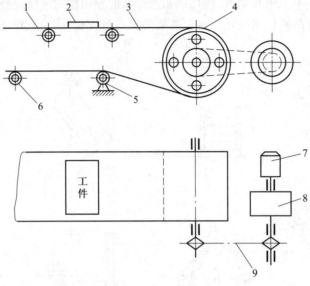

图 3-9   带输送系统

1—上托辊;2—工件;3—输送带;4—驱动滚筒;5—张紧轮;

6—下托辊;7—电动机;8—减速器;9—传动链条

由于带输送系统的设计、制造技术都较成熟,故带输送系统是机械系统中较常用的一类输送系统。

根据输送物料的不同,输送带可选为橡胶带、塑料带、绳芯带、钢网带等。橡胶带防滑性好、输送可靠,适合于多种输送系统;塑料带的规格已标准化、系列化,比较适合于有腐蚀性的物料输送;绳芯带强度高,能承受冲击,寿命长,适用于速度高、爬坡或长距离的物料输送;钢网带可用于输送高温物料。

微视频 3.12
链输送系统

3.3.2   链输送系统

链输送系统由链条,链轮以及动力设备、减速器、联轴器等组成的传动装置构成。长距离输送时,还应附加张紧装置和链条支承导轨。图 3-10 所示为数控机床的链式刀库,数控机床根据数控指令通过动力及传动装置带动链式刀库将指定的刀具(物料)送至指定的位置。

输送链条有片式套筒滚柱链、弯片链、叉形链、焊接链、可拆链、履带链、齿形链等结构形式。其中片式套筒滚柱链应用最广泛。

输送链与传动系统用的传动链有所不同,输送链相对较长,重量大,影响输送系统的性能。为了克服这一缺点,可将输送链的节距设计成普通传动链节距的二倍或三倍以上,通过减少铰链个数,间接减轻链条重量,提高输送性能。

链输送系统中,物料大多通过链条上的附件带动前进,附件可用链条上的零件扩展而成。如图 3-11 所示,由链片扩展成垂直翼板附件(图 a)或水平翼板附件(图 b)或由销轴延长成销轴附件(图 c)。除此之外,很多情况下还需考虑配置二级附件,如托架、料斗等。

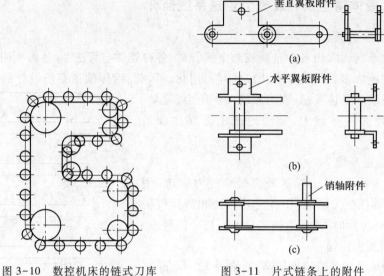

图 3-10 数控机床的链式刀库   图 3-11 片式链条上的附件

微视频 3.13
摩擦轮输送
系统

3.3.3 摩擦轮输送系统

这种输送系统一般由压轮(被动轮)、滚轮(主动轮)构成,由于利用摩擦力进行工作,故一般用于较薄的片状物料的输送。

如图 3-12 所示为针式打印机送纸机构。由于这类针式打印机要适应连续打印纸(带有齿孔)和单页打印纸(无齿孔)两类纸张,故采用了两种输送系统,即摩擦轮输送系统与链式输送系统。

使用单页纸打印时,如图 3-12a 所示,依靠压纸滚轮将纸与滚筒压紧,滚筒转动时依靠摩擦力带动走纸。而当使用连续纸打印时,如图 3-12b 所示,辅助压纸滚轮松开,靠链式牵引器带动走纸。

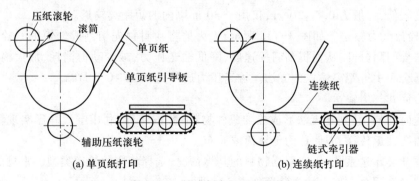

(a) 单页纸打印   (b) 连续纸打印

图 3-12 针式打印机送纸机构

总之,利用各种机构运动可构成形式各异的输送系统,例如利用平行四杆机构可实现直线式输送(参考本章的设计实例部分)。设计时应具体情况具体对待,以设计出最适宜的输送系统。

3.3.4　液体输送系统及气力输送系统简介

微视频 3.14
液体输送系统

1. 液体输送系统

液体输送系统通常由各种金属或非金属管材、各种管件与管法兰、各种阀门以及各类泵组成。其中绝大多数均已标准化或系列通用化。因此,液体输送系统设计的任务主要是根据机械系统的具体要求,在对系统工作压力、流量、温度等进行计算的基础上,合理地选用标准件和通用件。

微视频 3.15
气力输送系统

2. 气力输送系统

如图 3-13 所示,气力输送分为稀相气力输送(图 3-13a)、密相动压气力输送(图 3-13b)、密相静压气力输送(图 3-13c、d)和筒式气力输送(图 3-13e)四种。

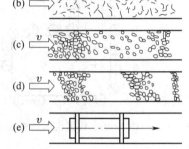

图 3-13　气力输送分类

(1) 稀相气力输送

稀相气力输送的气流速度较高,通常为 $12 \sim 40$ m/s,物料悬浮在竖直管中呈均匀分布状态,在水平管中呈飞翔状态,空隙很大。物料的输送主要依靠高速度的空气形成的动能。料、气重量(质量)输送比(简称输送比)一般为 $1 \sim 5$。

(2) 密相动压气力输送

密相动压气力输送气流速度适中,通常为 $8 \sim 15$ m/s。物料在管道内呈密集状态,但未形成堵塞。输送比的大小与所采用的送气装置有关。例如,采用高压压送和高真空吸送装置时,输送比为 $15 \sim 30$,流动状态呈脉动集团流;然而对易充气材料所采用的流态化输送装置,输送比可达 200 以上。

(3) 密相静压气力输送

物料密集而栓塞管道,依靠气流的静压力来推动物料,常分为柱流和栓流两种。

1) 柱流气力输送　如图 3-13c 所示,密集状物料连绵不断地充塞内管形成料栓。其运动速度较低,一般为 $0.2 \sim 2$ m/s,仅用于 30 m 以内的短距离输送。

2) 栓流气力输送　如图 3-13d 所示,人为地将物料预先切割成较短的料栓,输送时气栓与料栓间隔分开,从而提高料栓速度,降低输送压力,减少动力消耗,加大输送距离,这是较适合于中等距离输送的方法。输送压力通常为 $0.15 \sim 0.3$ MPa。

(4) 筒式气力输送

输送时物料(特别是无法形成栓的成件物料)装入料筒,利用空气静压实现输送。由于料筒需要往返传递,因此称为传输筒或筒车。

设计此类输送系统时,应根据物料的具体情况,选择相应的输送类型。常见的输送物料的形状及其适合的气力输送装置如表 3-5 所示。

气力输送系统由各种供料装置、输料管系统、物料分离器等构成。根据表 3-5 选定输送装置类别后,气力输送系统设计的关键工作是进行各种计算,为详细设计提供依据。计算内容大致如下(具体计算方法和公式请参见有关文献):

表 3-5 输送物料的形状及其适合的气力输送装置

输送物料形状	输送装置类别			
	稀相气送	密相动压、液态化气送	柱流密相静压气送	栓流密相静压气送
块状	2	4	3	2
圆柱形颗粒	2	3	2	2
球形颗粒	2	3	2	2
方形结晶颗粒	3	4	1	1
微细粒子	3	2	3	1
粉末	3	1	3	1
纤维状物料	1	4	4	4
叶片状物料	1	4	4	4
形状不一的粉粒混合物	3	3	3	1

注:表中数字为性能比较等级:1—好;2—可;3—差;4—不适。

① 系统输送能力计算;
② 输送比计算;
③ 物料的悬浮速度计算;
④ 输送气流速度选取;
⑤ 压力损失计算;
⑥ 风量及气源的功率计算。

3.4 物料的装夹与定位装置设计

在机械系统的工作过程中,物料应占有正确的位置,并在一定的力作用下保持这一正确位置相对不变。前者称为定位,例如,打印机工作时,纸张的左右位置应保持不变(即左右定位);后者称为夹紧,例如,机床在对工件的加工过程中,工件在夹具中应保持一定的位置。这一整个过程称为装夹。

微视频 3.16
工件的定位

3.4.1 工件的定位

物料的定位需满足六点定位规则。

（1）工件以平面定位时的定位元件

平面是最常用的定位基面。在设计中常用的平面定位元件有固定支承、可调支承、自位支承。在工件定位时,上述支承中除辅助支承外均对工件起定位作用,用来限制工件的自由度。辅助支承只用来加强工件的支承刚性,不限制工件的自由度。参见附录二的表1。

（2）工件以圆孔定位时的定位元件

工件以圆孔内表面作为定位基面时,常用以下定位元件:圆柱销、圆柱心轴、圆锥销、圆锥心轴。圆柱销（即定位销）的设计已标准化，设计时可查阅有关的"夹具标准"，其余参见附录二表 2。

（3）工件以外圆柱面定位时的定位元件

工件以外圆柱面定位时，常用如下定位元件：V 形块、定位套、半圆套、圆锥套。参见附录二表 3。

微视频 3.17
工件的夹紧

3.4.2   工件的夹紧

夹紧是工件装夹过程的重要组成部分。工件定位以后，必须通过一定的机构产生夹紧力把它固定，使工件保持准确的定位位置，以保证在加工过程中，在切削力、惯性力以及重力等作用下不产生位移或振动。这种产生夹紧力的机构称为夹紧装置。

1. 夹紧装置的组成

夹紧装置的结构形式很多。但是，就其组成来说，一般夹紧装置都由力源装置和夹紧机构两大部分组成。

（1）力源装置

力源装置产生夹紧力，夹紧力来源于机械或电力的，则该力源装置称为夹具的动力装置。常见的有气压装置、液压装置、电动装置等。而力源来自人力的，则称为手动夹紧装置。

（2）夹紧机构

在工件夹紧过程中，将力源装置产生的夹紧力作用在工件上的机构称为夹紧机构。一般夹紧机构又包括中间传力机构和夹紧元件两个部分。

1）中间传力机构   它将力源装置产生的夹紧力传递给夹紧元件，以便对工件实施夹紧。根据需要，中间传力机构可以改变夹紧作用力的大小和方向，并具有一定的自锁性能。

2）夹紧元件   它是夹紧装置的最终执行元件，与工件直接接触而完成夹紧作用。

夹紧装置的组成框图见图 3-14。

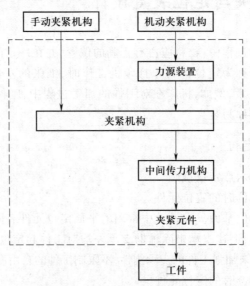

图 3-14   夹紧装置的组成框图

2. 对夹紧装置的基本要求

① 夹紧过程可靠。夹紧时不能破坏工件在夹具定位元件上所获得的正确位置。

② 夹紧力大小适当。夹紧后的工件变形和表面压伤程度必须在加工精度允许的范围内。

③ 结构性好。夹紧装置的结构力求简单、紧凑,便于制造和维修。

④ 使用性好。夹紧动作迅速,操作方便,安全省力。

常用夹紧机构有斜楔夹紧机构、螺旋夹紧机构、偏心夹紧机构等,具体选用时可参见有关的夹具设计手册。

微视频 3.18
制造系统的物流系统

3.5　制造系统的物流系统设计

与单台设备相比,自动化制造系统内的物流系统非常复杂,其中工件的流动方式则是决定制造系统连线布局的主要因素。对于自动线,工件在工位间按顺序依次地自动输送是其主要特征。工件在制造系统中的流动,是输送和存储两种功能的有机结合。运和储两种功能的合理配置是为了使整个制造系统协调运行,避免因运行失调而造成生产率降低。图 3-15 所示是几种类型自动化制造系统工件运储系统的工作原理。

图 3-15a 所示是面向大量生产的自动线工件自动运储系统。毛坯逐件或成批从毛坯缓冲储存器中取出,在自动线前端上料工位上料并储存,输送装置以一定生产节拍将工件从某一工位向后一工位运送,加工后的成品在自动线后端储存或卸下,进入成品缓冲储存器。设立毛坯和成品缓冲储存器的目的是缓冲生产中供与求之间的矛盾。例如,毛坯的供应和产品的输出大都在白天 8 h 内集中进行,而制造系统的生产 24 h 连续不断地进行。所以,缓冲储存量至少应为制造系统夜间的生产量。为了使自动线的上料、卸料工作

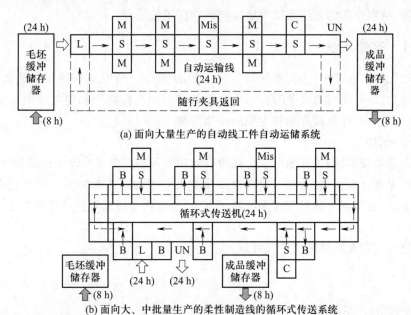

(a) 面向大量生产的自动线工件自动运储系统

(b) 面向大、中批量生产的柔性制造线的循环式传送系统

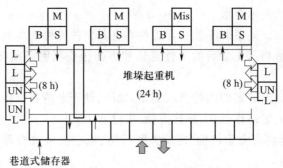

(c) 面向中、小批量生产的柔性制造系统

图 3-15 工件运储系统工作原理

L—上料；UN—卸料；M—机床；S—加工工位；B—缓冲工位；Mis—清洗机；C—检验机

实现自动化，自动线前端应设置料仓（或料斗），由工人定时集中上料；后端设置成品库，由工人定时将装满成品的成品储存器移开，并换上新的储存器。为了使自动线的刚性连接具有柔性，往往还设置中间储存装置。

图 3-15b 是面向大、中批量生产的柔性制造线的循环式传送系统。该系统可同时加工多种工件，机床具有很大柔性，各机床生产节拍不同，为了使各台机床都能不停地工作，传送系统具有自由流动和自动存取功能。这种系统具有工件的传送和储存两种功能。

图 3-15c 是面向中、小批量生产的柔性制造系统，它以中央仓库存储生产中的各种物料，包括随行夹具、毛坯、半成品、成品和刀具等，用堆垛起重机系统自动输送和存取，将装、卸料工位和机床的物料交换及储存器相连。其整个工作过程都是在计算机控制系统的管理下自动进行的，除装、卸料生产准备工作由工人在 8 h 内进行外，其余时间可以无人化生产。

本章 3.2 节和 3.3 节所述的存储及输送系统内容也同样适用于制造系统。下面将叙述制造系统，特别是柔性制造系统中所特有的物流系统装置。

3.5.1 存储系统

在自动化制造系统中，为使系统具有使流动的"物料"暂时地存储起来的机能，即仓库机能自动化，以及具有能够及时应对生产负荷变动的存储能力和能柔性地自动适时供给，广泛使用中央仓库及缓存站作为中间存储系统。

1. 中央仓库

柔性制造系统中，当工件输送系统线内存储功能很小而要求有较多存储量时，或者要求能够进行无人化生产时，大都以设立自动化中央仓库的方式来解决。中央仓库是一种集中存储方式，它根据计算机管理系统的信息，通过传送系统适时供给或存取各工位所需的"物料"。

中央仓库的存储数量可由下式计算：

$$N \geqslant \left| -\frac{Tn}{t} + a + b \right| \tag{3-6}$$

式中：N——中央仓库存储数量，个；

  T——无人化生产时间,h,若每天 8 h 由工人备料,则 $T = 16$ h;若考虑星期日无人化
生产,则 $T = 40$ h;

  n——系统中机床台数,台;

  t——每个托具上所装工件的平均加工时间,h/个托具;

  a——待用托具数,个;

  b——存储所用托具数,个。

  若考虑系统内缓冲存储的存放数量,中央仓库的库存数可适量减少。中央仓库按其
布局方式可分为立体库和平面库。立体库由存放"物料"的高度、宽度二维配置的存放架
(货架)、自动存取的搬运设备和输入输出站构成。所使用的自动存取搬运设备为堆垛起
重机或放物架。

微视频 3.19
自动化立体仓
库组成

  表 3-6 是立体仓库的布局形式。由该表可见,货架一般成对布置,堆垛起重机在巷
道中间行进并自动存取,"物料"一般按任意货架号方式存放,进出库站的数量和布局与
进出库频率和柔性制造系统的总布局有关。

表 3-6　立体仓库的布局形式

布局形式	说明	布局形式	说明
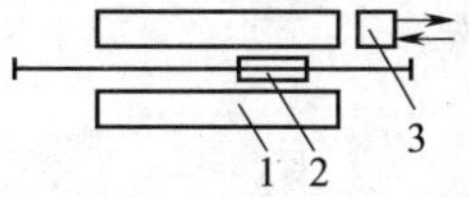	1. 一个进出库站。 2. 适于进出库频率低的场合	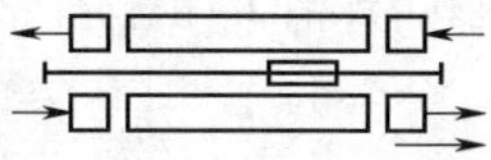	1. 四个进出库站。 2. 适于进出库频率高,需批进批出的场合
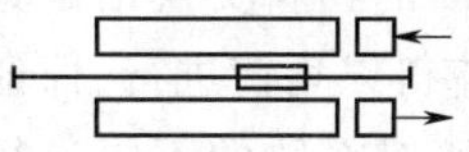	1. 两个进出库站。 2. 适于进出库频率高的场合	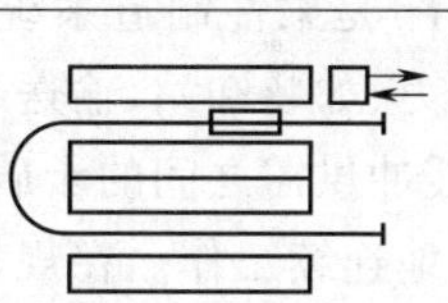	1. U 形多道式。 2. 适于储存量多,进出库频率低的场合
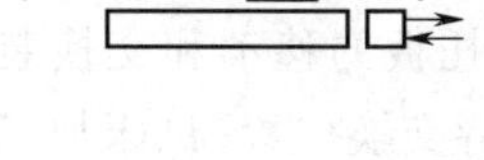	1. 两个进出库站。 2. 分进库侧和出库侧	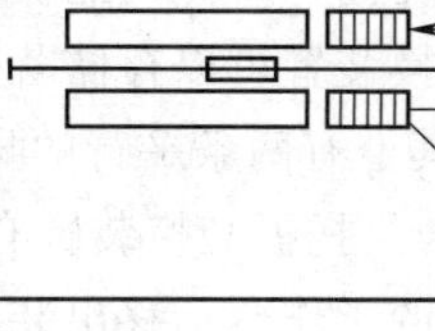	1. 转车台式。 2. 适于用一台转车台和堆垛起重机在数列货架上存放的形式
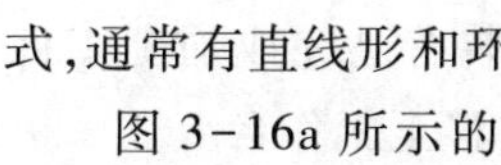	1. 两个进出库站。 2. 进出库频率高	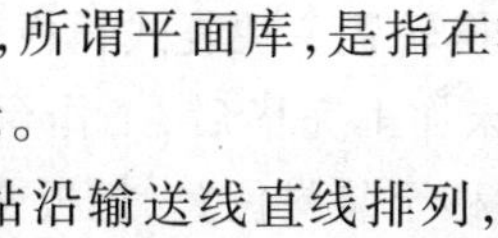	1. 进出站与外围装置连接。 2. 适于进出库频率高且与外围设备联动的场合

表中:1—货架;2—堆垛起重机;3—进出库站;4—转车台;5—输送机。

  对于大型工件往往采用平面库集中储存,所谓平面库,是指在输送平面内的布局形
式,通常有直线形和环形两种,如图 3-16 所示。

  图 3-16a 所示的平面仓库,其托具存放站沿输送线直线排列,由有轨小车完成自动

存取和输送。图 3-16b 所示是由两台八工位环形储料架组成的平面库。环形储料架具有环形运动,因而可以在任意空位入库储存或根据控制指令选择工件出库。

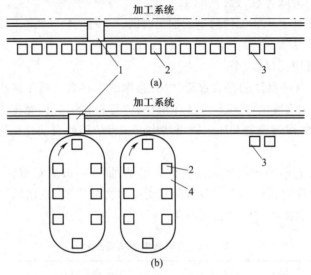

图 3-16 平面仓库的布局

1—托具存放站;2—有轨小车;3—装卸站;4—八工位环形储料架

2. 缓存站

缓冲存储(简称缓存)是柔性制造系统中一种重要的仓库功能。缓存站使物流系统内各环节有一定存储能力,如装卸站,输送系统内(包括支线)、机床前的物料交换站都具有一定的存储能力,以缓冲供需之间的矛盾。缓存站使系统内的物流得以均衡进行,保证适时供料使机床不停机地连续工作。在规划设计柔性制造系统时,要对系统的不同运行方案进行计算机仿真,以寻求最佳设计方案。

如果柔性制造系统规模较小,而又不要求无人化运行,其缓冲存储已能满足系统运行要求,则可以不设置中央仓库。

(1)托板交换装置

托板交换装置是柔性制造系统加工设备和工件输送装置之间的桥梁和接口,不仅起连接作用,还可以暂时存储工件,起到防止系统阻塞的缓冲作用。

1)回转式托板交换装置 回转式托板交换装置通常与分度工作台相似,有两位、四位和多位的,多位托板交换装置可以存储若干工件,所以也称托板库。两位回转式托板交换装置如图 3-17 所示,其上有两条平行的导轨用于托板移动导向,托板的移动和交换装置的回转通常由液压驱动。托板交换装置有两个工作位置,前方是待交换位置,机床加工完毕后,交换装置从机床的工作台上移出装有工件的托板,然后转过 180°,再将装有工件的托板送到机床的加工位置。

2)往复式托板交换转置 往复式托板交换装置的基本形式是两托板的交换装置,如图 3-18a 所示。当机床加工完毕后,工作台横移至卸料位置,移动装有已完成加工工件的托板,然后工作台横移至装料位置,托板交换装置再将待加工工件移至工作台上。

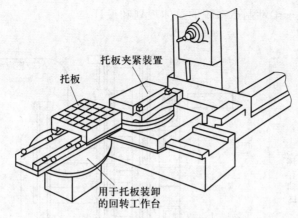

图 3-17　两位回转式托板交换装置

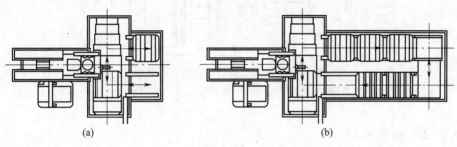

(a)　　　　　　　　　　　　　　(b)

图 3-18　往复式托板交换装置

往复式托板交换装置往往具备多个托板位置,以便允许在机床前形成不长的队列,起到小型中间储料库的作用,补偿随机、非同步生产的节拍差异。

(2) 装卸站

一般来说,装卸站是指用于毛坯输入和成品输出的装置,故又可称为输入输出站。对步伐式传送的自动线,若工件直接输送,其前端和后端应留有若干空位作为装卸站,以便工人集中装料和卸料;若用随行夹具输送,装卸站可设在自动线前端或后端,除留有若干缓冲空位外,还设置装卸料工位。在装卸料工位,工人将成品卸下,装上新的毛坯。对设有毛坯库和成品库的自动线,毛坯库和成品库就是一种装卸站。对用托具进行输送的柔性制造系统,装卸站就是根据计算机管理信息,选择相应的托具,把毛坯安装在托具上,然后将装有毛坯的托具输入制造系统。若工件在加工过程中需要再一次安装,则必须返回装卸站,选择新的托具重新装卸后再输入。成品在装卸站卸下后输出,而卸下成品的托具返回仓库储存备用。

从目前运行的柔性制造系统来看,装卸站的工作都由人工来完成。对大中型工件,装卸站需配置起重设备和移载装置。对不设中央仓库的柔性制造系统,装卸站可作为缓冲存储的一环,如设置多个装料工位或小型储架或托板库。在某些场合下,装卸站还兼有毛坯、半成品和成品的检验功能,有时需有前加工功能,如加工安装基准面和打中心孔,以便把工件装到托具上。图 3-19 所示是具有前加工功能的单元形态的半自动化装卸站。有时,装卸站还设有工件和托具的清洗装置。上述检验功能、前加工功能和清洗功能是否包含在装卸站内,取决于柔性制造系统的总体规划和设计。

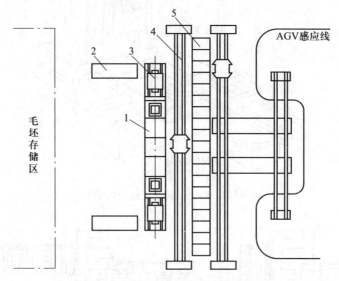

图 3-19 单元形态的半自动化装卸站
1—装卸站;2—输入输出;3—加工机床;4—货架;5—输送线

3.5.2 输送系统

工件输送系统决定着制造系统的布局和运行方式,与所选用的搬运设备直接相关,并要和制造系统的生产流程和机床类型相适应,对制造系统的生产效率、复杂程度、投资大小和经济效果影响甚大。因此,在规划设计时应进行多方案分析论证,从中选择最佳方案。

1. 步伐式输送装置

步伐式输送装置是一种典型的输送装置。尤其在加工箱体类零件及带随行夹具的自动线中,使用非常普遍。常见的步伐式输送装置有弹簧棘爪式、摆杆式、抬起带走式及托盘式四种。

图 3-20 所示为组合机床自动线中最常用的弹簧棘爪式步伐输送装置。输送杆在支承滚子上往复移动,向前运动时棘爪推动工件或随行夹具前进一个步距,返回时,棘爪被后一个工件压下从工件底面通过,退出工件后棘爪在弹簧作用下抬起,工件在固定的支板上滑动,由两侧限位板导向,以防止工件歪斜。

2. 悬挂输送装置

悬挂于工作区上方的输送装置具有很多优点,把物料挂在钩子上或其他装置上,可利用建筑物结构搬运重物。

与其他输送装置相比,悬挂输送装置更加节省空间,更容易与工艺流程结合,因此广泛应用于各类生产系统中。如用于批量产品的喷漆,挂在钩子上的产品自动通过喷漆车间,接受喷漆或浸泡。悬挂输送还用于物品的暂存,物料可以在悬挂输送装置上暂时存放一段时间(有的工厂最长存放一天),直到生产或装运为止。这就避免了在车间地面暂存所造成的劳动力和空间的浪费。安全性是在悬挂输送装置设计和实施中应考虑的重要因素。

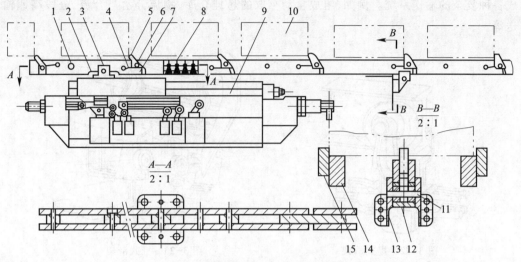

图 3-20 弹簧棘爪式步伐输送装置

1—垫圈；2—输送杆；3—拉架；4—弹簧；5—棘爪；6—棘爪轴；7—支销；8—连接板；

9—传动装置；10—工件；11—滚子轴；12—滚轮；13—支承滑架；14—支承板；15—侧限位板

悬挂输送装置主要由吊具、驱动装置、转向装置、牵引构件、架空轨道以及张紧装置组成。其中，牵引构件又包括链轮、链条及滑架滚轮。

图 3-21 所示为一自动化制造系统中的空中输送系统实例。

图 3-21 自动化物流系统中的空中输送系统实例

为适应不同生产系统的需要，滑架有提式滑架和推式滑架两种结构。前者结构简单，适用于无特别要求的生产系统；后者结构相对复杂，适合于多条输送线组合的生产系统。

图 3-22 所示为提式滑架，装有物料的吊具挂在滑架上，牵引链牵动滑架沿架空轨道运行，将物料送抵生产的各个环节。图 3-23 所示为推式滑架，其特点是牵引链与小车不

固定连接,由牵引链上的推头推动承载小车运动,牵引链和承载小车有各自的运行轨道。由于承载小车可与牵引链脱开或接合,使得物料能从一条输送线传到另一条输送线上,构成各种复杂的输送系统。例如,组成自动存取的悬挂仓库、物流分岔与合流、分段高速输送等。

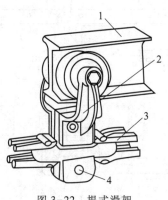

图 3-22　提式滑架

1—架空轨道;2—滑架;3—牵引链;
4—挂吊具

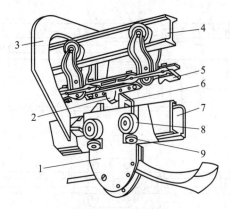

图 3-23　推式滑架

1—车体;2—推头;3—框板;4—牵引轨道;5—牵引链;
6—挡块;7—承重轨道;8—滚轮;9—导向滚轮

　　滑架上的零件有自身的许用载荷。当被输送的物料重量超过滑架零件的许用载荷时,可设计横梁将物料悬挂在两台或更多的滑架上。

　　关于悬挂输送系统的设计还有链条与链轮的设计、吊具的选择、转向装置的结构设计、驱动装置和张紧装置的设计等内容,本书不再详细介绍。

3.5.3　典型搬运设备

　　1. 搬运小车

　　柔性制造系统中应用的搬运小车是一种无人驾驶的自动化搬运设备,适用于箱体类大型工件的长距离搬运。由于这类工件在机床上的加工时间较长,所以在输送线内的输送频率较低,大多采用自由流动、随机存取的输送方式。

　　在柔性制造系统中应用的搬运小车类型很多,按其导向方式可分为有轨式和自导式两大类,按驱动方式可分为自驱式和他驱式两大类。他驱式是在地沟内或在架空轨道上装设牵引链,用车前的传动销带动,要小车停下来,只需将传动销从牵引链中拔出即可;自驱式一般为电动小车,电源可由三相动力滑线输入或自备蓄电瓶。

　　(1) 有轨小车

　　亦称有轨自动小车(rail automated vehicle,RAV),有轨小车由在地面上铺设的两条平行钢轨和在其上行走的小车组成。简言之,它是在钢轨上行走的平台货车。有轨小车的运动是小车的小齿轮与设置在钢轨一侧的齿条相啮合,利用电气伺服系统(或数控系统)驱动,用定位槽销等机械定位机构使小车在规定的位置上准确停止,其定位精度可达0.4 mm,甚至可达±0.1 mm。有轨小车结构坚固,能承受很大重量,一般承载质量为 1~8 t 或更大。如 Skoda 公司建造的加工箱体的 PC-3 系统,其最大承载质量高达 24 t,美国加工 XM-1 坦克外壳的系统,工件质量达 45 t。由于要在地面上铺设钢轨,而且不易转弯(弯道半径很大),故一般用直线输送方式。有轨小车的移动速度一般为 60~100 m/min。

有轨自动小车是搬运小车发展初期普遍采用的一种方式。轨道可以设计成水平、斜坡等形式,并构成多层、地下、壁内等轨迹网。在车间地面铺设轨道,影响车间的空间利用,噪声大、造价高,并影响保洁工作。

（2）自动导向车

微视频 3.21
自动导向车

亦称自动导引小车(automated guided vehicle,AGV),如图 3-24 所示。自动导向车以蓄电瓶为动力源,橡胶轮胎在地面上行走,是一种外部控制的电动小车。由于它不需在地面上铺设钢轨,行走时无噪声,可自行转弯和调向,近年来在柔性制造系统中的应用逐渐增多,愈来愈受到重视。

图 3-24　自动导向车实例

自动导向车有固定路线型、半固定路线型和无固定路线型。其中,固定路线型技术成熟,应用最广泛。从导向原理看,有电磁式和光电式之分。电磁式自动引向车需要在小车行走路线的地面下埋设环形感应电缆,控制导引(以下简称制导)小车运动,这对于固定运输线路的生产系统较为适合,但不能随意延长或改变路线。光电式自动引向车由涂在地面上能反射光的线条制导或由激光制导,易于改变路线,施工简便,目前应用相当广泛。

半固定路线自动导向车采取部分固定路线与标志制导相结合的方式实现搬运功能,但尚未在工业界大范围使用。

无固定路线型是最理想的方式。这种小车不受固定路线的限制,根据任务指令,自动寻找目的地。工业发达国家投入了相当多的力量研制无固定路线自动导向车,正在研制的有回转仪式、自动巡航式、坐标式、超声式、激光式等。在未来的生产系统中,这种小车将成为物料搬运的主要装置。

2. 堆垛起重机

堆垛起重机是立体中央仓库内的自动存取搬运设备。按其行走方式可分为地面移动式(底部传动方式)、悬垂移动式(顶部传动方式)、上下同时驱动方式和转车台式。

按其活动叉支持方式可分为敞开式和门式两类。

图 3-25 所示为地面移动式堆垛起重机。绞车通过吊链带动支持架竖直移动,托物

叉可两侧滑动将托板移进或移出,而整机可在导轨上行走。通过管理控制系统,堆垛起重机可完成在立体仓库内物料的存放或取出。

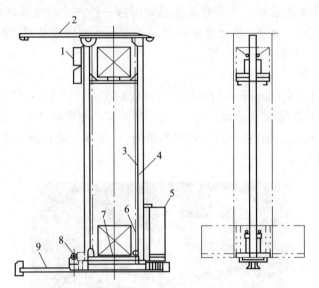

图 3-25   地面移动式堆垛起重机示意图

1—绞车;2—顶部导轨;3—吊链;4—立柱;5—控制盘;6—支持架;

7—托物叉;8—行走装置;9—地面导轨

悬垂移动式堆垛起重机是在空中架设的单轨上驱动行走的,下方滚轮支承在地面轨道上。上下同时驱动式堆垛起重机是在空中和地面架设的单轨上同时驱动的形式。这两种堆垛起重机适用于在厂房高的地方设立的大型立体中央仓库,而地面移动式堆垛起重机适用于中、小型立体中央仓库。转车台式堆垛起重机,其立柱能在两个垂直方向移动,适用于多巷道立体中央仓库。

3. 机械手与工业机器人

机械手与工业机器人在自动化生产中应用广泛,根据应用目的的不同,其功能、结构和形式差别很大。

(1)专用机械手

专用机械手是附属于主机、具有固定工作程序而无独立控制系统的机械装置。它的特点是动作自由度少、工作对象单一、结构简单、实用可靠和造价低,适用于大批大量生产,如自动机和自动线中的上下料装置和机械手;或中、小批量生产中经过标准化的物料交换装置,如数控加工中心的换刀机械手、托具交换装置等。

(2)搬运机器人

在工业生产中应用的机器人称为工业机器人。工业机器人是一种独立的具有控制系统、程序可变、动作灵活多样的通用的自动化装置,可在生产中替代工人进行生产操作。它的特点是工作范围大、定位精度高、通用性强,适用于中、小批量,多品种生产的自动化生产线。

工业机器人由操作系统(手部、腕部、臂部、立柱或机身)、驱动系统、控制系统和检测系统等组成。图 3-26 所示为卷烟厂生产线上使用的拆烟箱机器人实物照片。

图 3-26 拆烟箱机器人

机器人手部用于抓取工件或工具,而改变所抓物件的空间位置主要由手臂的动作来完成,改变所抓物件的方向主要由腕部动作来完成。所以,将手臂的动作称为机器人的主运动,将手腕的动作称为机器人的次要运动。手臂和手腕所具有的运动数称为机器人的动作自由度数。

搬运机器人是工业机器人的一种,往往是根据具体需要,选购商品化机器人。但是,由于搬运机器人动作简单,精度要求不高,在某些情况下,可以考虑自行设计。将装卸料机械手配以行走机构,就构成搬运机器人,如图 3-27 所示。

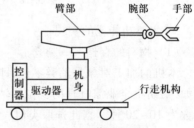

图 3-27 搬运机器人

设计搬运机器人,最简单的方法是将 AGV 小车作为行走机构,用装卸料机械手的设计方法设计手部、腕部、臂部和驱动装置;其次是自行设计行走机构。从结构上看,搬运机器人行走机构有车轮式、脚式以及履带式等,其中应用最广、动作最稳定的是车轮式行走机构。

3.6 物料流系统设计实例

机械加工中,常需消除材料或制件的弯曲、翘曲、凸凹不平等缺陷,其中轴类零件的矫直常用的设备之一就是精密矫直机。下面以 YH40-25 型自动矫直机的物料流系统设计为例分析物料流系统设计的一般过程。

1. YH40-25 型自动矫直机工艺原理及工艺流程分析

轴类零件的矫直工艺通常有以下几种:① 工件在热态下,通过工件旋转进给和多矫直辊反复轧制,实现工件矫直;② 通过反复加热、加压,实现矫直;③ 火焰矫直;④ 通过滚轮滚压、工作贯通方式实现矫直;⑤ 电液脉冲方式;⑥ 三点弯矫直方式。其中三点弯矫直方式具有原理简单、容易实现、适用复杂零件等特点,故本机选用三点弯矫直工艺。

根据所选定的工艺,制订工艺流程如下:

首先由送料装置将零件送到加工位,零件由检测装置检测出零件的最大跳动量及其方位角。根据检测结果,决策系统判断零件合格与否,如需矫直,则进一步决策判断出相应的矫直压点、支点组合,同时计算出矫直行程,由控制系统指挥机床各子系统顺序完成矫直动作,然后进行检验,决策系统判断是否符合设计要求,符合要求则由送料装置将零件离线取出,否则继续矫直,直至合格,或当矫直次数超过矫直机生产节拍时,将视此零件为废品,离线送出。

2. YH40-25 型自动矫直机物料流系统分析

本机器中的物料就是待矫直的轴类零件。根据以上工艺流程的分析,可得本机物料流如图 3-28 所示。

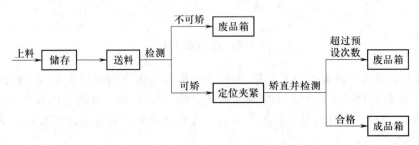

图 3-28　YH40-25 型自动矫直机的物料流

3. 主要功能元的实现

(1) 物料的存储——料仓

本机的加工对象是轴类零件,即圆柱形工件,根据其最大直径的不同进行专门设计。例如,某纺机企业需矫直的罗拉轴轴长为 470 mm,最大直径为 $\phi27$ mm,要求同时在机工件数为 10~20 件。据此选取类似表 3-1 中的坯件自重式料仓,设计料仓容量最大为 15 件,具体如图 3-29 所示。图中的尺寸 S 对应于所设计矫直机的一个工步距离(本例为 150 mm)。

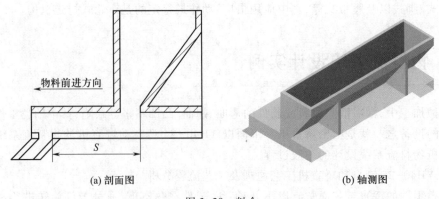

(a) 剖面图　　　　　　　　　　　　　　(b) 轴测图

图 3-29　料仓

(2) 输送系统

由于本设备的物料本身较重,且同时在机工件数要求为 10~20 件,质量为 21~42 kg。

受体积的限制,不宜采用带、链等输送机构。本机器的矫直部分需使用液压系统,即有液压源,因此本设计的输送系统采用了变形的平行四杆机构加两个液压缸输送动力。机构原理如图 3-30 所示,摇杆 2、7 与连杆 8 以及机架构成平行四边形机构,液压缸 1、6 提供机构运动的动力。整个输送工作循环可分为四道工序:

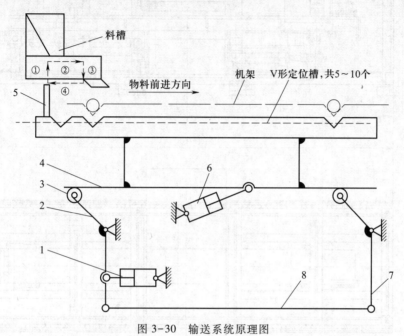

图 3-30 输送系统原理图

1、6—液压缸;2、7—摇杆;3—滚轮;4—送料器;5—推料杆;8—连杆

工序①:工件抬起;工序②:工件输送;工序③:工件落下;工序④:机构返回

① 液压缸 1 的活塞前进,推动摇杆 2、7 向上摆动,使送料器 4 上升,构件的 V 形定位槽将工件顶起,并恰好高于机架的上表面,液压缸 1 的活塞停住不动(保持油压)。

② 液压缸 6 的活塞开始运动,推动送料器 4 连同工件沿物料前进方向运动一个工步,同时推料杆 5 将料槽中下降到直槽中的工件向前推至下层斜槽中,落到送料器的最后一个 V 形定位槽中。

③ 液压缸 1 活塞回拉,使送料器下降,工件落回到机架的 V 形定位槽上,完成将物料向前输送一个工步的任务。

④ 液压缸 6 的活塞带动送料器 4 返回,使机构回复到初始状态。应注意的是,V 形定位槽的设计及料槽位置的确定应使送料器 4 完全抬起后,工件的顶面与料槽底面间仍有一定的间隙,而下层料槽中心线应与送料器上第二个 V 形定位槽中心线对齐。

输送系统设计图如图 3-31 所示。

(3) 废料剔除机构

生产过程中,必须能对废料进行及时剔除。本例中有两处可能检测出废料:一处为矫直前,输入的坯件中可能含有不可矫的废料;另一处为经矫直后,超过矫直次数但仍未达到要求的工件,也将作为废料处理。因此,本机器的物料流系统中必须在这两处设有废料

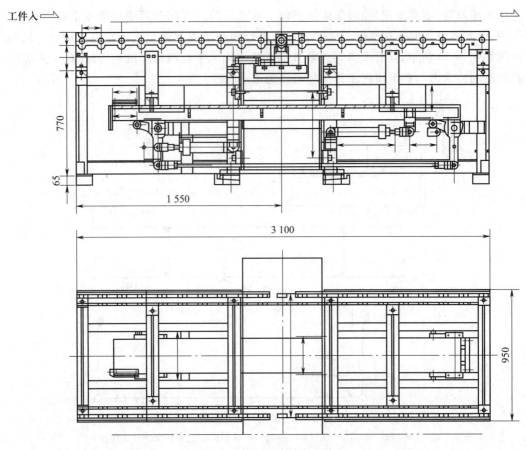

工件入

770

65

1 550

3 100

950

图 3-31　输送系统(不含料仓)

剔除装置。基于与输送系统同样的理由,废料剔除装置采用液压缸作为机构动作的动力源,其机构原理如图 3-32 所示。图中,剔料钩 1 与摇杆 2 固连,机构工作时,首先是液压缸 4 的活塞杆推动滑块 3 前进,从而带动摇杆 2 及剔料钩 1 转动,将废料剔除。图 3-33 是废料剔除装置图。

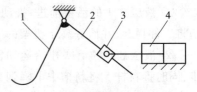

图 3-32　废料剔除装置的机构原理图
1—剔料钩;2—摇杆;
3—滑块;4—液压缸

(4) 定位与夹紧机构

在检测及矫直过程中均需进行准确的定位,另外,在矫直过程中还需要夹紧。由于本机的物料是轴类零件,形状较规则,其定位与夹紧也比较简单。

1) 定位　根据六点定位规则,圆柱类零件的完全定位需要进行周向与轴向定位。本设计采用附录二表 3 中的 B 型 V 形块进行周向即圆柱面的定位;而轴向定位则与夹紧结合起来,以左、右顶针定位,如图 3-34a 所示。

2) 夹紧　夹紧是由左、右两个顶针完成的,基于与上述各机构同样的原因,夹紧的动力源装置采用了气缸。夹紧机构简图如图 3-34b 所示,当气缸的活塞杆向下运动时,通

过连杆 3、5 带动顶针 2、4 同时向中间运动,顶住后,气缸保持压力,从而起到夹紧作用,使
工件在矫直过程中不会发生左右窜动。

　　图 3-35 所示为 YH40-25 型自动矫直机的实物图,从中可清晰看到物料流系统的主
要部分。

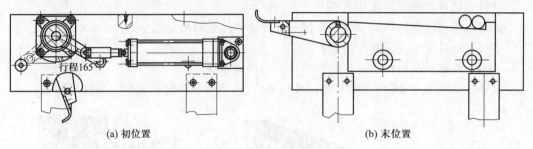

(a) 初位置　　　　　　　　　　　　　　　　(b) 末位置

图 3-33　废料剔除装置图

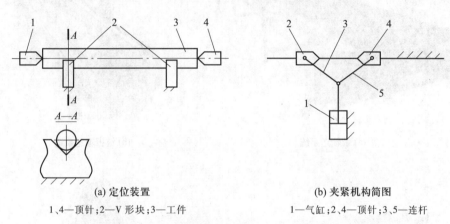

(a) 定位装置　　　　　　　　　　　　(b) 夹紧机构简图

1、4—顶针;2—V 形块;3—工件　　　　　　1—气缸;2、4—顶针;3、5—连杆

图 3-34　定位与夹紧

物料流系统

图 3-35　YH40-25 型自动矫直机(不含料斗)

习题

3-1　物料流的定义是什么？

3-2　如何理解物料流设计在机械系统设计中的重要地位？

3-3　物料流由哪几部分组成？

3-4　存储系统的作用是什么？简述常用存储系统。

3-5　简述图 3-36 所示物料输送系统的特点，结合工程案例各举一例应用场景。

(a) 带输送系统

(b) 链板输送系统

(c) 辊筒输送系统

(d) 倍速链输送系统

图 3-36　输送系统

3-6　如图 3-37 所示，某物料流系统设计时，要把工件从 A 工位送至 B 工位，请提出你自己的设计方案。

要求：1）工件输送过程中姿态要求保持不变；

2）给出方案简图。

3-7　图 3-38 所示为一硬币分选机，试分析其物料流系统的组成。

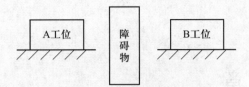

图 3-37 工位图示

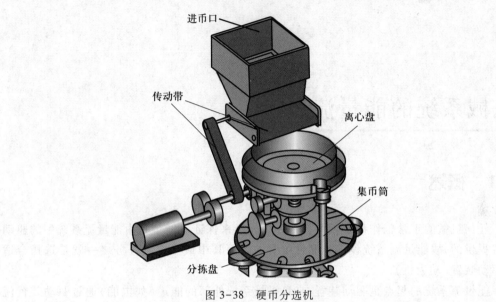

图 3-38 硬币分选机

第 **4** 章

机械系统的能量流设计

4.1 概述

任何机械的正常工作都必须要有一定的能量来保证。能量是由能量流系统中的驱动装置提供的,故能量流系统设计是非常重要的。而其中最主要的任务之一就是选择合适的驱动装置(动力机)。

能量流系统的起点是驱动装置,来自机械系统外部的能量(如电能)通过驱动装置流向机械系统的各有关环节或子系统。其中,一部分用以维持各环节或子系统的运动;另一部分通过传递、损耗、储存、转化等有关过程,完成机械系统的有关功能,即这一部分能量的终点是机械运动系统中的执行部件,作用是带动执行部件作功以改变材料或工件的性质、形态、形状或位置等,实际上就是克服系统所承受的载荷。

驱动装置(动力机)可分为电力驱动(电动机)、液压驱动(液压泵,液压马达)、气压驱动(气动马达)及热机(内燃机、汽轮机等,其中主要是内燃机)四大类,当用于机械系统时,一般需用减速器输出需要的转速或利用凸轮等机构来改变运动形态。如果应用变频器、伺服驱动等调控装置,则可以省去这些机械装置。

一般来说,进行能量流系统设计应解决如下四个方面的问题:
① 机械系统中能量流动状况和特征分析;
② 工作机械的载荷计算;
③ 驱动装置的选择;
④ 系统能量匹配与设计。

4.2 能量流系统分析

4.2.1 机械系统的能量流程

对于某一时间段的机械工作过程而言,其工作过程的能量流可用图 4-1 描述,其中:

E_I——输入机械系统的能量;

E_C——克服工作机械负载而作功的能量,是机械系统的有效能;

E_S——系统广义储能,是机械系统工作过程中系统储存和释放能量的代数和;

E_L——系统损耗的总能量,它的构成和机理均非常复杂,包括驱动装置和机械传动部件中的各种能量损耗。

某一时刻机械系统的瞬态能量流如图 4-2 所示,其中:

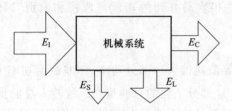

图 4-1 机械系统的能量流图   图 4-2 机械系统的瞬态能量流(一)

P_I——输入总功率,$P_I = \mathrm{d}E_I / \mathrm{d}t$;

P_C——克服执行机构负载的功率,$P_C = \mathrm{d}E_C / \mathrm{d}t$;

P_L——损耗总功率,$P_L = \mathrm{d}E_L / \mathrm{d}t$。

当图 4-2 中的 $P_C = 0$,即系统处于无载荷空运行时,此时系统消耗的功率称为系统空运转功率。实际上,此功率不仅是维持机械系统空运转所需的功率,而且也是在整个机械系统工作过程中维持系统运转必不可少的功率,是一种与工作机械载荷无关的功率,因此称为非载荷功率,用 P_u 表示。当 $P_C \neq 0$,即系统有负载时,机械系统的总损耗 P_L 要在非载荷功率的基础上增加,增加的这部分损耗称为系统附加损耗功率 P_a,又称载荷损耗,即有

$$P_L = P_u + P_a$$

所以,图 4-2 可改为图 4-3。

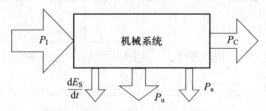

图 4-3 机械系统的瞬态能量流(二)

由图 4-3 可得

$$P_I = \frac{\mathrm{d}E_S}{\mathrm{d}t} + P_u + P_a + P_C \tag{4-1}$$

若忽略过渡过程的影响,即只考虑机床稳态运行,则有

$$P_I = P_u + P_a + P_C \tag{4-2}$$

4.2.2 机械系统能量流理论及其应用简介

机械系统的能量流理论主要包括以下几个要点。

微视频 4.1
机械工作状态
能量信息论

1. 机械工作状态能量信息论

机械工作过程中必然伴随着能量的流动和消耗。由于机械工作过程中工作状态和系统结构的变化一般都会引起某一部分能量状况的变化,因此机械系统的能量流动状态是工作机械运行状态的综合反映,机械系统的能量流中包含着丰富的工作状态信息。利用

这个理论可有效地对机械工作过程实施状态监控和故障诊断。例如,当机床的切削状态发生变化、刀具发生磨损或工件发生位移时,均会引起切削功率 P_C 的变化,从而导致输入功率 P_I 的变化。通过监视输入功率 P_I(这是很容易办到的),就可监视和识别刀具磨损的状态。

2. 机械工作过程能量损失论

机械工作过程中,由于工作系统自身运转要消耗很大一部分功率,即非载荷功率 P_u,且 P_u 要在机械工作系统运行全过程中起作用,这部分消耗的总能量在系统输入总能量中占的比例较大。其次,损耗能量即载荷损耗也在系统输入能量中占有一定比例。特别是,机械工作过程一般是变负载的。例如,用机床加工工件的过程,一般要经过粗加工、半精加工、精加工等几道工序,后两者的切削功率在总输入功率中占的比例均很小,导致能量效率较低,以至于整个加工过程的能量利用率很低。

图 4-4 所示是在一台普通车床上测得的一个工件的实际加工过程的功率曲线 $P_I(t)$。该加工过程由粗车外圆、半精车外圆和端面车削三个加工工步组成,车削均在同一转速下进行(机床储能的变化忽略不计)。图中 T 为加工周期。

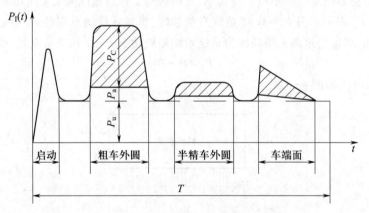

图 4-4 车床工作(加工零件)过程的功率曲线

机械工作过程的能量效率 η 定义为机械工作过程中某一时刻克服负载所需功率 $P_C(t)$ 与输入总功率 $P_I(t)$ 之比,即

$$\eta(t) = \frac{P_C(t)}{P_I(t)} \tag{4-3}$$

由式(4-3)可见,机械工作过程中的能量效率是一个变量。图 4-5 所示为图 4-4 所示的加工过程的能量效率曲线。因此,为了用一个参数描述整个工作过程的能量利用状况,引入了机械工作过程能量利用率 U。U 定义为整个工作过程的有效能和输入总能量的比值,即

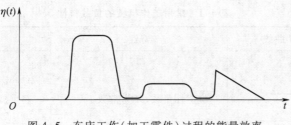

图 4-5 车床工作(加工零件)过程的能量效率

微视频 4.3
机械工作过程
节能效益论

$$U = \frac{\int_0^T P_C(t)\,\mathrm{d}t}{\int_0^T P_1(t)\,\mathrm{d}t} \tag{4-4}$$

机械工作过程的能量损失理论指出了机械系统的能量利用率较低,揭示了能量消耗的各方面的实际情况,为机械系统节能研究指出了方向和途径。因此,能量效率理论在机械系统节能的研究中有着广阔的应用前景。

3. 机械工作过程节能效益论

目前,机械工作中的能量损失比人们想象的严重得多。有关研究表明,普通机床直接用于工作(切削)的能量只占总耗能量的 30% 左右,这就意味着 70% 左右的能量是"无效地"损失掉了。另一方面,机械的能量损失不仅是一种"无效"损失,而且是一种有害损失。能量损失将造成以下恶果:摩擦损失能量伴随磨损而导致机械寿命和可靠性降低;噪声和振动都要由能量来维持,而它们又表现为能量损失的一种后果;能量损失的绝大部分转化为热能,导致机械产生热变形,严重影响精度,并可能加剧运动副的磨损甚至卡死,降低可靠性。例如,在机床上有时为减少热变形而不得不降低切削速度,从而降低了生产率。

从以上分析可见,机械在工作过程中的几个关键性能指标,如磨损、噪声、振动、热变形等都与机械的能量损耗存在着密切联系或一定的依存关系。机械的能量消耗是机械运行状态和多种性能的综合反映。因此,在机械系统设计时,进行节能研究,减少机械的能量损失,有利于改善机械的其他性能,提高机械的技术水平。如果采取适当措施,将有利于提高机械的工作效率和产品质量。

微视频 4.4
工作机械载荷
特性

4.3 工作机械载荷分析

4.3.1 工作机械的载荷类型

工作机械的载荷种类很多,大致可以按如下方法进行分类。

按载荷作用的形式,载荷可以分为拉伸或压缩载荷、弯曲载荷和转矩载荷等。这些载荷常用力、力矩或转矩的形式来表示,也可以用压力、功率、加速度等形式来表示。由于一般的动力机输出的都是旋转运动,因此常用工作机械的转矩 M 与转速 n 之间的关系来表示工作机械的负载特性。表 4-1 给出了常用工作机械的负载特性。

表 4-1　常用工作机械的负载特性

负载	n–M 曲线	特性	举例
恒转矩		位能性负载,M 为常数	起重机、提升机构、卷扬机
		反抗性负载,M 的大小相同,方向随 n 的方向发生变化	摩擦负载
恒功率		功率为常数,M 增大、n 减小或 M 减小、n 增大	机床切削加工
转速矩的是函转数		M 与 n 之间有一定的函数关系,M 随 n 增大而增大。如 1 为二次方关系,2 为直线关系	通风机、离心式水泵
恒转速		n 为常数,而转矩可从 0 变化到一定的数值	内燃机、驱动发电机、压气机

　　按载荷是否随时间变化,载荷可分为静载荷和动载荷。静载荷是指大小、方向和作用位置都不随时间的变化而变化的载荷,如机械结构的自重等。相应地,动载荷是指大小或方向或作用位置随时间发生显著变化的载荷。在工程实践中,绝大多数的载荷都是动载荷,但有时为了简化计算,常把量值变化不大的或变化过程缓慢的载荷作为静载荷来处理。

　　在工程上,常把动载荷随时间变化的规律称为载荷–时间历程,简称为载荷历程。根据载荷历程的不同,工作机械所承受的动载荷又可分为四种类型:周期载荷、准周期载荷、瞬变载荷以及随机载荷。周期载荷、准周期性载荷、瞬变载荷都可以用傅里叶级数展开以获得它们的变化规律,从而用明确的数学表达式来进行表达,而随机载荷需用统计学方法进行处理。有时为了简化计算,也采用名义载荷乘以大于 1 的动载系数的办法,将动载荷转化为静载荷进行近似的设计计算,但这样往往会将安全系数取得偏高,使设计出的机械结构偏重,动力机容量过大。

1. 周期载荷

大小随时间作周期性变化的载荷称为周期载荷。如某些锻压机械、振动机械的载荷就是属于这一类。周期载荷可用幅值、频率和相位角三个要素来描述。

一种简单的周期载荷是按正弦规律变化的简谐载荷。简谐载荷的函数表达式为

$$x(t) = x_0 \sin(\omega t + \varphi) \tag{4-5}$$

式中：$x(t)$——t 时刻的载荷幅值；

x_0——最大载荷；

ω——角频率；

φ——初相位。

当然，工程上严格的简谐载荷并不多，但有很多载荷都呈现出周期性的特点，这就是复杂周期性载荷。由高等数学知识可知，在满足狄利克雷条件后，任何一个周期为 T 的载荷都可以通过傅里叶变换将其分解为无限个简谐载荷的叠加（即由许多正弦波组成的傅里叶级数）。

2. 准周期载荷

准周期载荷是指由若干个频率比是有理数的简谐载荷合成的载荷，它仍可用周期载荷的处理方法来表示。

3. 瞬变载荷

瞬变载荷是指作用时间短、幅值变化较大的载荷。对于瞬变载荷，常采用傅里叶变换建立载荷的时间函数和频率函数之间的一一对应关系。

冲击载荷是一种比较典型的瞬变载荷。理论上冲击的含义是指在某一时刻载荷突然发生变化，在现实中，把在一段很短的时间里发生了较大变化的载荷称为冲击载荷，如模锻设备所承受的载荷就可认为是冲击载荷。在工程上，往往把量值较小、频率较高的多次冲击载荷按一般的周期载荷来处理。

4. 随机载荷

随机载荷是不能用确定的数学方程式来表达的，但是可以对它进行统计计数处理。对于一个随机载荷-时间历程来说，适合作为统计计数的特征事件基本上有三种：

1）峰值　载荷的最大值和最小值；

2）量程　载荷从最小到最大的增量或从最大到最小的减量；

3）穿级数　载荷穿越给定载荷的次数。

统计计数方法一般根据不同的特征事件并忽略微小的载荷变化进行处理，常见的有下列几种：① 峰值法；② 跨均峰值法；③ 量程法；④ 程对法；⑤ 水平穿级法；⑥ 雨流法；⑦ 程-对-程法；⑧ 程-对-均法等。其中峰值法、量程法和水平穿级法是三种基本方法，图 4-6 所示为对一段随机载荷-时间历程进行三种基本的统计计数方法。

将实际测试中记录在磁带上的工作载荷信号经过模数转换输入计算机，进行统计计数，可以得到随机载荷的累积频次分布。将不能用数学函数形式表达的随机载荷-时间历程转化为可用数学方程式表示的累积频次分布，对于动态设计、疲劳寿命预测以及动力机的选择计算有很大的实际意义。具体的统计计数方法及应用可参考有关文献。

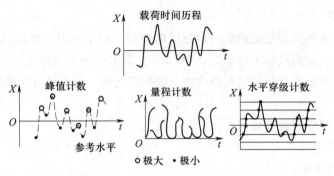

图 4-6　三种基本的统计计数方法

4.3.2　工作机械载荷的构成

工作机械载荷的构成比较复杂,一般地说,工作机械的载荷由以下几个部分构成。

1. 工作阻力

机械系统能量主要就是用于克服工作阻力,如起重机的起升载荷、金属切削机床的切削力、破碎机的破碎阻力等都是工作阻力。设计时,这部分载荷应按所设计设备的最大允许工作能力来选取。例如,起重机的起升载荷就是起重机允许起升的最大有效物体重量、取物装置(吊钩滑轮组、起重横梁、抓斗、容器或吸盘)重量、悬挂着的挠性件以及其他在升降中的设备的重量之和。

2. 摩擦力

机械系统中各种作相对运动的构件之间均可产生摩擦力。这些摩擦力是工作机械载荷的重要组成部分。

3. 自重载荷

某些机械设备本身的全部或部分构件的重量也为工作载荷的一部分,如挖掘机的臂及斗的重量,起重机的全部金属结构以及附设在其上的其他物件的重量均在自重载荷之内。

自重载荷在设计之前是未知的,然而计算结构应力时又是主要载荷之一。因此,设计时一般参考同型的、参数接近的已有设备的自重作初步选定。

4. 外部动载荷

机械由于运动状态变化而产生的动态力称为外部动载荷。例如,在启动过程或制动过程中,在各执行构件上所引起的动载荷。下面以起重机为例,进行外部动载荷的分析:

① 货物突然离地起升时,起升质量及起重机各质量将产生振动从而产生附加的动载荷。

② 当运行、回转或变幅机构启动或制动时,由于挠性悬挂着的货物将产生摆动,由此而产生动载荷。

③ 当运行或回转机构启动、制动时,除起升载荷产生摆动外,起重机各部分质量将产生水平方向的振动,从而产生水平动载荷。

5. 传动系统的动载荷

在启动或制动过程中,除各执行构件外,传动系统的各构件上也将产生振动或冲击力的作用,从而使传动系统产生动载荷。传动系统的动载荷主要包括各传动轴和传动件(如齿轮、凸轮等)的扭转振动载荷和启动及制动时的传动件惯性力矩等。

6. 其他载荷

每种机械设备都有其自身的特点。因此,根据所设计机械的不同,还会有一些以上没有提到的载荷,如野外作业机械的风载荷,交通工具由于道路不平引起的振动、冲击载荷,由于操作失误而可能引起的执行机构的碰撞载荷等。实际计算载荷时应根据具体情况而具体考虑。

4.3.3 工作机械载荷的确定方法

在进行机械系统设计时,一般需先给定载荷。它可以由设计者自行确定,也可以由需方提供。无论何种情况,都应根据具体机械要完成的功能来确定。对于预先给定的载荷,有的不需再改动,而有的需在设计过程中调整。

在确定载荷时,应优先考虑国家对该产品制定的有关规格、系列或标准,例如,压力机规定了压力的系列标准,起重机规定了起重量的系列标准等,它们都直接规定了设计载荷的大小。还有一些机械产品是以某些表征设备能力的特征结构尺寸作为系列标准,例如轧钢机以轧辊直径、挖掘机以铲斗容量等表示,这些结构尺寸实际上决定了工作载荷的大小。对于没有国家标准的,则根据经验或参照其他设计来确定。

确定载荷通常有三种方法:相似类比法、实际测量法及计算法。

1. 相似类比法

对于有同类或近似产品的机械,可以用一个已知的基型产品的载荷参数通过相似理论的分析、设计来拟订其工作载荷及其他参数。

例如,假设已知的原型机械产品(以下简称原型系统)与待设计的机械产品(以下简称设计系统)之间存在力相似,以 P 表示载荷,则载荷相似系数 C_p 为

$$C_p = \frac{P_{11}}{P_{12}} = \frac{P_{21}}{P_{22}} = \cdots = \frac{P_{n1}}{P_{n2}} \tag{4-6}$$

式中:$P_{11}, P_{21}, \cdots, P_{n1}$——原型系统承受的载荷;

$P_{12}, P_{22}, \cdots, P_{n2}$——设计系统对应原型系统各位置上所作用的载荷。

2. 实际测量法

如果所设计的机械属于创新或研制的新产品,无可借鉴和参考,且载荷的确定较重要,则需通过模型或原型由实测法精确确定。实测法是指用试验分析测定载荷的方法。当表征载荷的参数难以直接测量时,必须将它们转换为其他参数,对转换后的参数进行测量。目前广泛采用的方法是利用由测力传感器、显示器及其他电子仪器组成的测量系统,将机械的载荷转化成电量参数进行测量(常称非电量的电测法)。这种方法具有以下优点:

① 可以将不同的被测参数转换成相同的电量参数,因此可以使用相同的测量和记录仪器。

② 输出的信号可以作远距离传输,有利于远距离操作和自动控制。

③ 采用电测法可以对变化中的参数进行动态测量,因而可以测量和记录其瞬时值及

变化过程。

④ 易于同许多后续的数据处理仪器联用,从而能够对复杂的结果进行计算和处理。

3. 计算法

计算法是根据机械的功能要求和结构特点运用各种力学原理、经验公式或图表等计算确定载荷的方法。计算法主要包括静态设计法和动态设计法两大类。

用计算法确定载荷时,必须认真地分析所设计的机械的作业特点、负载及其有关影响因素,运用静力学或动力学合理确定其工作载荷。

下面介绍近年来常用的一种方法,即 GD^2 法。

GD^2 是指回转体的重量 G 和回转直径 D 平方的乘积,也称为飞轮矩或飞轮效应。它的含义与机械运动的惯量是等价的。因此,GD^2 法是一种考虑机械运动惯性的动力学计算方法,利用 GD^2 法来设计机械系统和选择电动机时,可保证机械运动平稳、加减速与制动性能良好以及能量的合理利用等。这种方法既简单又实用,在机械设计、动态性能分析和伺服控制系统中都具有重要的意义。

(1) GD^2 的含义及其与转动惯量 J 之间的关系

对于分布质量回转体,转动惯量 $J = mr^2$(m 为质量,r 为回转半径)。

因为 $m = G/g$ 及 $r = D/2$,所以有 $J = GD^2/(4g)$ 或 $GD^2 = 4gJ$,即 GD^2 与 J 是成正比的。

对于内径为 D_1、外径为 D_2、长度为 L 及密度为 ρ 的空心旋转体,绕心轴的转动惯量 J 由下式计算,即

$$J = \int_{D_1/2}^{D_2/2} r^2 \frac{\rho}{g} 2\pi r L \mathrm{d}r = \frac{2\pi\rho L}{g} \int_{D_1/2}^{D_2/2} r^3 \mathrm{d}r = \frac{G}{8g}(D_1^2 + D_2^2) \tag{4-7}$$

对于实心旋转体,用 $D_1 = 0$ 代入即可。

(2) GD^2 与转矩 M、转速 n(或角速度 ω)、时间 t 之间的关系

由力学中的刚体转动定律知:

$$M = J\frac{\mathrm{d}\omega}{\mathrm{d}t} = \frac{GD^2}{4g}\frac{\mathrm{d}\omega}{\mathrm{d}t} \quad \text{或} \quad \frac{\mathrm{d}\omega}{\mathrm{d}t} = \frac{4g}{GD^2}M \tag{4-8}$$

T 为常数时,其角速度

$$\omega = \int \frac{4g}{GD^2}M\mathrm{d}t = \frac{4g}{GD^2}Mt + C$$

令 $t = 0$、$\omega = \omega_0$(初始角速度),则有

$$\omega = \frac{4g}{GD^2}Mt + \omega_0 \tag{4-9}$$

由于 $\omega = 2\pi n/60$,取 $g = 9.8 \text{ m/s}^2$ 代入上式时,可得

$$n = \frac{375}{GD^2}Mt + n_0 \tag{4-10}$$

式中:加速时 M 用正号,减速、制动时 M 用负号。

由此可知,加、减速时所需的时间和转矩分别为

$$t = \frac{GD^2}{375} \cdot \frac{n - n_0}{M}, \qquad M = \frac{GD^2}{375} \cdot \frac{n - n_0}{t} \tag{4-11}$$

式中:t 的单位为 s,M 的单位为 N·m。

特别地,当加速时间为 $t_a(s)$,速度增量为 $\Delta n(r/min)$ 时,得加速力矩

$$M_a = \frac{GD^2}{375} \cdot \frac{\Delta n}{t_a}$$

另外,在工程实践中,仍大量采用工程单位制,则此时所得转矩的单位应为 kgf·m。

(3) 有效转矩(均方根转矩) M_m

在伺服机械传动中,为了选择控制电动机,经常采用图 4-7 所示的变转矩、加减速控制计算模型。由于变载下的均方根转矩与电动机的发热条件相对应,因此常需计算均方根转矩,其计算公式为

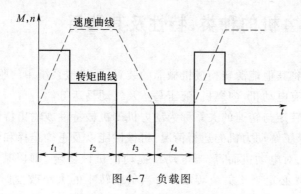

图 4-7 负载图

$$M_m = \sqrt{\frac{M_1^2 t_1 + M_2^2 t_2 + M_3^2 t_3}{t_1 + t_2 + t_3 + t_4}} \qquad (4-12)$$

式中:M_1、M_2、M_3——加速转矩、等速转矩及减速转矩;

t_1、t_2、t_3、t_4——与 M_1、M_2、M_3 所对应的时间以及停歇时间。

特别地,若 $M_1 = M_3 = M$,$M_2 = 0$ 及 $t_1 = t_3 = t_4 = t$,$t_2 = 0$,则有

$$M_m = \sqrt{2/3}\, M$$

在这种情况下,选择控制电动机时,应使 $M_R \geq M_m$ 或 $M_R = K M_m$。其中:M_R 为伺服电动机的额定输出转矩,M_m 为换算到电动机轴上的有效转矩,K 为安全系数。

以上计算对普通电动机的选用同样适用。

(4) 机械系统的等效 GD^2 计算

对于整个机械系统来说,需要将 GD^2 换算到某一轴(如电动机轴或执行机构所在轴)上来计算,这可用能量守恒原理及等效 GD^2 的概念来计算。

设机械系统中有 n 个转动轴,k 个移动构件,各转动轴(包括转动轴上的构件)的转动惯量为 $J_i(i=1,2,\cdots,n)$,转速为 $\omega_i(i=1,2,\cdots,n)$,各移动构件的质量为 $m_j(j=1,2,\cdots,k)$,速度为 $v_j(j=1,2,\cdots,k)$,为了选择电动机,现要求该系统相对于电动机输出轴 1 的等效 GD^2。

该系统的总动能为

$$E = \sum_{i=1}^{n} \frac{1}{2} J_i \omega_i^2 + \sum_{j=1}^{k} \frac{1}{2} m_j v_j^2$$

由能量守恒原理可知,等效系统与原系统的总能量应相等,设原系统相对于电动机输出轴 1 的等效转动惯量为 J,则应有

$$E = \frac{1}{2} J \omega_1^2 = \sum_{i=1}^{n} \frac{1}{2} J_i \omega_i^2 + \sum_{j=1}^{k} \frac{1}{2} m_j v_j^2$$

所以

$$J = \sum_{i=1}^{n} J_i \left(\frac{\omega_i}{\omega_1} \right)^2 + \sum_{j=1}^{k} m_j \left(\frac{v_j}{\omega_1} \right)^2 \qquad (4-13)$$

根据 GD^2 与转动惯量 J 之间的关系式(4-7),可求出机械系统的等效 GD^2,再根据关系式(4-8)即可求得作用于电动机输出轴上的负载转矩。

4.4 普通动力机的种类、特性及其选用

动力机是一种将其他能源转换成机械能的装置,是机械系统中的驱动部分,又称原动机。常用的动力机有电动机、内燃机、液压马达及气动马达等。

动力机输出的转矩与转速的关系称为动力机的机械特性或输出特性。这是一个非常重要的特性,它对于了解动力机的运行情况、机械性能以及正确选择和使用动力机来说都是很重要的。例如,对电动机而言,当电动机拖动使机械稳定(即以某一恒定的转速)运转时,电动机转矩 M 必定等于负载转矩 M_L;当负载转矩的大小改变时,电动机转矩亦随之变化,使 $M = M_L$ 保持稳定运行,只是电动机的转速略有改变。但是,负载转矩增加并超过一定的数值时,会导致电动机的堵转。这是因为,电动机转矩的增加有一定限度,它的变化也有一定的规律,这个规律就是它的机械特性曲线。

4.4.1 电动机

电动机是把电能转变为机械能的一种动力设备。按电流种类的不同,电动机分为交流电动机和直流电动机。交流电动机又可分为异步电动机和同步电动机。

1. 三相异步电动机

异步电动机构造简单,运行可靠,维护方便,效率较高,价格低廉,所以异步电动机在工农业生产及日常生活中应用最广,中小型机床、纺织机械、起重机、各类功率不大的泵和通风机等,都使用异步电动机。其中应用最广的是使用三相交流电源的三相异步电动机。

三相异步电动机在铭牌上标有额定功率 P_N、额定电压 U_N、额定电流 I_N、额定频率 f(我国为 50 Hz)和额定转速 n_N 等,还标有定子相数、绕组接法及绝缘等级等。定子绕组可接成星形(Y 形)或三角形(△形);前者额定电压为 380 V,后者额定电压为 220 V。

异步电动机在额定电压和额定频率下,用规定的接线方法,定子和转子电路中不串联任何电阻或电抗时的机械特性称为固有机械特性,如图 4-8 所示。

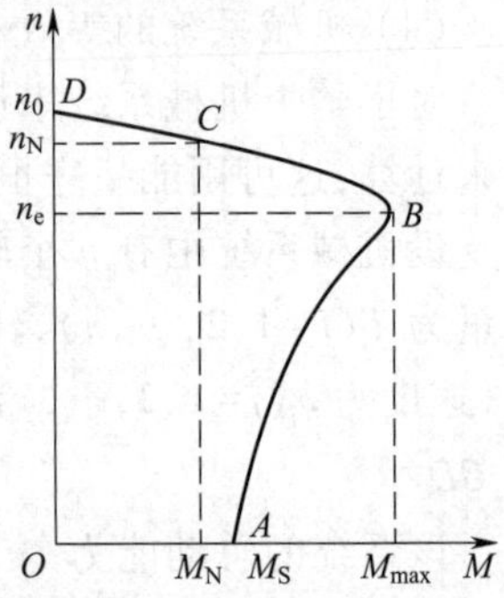

图 4-8 三相异步电动机的
固有机械特性曲线

下面分析机械特性曲线上几个特殊的转矩：

（1）启动转矩 M_S

电动机转速 $n=0(s=1)$ 时，电动机的转矩称为启动转矩 M_S（对应于特性曲线上的点 A）。只有当电动机的启动转矩大于负载转矩时，电动机才能启动，而且启动转矩越大，启动越快。反之，电动机不能启动。其中 s 为电动机的转差率，

$$s=\frac{n_0-n}{n_0}\times100\% \qquad (4-14)$$

式中：n——三相异步电动机的转速。

$n_0=60f/p$ 为旋转磁场同步转速，其中 f 为额定频率（我国为 50 Hz），p 为磁极对数。

（2）最大转矩 M_{max}

电动机的最大转矩 M_{max} 对应于特性曲线上的点 B，这时电动机的转速称为临界转速，对应的转差率称为临界转差率 s_e。

当负载转矩大于最大转矩，即 $M_L>M_{max}$ 时，电动机就要停车，俗称"闷车"，此时，电动机的电流立即增至额定值的 6~7 倍，将引起电动机的严重过热甚至烧毁。如果负载转矩只是短时间接近最大转矩而使电动机过载，但由于时间很短，电动机不会立即过热，这是允许的。最大转矩与额定转矩的比值 λ_m 称为过载系数或过载能力。

选好电动机后必须校核电动机的过载能力，即根据所选电动机的过载系数算出它的最大转矩 M_{max}。M_{max} 必须大于可能出现的最大负载转矩 M_{Lmax}，否则就要重选电动机。

（3）额定转矩 M_N

电动机在额定负载下稳定运行时的输出转矩称为额定转矩 M_N（对应于 BD 段上各点，如 C 点）。

应该指出，在机械特性曲线的 AB 段上，电动机一般不能稳定运行，因为当电动机转矩增加时转速反而升高。BD 段是电动机的工作段，当电动机转矩增加时转速降低，电动机能稳定运行。在电动机的工作段，电动机转速随转矩的增加而略降低，这种机械特性称为硬特性。三相异步电动机的这种硬特性很适合于一般的金属切削机床。

当三相异步电动机的固有机械特性不能满足工作机械要求时，常采用改变电动机某些参数以改变其机械特性的办法，所获机械特性称为三相异步电动机的人为机械特性。

图 4-9 所示为转子电路并联电阻或电抗的人为机械特性，此时启动转矩 M'_{st} 增大，而且可得到近于恒转矩的启动特性。启动结束后，可获得与固有机械特性一样的硬特性。这种人为特性常用于绕线型异步电动机的启动，可减少启动级数，保证电动机平滑加速，又能限制启动电流。

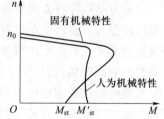

图 4-9　转子电路并联电阻或电抗的人为机械特性

此外，异步电动机还有在转子电路串接对称电阻、在定子电路串接对称电阻或电抗、改变定子极对数、改变电流频率、降低供电电压等的人为机械特性。

2. 其他主要交流电动机

（1）单相异步电动机

虽然三相异步电动机有许多优点，但是很多场合没有三相电源，这时使用单相异步电动机就显得非常方便。所以，像电风扇、小型电动工具、小型鼓风机以及家用电器都采用单相异步电动机作为动力，仪器仪表工业中也用得比较多。单相异步电动机缺少一个启动转矩，需借用其他方法产生启动转矩。根据产生启动转矩方法的不同，单相异步电动机可以分为电容分相式和罩极式两种。

单相异步电动机的效率、功率因数和过载能力都比较低，运行时的稳定性也比较差，因此其容量一般在 1 kW 以下。

（2）同步电动机

同步电动机是三种常用的电动机之一。由于在稳态时它们能够以恒定转速、恒定功率运行，所以称为同步电动机。根据转子结构，同步电动机可以是隐极式，也可是凸极式。前一种类型适用于高速电动机，而后一种类型适用于低速电动机。

同步电动机的最大优点是能在功率因数 $\cos \varphi = 1$ 的状态下运行，不需从电网吸收无功功率。通过改变转子励磁电流的大小，可调节无功功率的大小，从而改善电网的功率因数。因此，不少长期连续工作而无须变速的大型机械，如大功率离心式水泵和通风机等常采用同步电动机作为动力机。但同步电动机本身不能启动，必须采用某种方法使其启动。常用的是异步启动法，即先使电动机在异步转矩作用下启动起来，当转速接近同步转速时，再给转子励磁绕组通以直流电流以建立旋转磁极，于是定子中的旋转磁场紧紧地牵引着转子作同步旋转。此外，同步电动机的结构较异步电动机复杂，造价较高，其转速不能调节。

（3）直线异步电动机

这是一种输出直线运动的异步电动机，有扁平型、管型、圆盘型等形式，在交通运输和传送装置中得到广泛的应用，如对磁悬浮高速列车尤为适用。

圆盘直线电动机可以用作转车台、旋盘等，它实现了无接触传动，结构简单，应用灵活。

随着科学技术的发展，直线异步电动机的应用将会更加广泛。

3. 直流电动机

（1）分类

直流电动机能将直流电能转换成机械能。它的构造复杂，价格昂贵，效率较低，工作可靠性较差。但直流电动机有良好的启动与调速性能，因此在某些要求启动转矩大或对调速性能要求较高的生产机械，如大型起重设备、电气机车、电车、轧钢机、造纸机、龙门刨自动控制系统等场合仍旧广泛应用。

直流电动机的主磁极不用永磁铁，而是通过励磁绕组通以直流电流来建立磁场，因此直流电动机按励磁方式的不同，可分为他励、并励、串励和复励四类。

他励——电枢绕组和励磁绕组分别由两个直流电源供电，如图 4-10a 所示

并励——励磁绕组和电枢并联，由同一电源供电，如图 4-10b 所示。从性能上讲并励电动机与他励电动机相同。

串励——励磁绕组和电枢串联后再接入直流电源，如图 4-10c 所示。

复励——有并励和串励两个励磁绕组，如图 4-10d 所示。

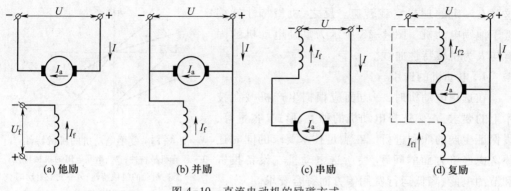

图 4-10 直流电动机的励磁方式

（2）机械特性

他励直流电动机的机械特性如图 4-11a 所示，是一条向下倾斜的直线，这说明加大电动机的负载，会使转速下降。特性曲线与纵轴的交点为 $M=0$ 时的转速为 n_0，称为理想空载转速。实际上，当电动机旋转时总存在有一定的空载转矩，所以电动机的实际空载转速 n'_0 将低于 n_0。一般地说，他励直流电动机的机械特性都比较"硬"。

图 4-11b、c、d 分别为他励直流电动机改变电枢电压、电枢串接电阻和减弱电动机磁通的人为机械特性。

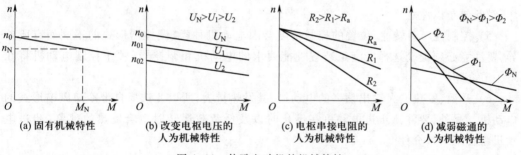

图 4-11 他励电动机的机械特性

串励直流电动机的机械特性为一双曲线，如图 4-12a 所示，当负载变化时，串励电动机的转速变化很大，即特性很软，而且理想空载转速为无穷大。图 4-12b 所示为串励电动机降压时的人为机械特性，这是一条低于固有特性且与之平行的曲线。复励电动机的机械特性介于他励和串励之间，当串励磁势起主要作用时，特性就接近于串励电动机，但

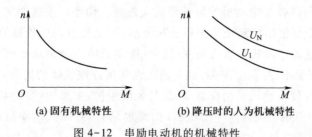

图 4-12 串励电动机的机械特性

这时有一定的理想空载转速。反之,机械特性就接近于他励电动机。图4-13所示为复励电动机的固有与人为机械特性曲线。

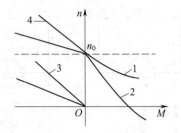

图4-13 复励电动机的机械特性
1—固有机械特性；2—串联电阻的机械特性；
3—能耗制动的机械特性；4—发电制动的
机械特性

4. 电动机的选用

在选用电动机时,一方面应根据生产机械在技术上的要求,正确选择电动机的种类、形式、容量等,以保证生产的顺利进行。在满足技术要求的同时还要考虑经济方面的问题,使所选电动机在设备投资和节约电能、降低运行费用等方面符合要求。

(1) 选择电动机时,应考虑的问题

1) 负载转矩 首先要考虑电动机对外作功所要求的输出转矩和电动机克服摩擦带动负载需要的转矩各有多大。

2) 飞轮力矩(GD^2) 要考虑负载以及整个驱动系统的飞轮力矩。另外,还要考虑装置性能所要求的加、减速形式,即考虑电动机所要提供的加、减速转矩。

3) 转速 根据负载的要求决定必要的转速,根据转速要求选择合适的电动机。根据需要选择适宜的减速器规格,或者调速控制用的变频器、伺服驱动器等。

4) 耐久性 所有的电动机内部均装有轴承,关于轴承的寿命一般都在电动机的产品样本说明书里记载。另外,如果使用电刷式电动机,有时常因电刷的故障造成电动机损坏,对此要予以注意。

5) 控制性 对转速、位置的控制精度会因电动机种类、调控器形式的不同而有所差异,要注意必须配套选择能满足装置性能要求的电动机和调控器(关于控制电动机将在下一节介绍)。

6) 升温、发热 大输出功率的电动机,其发热量大,所以要选择自带冷却风扇形式的电动机。另外,要注意步进电动机在停止时以及低负载运转时也会发热的现象(步进电动机将在下一节介绍)。

(2) 电动机选择的内容

1) 电动机种类的选择 三相交流异步电动机有结构简单、工作可靠、维护方便、价格便宜等优点,所以如无特殊要求应选用这种电动机,尤其是鼠笼式异步电动机。如果启动时负载较大,而且要求在不大的范围内调速,则可以选用绕线式异步电动机,但这种电动机价格较贵,维护不便。只有在对调速范围要求很大而且功率也较大的场合才选择直流电动机。

2) 结构形式的选择 电动机的防护形式应根据工作环境来选择。

① 开启式 干燥清洁的环境中可以选用开启式,这种电动机价格便宜,散热条件好。

② 防护式 这种电动机一般可防漏、防雨、防溅及防止杂物从上面落入电动机,散热条件亦较好。可用于干燥、灰尘不多、没有腐蚀性和爆炸性气体的场合。

③ 封闭式 这种电动机可用在潮湿、易受风雨侵蚀、多腐蚀性灰尘的环境中,其中也有完全密封的电动机用于浸入水中的机械(如潜水泵)。封闭式电动机价格较贵,一般情况下尽量少用。

④ 防爆式 不仅能防止杂物进入电动机内,还能防止电动机内部的爆炸气体传到外部。这种电动机用在有爆炸危险的环境中。

3）安装形式的选择 一般情况下多用卧式安装的电动机,只有特殊需要才用立式安装的电动机。如为简化传动装置,立式钻床上使用立式安装电动机。

4）额定电压与额定转速的选用 电动机的额定电压应选得与使用地点的供电电网的电压相一致。一般低压电网为 380 V,因此可以选用额定电压为 220 V/380 V(△/Y 接法）及 380 V/660 V(△/Y 接法)的两种电动机,后者可用 Y-△ 启动。

电动机额定转速的选择应由生产机械的转速和传动设备的情况来决定。原则上使电动机的转速尽量与生产机械的转速相一致,以便直接传动,简化传动机构。

5）容量的选择 电动机容量的选择是电动机选择的一个重要方面。容量选择得太小,电动机将长期过载运行,造成电动机过早的损坏。反之,如果选得过大,不但增加投资,而且电动机没有充分发挥它的作用,效率和功率因数都会降低,提高了运行费用,不符合能量流系统的节能效益理论的基本要求。因此,确定电动机容量的原则是:① 在规定的工作方式下,电动机的温升不超过许用值,即不过热;② 保证所需要的启动力矩。

4.4.2 内燃机

内燃机在施工机械、筑路机械、采矿机械、油井机械及农业机械等野外作业或远距离移动作业的机械设备上有着广泛的应用。据统计,目前正在使用的往复式内燃机的总功率至少超过所有其他主要动力机械功率总和的一个数量级(10 倍),其中大部分装在机动车辆上。

往复式内燃机在上述装置中占优势的原因主要是它和其他类型的发动机相比,具有重量较轻(燃气轮机除外)、外形尺寸较小(燃气轮机除外)、成本较低(大型装置除外)、燃料经济性较好、操纵和控制简便、适应性好(指在大的速度-负荷范围内运行的能力)等优点。

1. 内燃机的种类

按燃料种类,内燃机主要可分为柴油机、汽油机、天然气发动机等,按气缸数目分为单缸或多缸内燃机,按一个工作循环的冲程数分为二或四冲程内燃机,按点火方式分为压燃式或点燃式内燃机,按进气系统工作方式分为自然吸气式或增压式内燃机。内燃机又分为高速内燃机(转速为 1 000 r/min 或活塞平均速度高于 9 m/s)、中速内燃机(转速为 600~1 000 r/min 或活塞平均速度为 6~9 m/s)、低速内燃机(转速低于 600 r/min 或活塞平均速度低于 6 m/s)。

2. 内燃机的主要性能指标

(1) 有效功率 P_e

内燃机的实际输出功率称为有效功率,其值为

$$P_e = \frac{M_e n}{9\ 549}$$

式中:P_e——有效功率,kW;

M_e——输出转矩,N·m;

n——曲轴转速, r/min。

（2）平均有效压力 p_e

单位气缸工作容积所作的有效功称为平均有效压力, 其值为

$$p_e = \frac{30\tau P_e}{niV}$$

式中: τ——每一循环的冲程数;

$\quad i$——气缸总数;

$\quad V$——气缸的工作容积, m^3;

$\quad n$——曲轴的转速, r/min;

$\quad P_e$——有效功率。

柴油机的 P_e 值为 $0.588 \sim 0.833$ MPa, 汽油机的 P_e 值为 $0.588 \sim 0.981$ MPa。

（3）标定功率 P_{eb}

在内燃机铭牌上规定的功率为标定功率, 与其对应的转速为标定转速。国家标准规定的标定功率有表示内燃机保证持续运行 15 min、1 h、12 h 和长期持续运行的功率。

（4）升功率 P_i

气缸每升工作容积所发出的有效功率称为升功率, 单位为 kW/L, 其值为 $P_i = P_e/(iV) = p_e n/(30\tau)$。升功率的一般范围是车用柴油机为 $11 \sim 26$ kW/L, 农用柴油机为 $9 \sim 15$ kW/L, 载重车用为 $22 \sim 26$ kW/L。

（5）有效燃油消耗率 g_e

单位有效功率每小时的耗油量称为有效燃油消耗率, 其值为 $g_e = G_T \times 10^3/P_e$。其中 G_T 为每小时耗油量, kg/h。

（6）指示效率 η_i 及机械效率 η_m

燃料所含的热能转变为指示功率的有效程度用指示效率 η_i 来衡量, 它在数值上等于 0.735 kW · h 的指示功与所消耗的热量之比。

机械效率 η_m 定义为有效功率与指示功率之比, 其中指示功率等于有效功率加上总的机械损失功率。

3. 内燃机的机械特性

由于柴油机是使用最为广泛的一种内燃机, 下面主要介绍柴油机的有关特性, 并与汽油机做简单比较。

柴油机的使用特性通常分三种: 速度特性、负荷特性及通用特性（又称万有特性）。这些特性相关参数是在柴油机试验台上测得的。

（1）速度特性

当喷油泵调节杆在标定功率循环供油量位置时, 其性能参数随转速变化的关系称为全负荷速度特性（也叫外特性）, 如图 4-14 所示。图 4-15 所示为 BJ492 型车用汽油机的外特性。对比后可看出, 柴油机转矩曲线变化过程要比汽油机平坦些。这是因为, 柴油机进气系统阻力较小, 在转速提高时进气系数降低较慢, 而循环供油量却随转速提高又有些增加, 结果随转速增加, 转矩曲线降低很小。转矩曲线可以表明内燃机在不同转速下克服外界阻力的能力, 常以转矩储备系数 μ_M 来评定:

$$\mu_M = \frac{M_{emax} - M_e}{M_e} \times 100\% \tag{4-15}$$

式中：M_{emax}——标定工况下速度特性曲线上的最大转矩值；

　　　M_e——标定工况下的转矩值。

一般车用汽油机转矩储备系数在10%～30%范围内。不带校正器的柴油机转矩储备系数一般在5%～10%范围内，带校正器的柴油机转矩储备系数可提高到10%～25%。

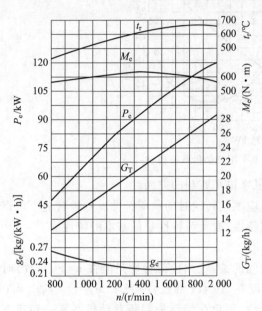

图 4-14　6120Q 型车用柴油机全负荷
速度特性（外特性）

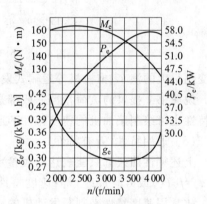

图 4-15　BJ492 型车用
汽油机的外特性

（2）负荷特性

转速不变的情况下，柴油机性能参数（每小时耗油量 G_T、有效燃油消耗率 g_e 和排气温度 t_r）随负荷 $P_e(p_e, M_e)$（有效功率 P_e、平均有效压力 p_e、转矩 M_e 之间互成比例，均可用来表示负荷的大小）变化的关系称为负荷特性，如图 4-16 所示。

转速一定时，柴油机每小时耗油量 G_T 主要决定于每循环供油量 Δg。因此，负荷（P_e 或 M_e）增加时，Δg 随之增加，G_T 就成正比地增加。有效燃油消耗率 g_e 同样也决定于 η_m 与 η_i 之乘积。在空转时 $P_e = 0$，$N_f = N_m$，这时 $\eta_m = 0$，即总效率等于0，故 $g_e \to \infty$。逐渐增大负荷，由于 η_m 增加，g_e 迅速减小。随着喷油量的进一步增加，使 η_i 略有降低，但是 η_m 由于随功率的增加而有明显的增加，结果 g_e 仍随着喷油量的增加而降低。当喷油量增加到点1的位置，即对应 η_m 与 η_i 乘积为最大值时，g_e 达到最低值。如再增加喷油量，因为空气利用程度的提高，功率继续提高，但由于燃烧不完全，η_i 降低较多，g_e 开始上升。当喷油量超过点2时，排气中出现黑烟。对应于该点的喷油量称为"冒烟界限"。喷油再增加到点3时，功率 P_e 达最大值。如继续增大喷油量，g_e 显著提高，P_e 反而下降。

负荷特性也是固定式柴油机最有用的特性。与汽油机的负荷特性比较，柴油机 g_e 曲线随负荷的变化较平坦，即在负荷变化较广的范围内，能保持较好的燃料经济性。这对负

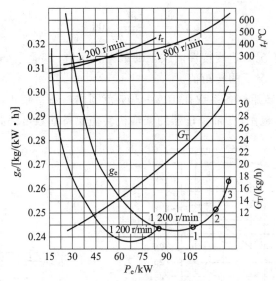

图 4-16　6135Q 型车用柴油机负荷特性

荷变化很大的汽车、拖拉机等运输式发动机来讲是有利的方面。

　　说明书上提供的负荷特性一般都是对应额定转速时的负荷特性。各种转速下根据负荷特性也可绘制柴油机的速度特性和通用特性,故负荷特性是最基本的特性。

　　(3) 通用特性(万有特性)

　　上述特性曲线都只能表达两大参数之间的关系,如负荷特性只能在 $n = c$ (常数) 时表示 $g_e = f(P_e)$ 或 $G_T = f(P_e)$ 等;速度特性只能在 $\Delta g = c$ (常数) 时表示 $M_e = f(n)$、$P_e = f(n)$ 等。故常用速度特性来判断发动机的动力性,用负荷特性来判断发动机在某一转速下运行的经济性。但每种特性都不能全面地表示发动机性能。而万有特性,即所谓多参数特性,能表示三个或三个以上参数之间的关系。

　　一般以 n 为横坐标,以 p_e (或 M_e) 为纵坐标,作出若干条等有效燃油消耗率 g_e 曲线和等有效功率 P_e 曲线等所构成的曲线族,称为万有特性。它可表示各种转速、各种负荷下的燃料经济性以及最经济的负荷和转速,如图 4-17a 所示。很容易看出,最内层的等有效燃油消耗率 g_e 曲线相当于最经济区。

　　对运输式发动机来说,最经济区最好在万有特性的中间位置,即在小于额定功率及小于额定转速较多的情况下运行时,仍有较好的经济性。实际上,汽油机的最经济区更偏上,而柴油机比较适中,即柴油机低油耗区的范围较宽,可对比图 4-17a、b 来看。

　　此外,等有效燃油消耗率曲线的形状及其分布情况,对发动机的实际使用经济性也有重要影响。如果等有效燃油消耗率曲线在横向上较长,则表示发动机在负荷变化不大而转速变化较大的情况下工作时,燃油消耗率变化比较小。如在纵向上较长,则表示发动机在负荷变化比较大而转速变化不大的情况下工作时,燃油消耗率变化较小。

　　4. 内燃机的选择

　　在选择内燃机时必须了解内燃机的运行工况和特性,使它能很好地与被驱动装置的负载特性相适应。柴油机工况取决于柴油机的用途。柴油机工况虽是多种多样的,但一般可分为三大类:

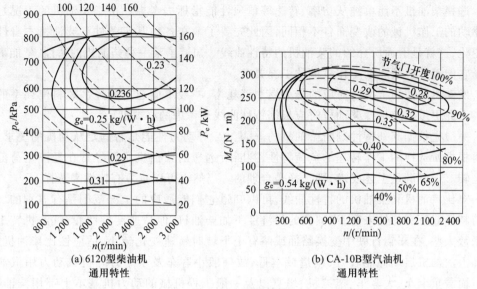

图 4-17 通用特性

第一类工况是发动机功率变化,但曲轴转速几乎不变,这种工况称为固定式发动机的工况。例如,内燃机与发电机、风压机和水泵等一起工作时,发动机转速由调速器保证基本上保持不变,功率则随工作机械的使用负荷不同,可在相当大的范围内变化。这种固定工况在图 4-18 中可以用竖直线 1 来表示。在特殊的工作场合,例如用柴油机在江河上驱动水泵排灌时,柴油机的功率和转速均保持一定,即柴油机只在某一固定的工况下工作,此时可称为点工况。

第二类工况是发动机的功率与曲轴转速之间具有一定的函数关系,$P_e = f(n)$,即柴油机一个参数的改变,引起另一个参数按一定的规律改变,如柴油机带动螺旋桨、液力变矩器以及在机车上带动牵引发电机(电力传动)时的工况,可以称为线工况。这种函数形式可以是各种各样的,但应用最多的还是三次幂函数关系,即 $P_e = Kn^3$,其中 K 为比例常数。这种工况通常称为螺旋桨工况,即柴油机功率随转速变化的规律是按照螺旋桨特性曲线变化的。在发动机变更转速的同时变更供油量发生变化以变更负荷。

发动机的整个稳定工况如图 4-18 中曲线 2 所示。这条曲线为发动机的最大功率 P_{emax} 和最低稳定转速 n_{min} 所限制。

第三类工况是功率 P_e 和转速 n 都独立地在很大的范围内变化,即柴油机工作时转速与功率之间没有一定的恒定关系。例如柴油机作为汽车、拖拉机、机车、坦克等陆上运输动力且排挡一定时,它的转速取决于它们的行驶速度,功率则取决于它们的行驶阻力。而行驶阻力不仅与车辆行驶速度有关,而且还与道路情况及路面质量密切相关。因此,这时柴油机可能在一定负荷和一定的转速范围内任何一种工况下工作,这种工况称为面工况。工况的上面受限于发动机在各种转速下所能发出的最大功率(图 4-18 中的曲线 3),左、右面分别对应于 n_{min} 和 n_{max},下面为横坐标轴,对应于发动机在不同转速下空转。

选择柴油机不能单纯从功率、转速等单项性能指标去考虑。由于柴油机的工况是随被驱动的工作机械的改变而各不相同,因此先要了解在各种既定条件下柴油机本身性能的变化,这就是上面所介绍的柴油机的特性曲线。知道了某一种柴油机的特性,就能事先判断它能否适应被驱动工作机械的工况要求。

发动机的使用工况所对应的最大燃油消耗率,一般不应超过最经济燃料消耗率的一倍。由此更可了解选择柴油机时应根据特性曲线来考虑的必要性。

一般先根据其外特性判断柴油机的 n、M_e、P_e 等动力性能是否满足从动机的要求,然后再根据所选择的工作转速的负荷特性,判断所选择的柴油机是否经常在经济负荷范围内运转。如能满足上述要求,则选择是合理的。当然也可以按万有特性来选择。

对比汽油机和柴油机的特性曲线,可以知道它们能适应的工况范围是有差别的。从负荷特性或万有特性来看,汽油机的经济性不如柴油机;但从速度特性看,汽油机转矩储备系数大些,在车辆行驶中变换路面或略有上下坡时转速变化较小,适应性比柴油机好。再加上汽油机启动性能较好,制造成本低,故一般小客车及小型野外机械动力用汽油机多。而载重卡车、大客车、拖拉机、坦克以及一般工程机械的动力机基本上都用柴油机。除了由于特性曲线的原因外,柴油机工作寿命及可靠性总的来讲比汽油机高,且柴油价格比汽油便宜,柴油机可以采用增压技术等原因。

4.4.3 液压马达

液压马达是将液压能转换为机械能,并带动负载旋转的液压部件。经常使用的液压马达有齿轮马达、叶片马达、柱塞马达、摆线齿轮马达以及摆动液压马达等。

液压马达可以按输出速度分为低速和高速两大类。一般认为,转速低于 500 r/min 的为低速,高于 500 r/min 的为高速。低速液压马达通常又称为低速大转矩液压马达,高速液压马达通常又称为高速小转矩液压马达。

1. 常用液压马达的特点

(1)齿轮马达

和其他类型的液压马达相比,齿轮马达体积小,重量轻,结构简单,对油液的污染不敏感,耐冲击,惯性较小。同时,齿轮马达也有启动力矩小、转矩脉动大、效率低和低速稳定性差等缺点。齿轮马达一般应用在要求不高的场合。

(2)叶片马达

叶片马达的结构紧凑,尺寸小,噪声低。但是,其抗污染能力较差,转速较低,泄漏较大,在负载变化或者低速时性能不稳定。叶片马达一般可以应用于磨床、工程机械、生产线以及各种随动系统中。

(3)柱塞马达

柱塞马达结构简单,工作可靠性高。缺点是体积较大,转矩脉动较大,低速稳定性较差。曲轴连杆式轴向柱塞马达广泛应用于冶金、矿山、运输、建筑、起重、船舶提升等各类机械以及锻压机械的液压系统中。

内曲线径向柱塞马达是一种低速、大转矩马达,尺寸小,转矩脉动小,启动效率高,低速性能好,广泛应用于建筑、起重、矿山、船舶、农业等各类机械中。摆线齿轮马达是基于摆线针轮内啮合行星齿轮传动原理的一种高效马达,该型马达体积小,重量轻,转矩大,转速范围宽,广泛运用在塑料机械、农业机械、矿山机械、起重运输机械、工程机械、船舶以及某些专用机床中。

(4)摆动液压马达

摆动液压马达包括叶片式、齿轮齿条式、螺旋活塞式和往复式等几种类型。该型马达虽然旋转角度受到一定的限制,但其可以输出相当大的转矩和功率。

2. 液压马达的选用

在选择液压马达时需要考虑工作压力、转速范围、运行转矩、总效率、容积效率、滑差率以及安装等因素和条件。首先根据使用条件和要求确定马达的种类,并根据系统所需的转速和转矩以及马达的特性曲线确定压力降、流量和总效率。然后确定其他管路配件和附件。

选择液压马达时还要注意以下问题:

① 由于受液压马达承载能力的限制,不得同时采用最高压力和最高转速,同时还要考虑液压马达输出轴承受径向负载和轴向负载的能力。

② 在系统转速和负载一定的前提下,选用小排量液压马达可使系统造价降低,但系统压力高,使用寿命短;选用大排量液压马达则使系统造价升高,但系统压力低,使用寿命长。使用大排量还是小排量液压马达需要综合考虑。

③ 对于需要低速运行的液压马达,要核定其最低稳定转速,并且为了设计液压马达在极低转速下稳定运行,液压马达的泄漏必须恒定,负载也需恒定,还要求 $0.3 \sim 0.5$ MPa 的系统背压以及至少 35 mm^2/s 的油液黏度。

典型液压马达的性能比较见表 4-2。

表 4-2 典型液压马达的性能比较

特征	高速液压马达			低速液压马达
	齿轮式	叶片式	柱塞式	径向柱塞式
额定压力/MPa	21	17.5	35	21
排量/(mL·r)	4~300	25~300	10~1 000	125~38 000
转速/(r·min^{-1})	300~5 000	40~3 000	10~5 000	1~500
总效率/%	75~90	75~90	85~95	80~92
堵转效率/%	50~85	75~85	80~90	75~85
堵转泄漏	大	大	小	小
抗污染能力	强	差	差	差
变量能力	不可	较难	可	可

4.4.4 气动马达

气动马达是将压缩空气的压力能转化为机械能的能量转换装置,其作用和电动机或者液压马达类似。

气动马达按工作原理分为容积式和透平式两大类。容积式气动马达可分为叶片式、活塞式、齿轮式等,最常用的是叶片式和活塞式。透平式气动马达很少用。

1. 气动马达的特点及特性曲线

气动马达具有如下特点:

① 结构简单,可以正、反转。

② 对环境的适应性强,能够在恶劣条件下正常工作。

③ 可以方便地实现无级调速,转速可以在 0~2 500 r/min 范围内调节。

④ 具有过载保护功能。过载时气动马达只是减速或者停车,一旦消除过载,又可以立即恢复正常运转。

⑤ 启动力矩较大,输出力矩和输出功率较小,因而效率较低。

下面主要介绍叶片式和活塞式气动马达的特性曲线。

(1) 叶片式气动马达的特性曲线

叶片式气动马达的特性曲线是在一定压力下获得的,如图 4-19 所示。当工作压力不变时,其转速 n、耗气量 q_v、功率 P 均随负载转矩 M_L 的变化而变化。当 $M_L = 0$,即空转时,转速达最大值 n_{max},此时输出功率也为零。当负载转矩 M_L 等于最大转矩 M_{max} 时,转速为零,输出功率也为零。当 $M_L = M_{max}/2$ 时,其转速 $n = n_{max}/2$。此时气动马达的功率达最大值,通常这就是所要求的气动马达的额定功率。

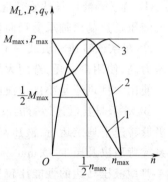

图 4-19　叶片式气动马达特性曲线
1—转矩曲线;2—功率曲线;
3—耗气量曲线

(2) 活塞式气动马达的特性曲线

活塞式气动马达的特性曲线与叶片式气动马达的类似(图 4-20)。当工作压力 p 增高时,马达的输出功率 P、转矩 M 和转速 n 均有增加。当工作压力不变时,其功率、转矩和转速均随外加负载的变化而变化。

2. 气动马达的选用

选择气动马达要从负载特性考虑。在变负载场合使用时,主要考虑速度范围及满足所需的负载转矩。在稳定负载下使用时,工作速度则是一个重要的因素。

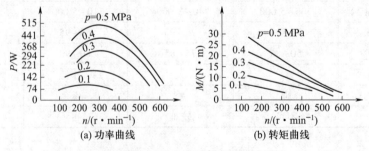

图 4-20　活塞式气动马达特性曲线

气动马达主要用于矿山机械、机械制造业、石油、化工、造纸、炼钢、船舶、航空、工程机械等行业,风钻、风扳手等风动工具均使用气动马达。

几种容积式气动马达的主要性能见表 4-3,供选用时参考。

表 4-3　几种容积式气动马达的主要性能

类别	齿轮式气动马达		活塞式气动马达				叶片式气动马达		
	双齿轮式	多齿轮式	径向活塞式			轴向活塞式	单向回转	双向回转	双作用双向回转
			有连杆式	无连杆式	滑杆式				
转速/(r·min⁻¹)	1 000~10 000		100~1 300(最大至 6 000)			<3 000	500~50 000		
转矩	较小	较双齿轮式大	大			较径向活塞式大	小		
功率/kW	0.7~36		0.7~18			<3.6	0.15~18		
效率	低		较高			高	较低		
耗气量/(m³·kW⁻¹)	>1.6		大型气动马达一般为 0.9~1.4　小型气动马达一般 1.9~2.3			1.0 左右	大型气动马达一般为 1.4　小型气动马达一般为 1.7~2.3		
单位功率的机重	较轻	较双齿轮式重	重			较重	轻		
特点	1. 结构简单,噪声大,振动大,人字齿轮式气动马达换向困难。 2. 直齿轮式气动马达的效率较低,斜齿轮式和人字齿轮式气动马达的效率较高。小型气动马达转速为 10 000 r/min 左右,大型气动马达的转速为 1 000 r/min 左右。 3. 除人字齿轮式气动马达外,一般齿轮式气动马达都可以反转		1. 结构很复杂。 2. 转速一般为 250~1 500 r/min,功率一般为 0.1~50 kW。 3. 启动力矩和功率较大,适用于低速、大转矩场合				1. 结构简单,容易维修。 2. 体积小,重量轻,输出力和启动力矩大,泄漏小,效率较高。 3. 功率为 1~3 kW 的中型气动马达一般采用叶片式结构。 4. 特别适用于手提式砂轮机、气动提升机和气动扳手等风动工具和设备中		

4.5　伺服驱动装置简介

伺服驱动装置是带有力或力矩或速度反馈并可自动调节的驱动装置,它比一般无伺服的驱动装置有更高的精度。

伺服驱动装置可以根据功率的大小来分类,也可以按精度高低来分类,但最常用的分类方法是根据采用动力源的类型,把伺服驱动装置分为液压伺服驱动装置、气压伺服驱动装置和电气伺服驱动装置等三大类型。

液压伺服驱动装置是较早期的伺服驱动装置,也是功率最大的伺服驱动装置;电气伺服驱动装置是发展最快的驱动装置,也是目前最实用的伺服驱动装置。电气伺服驱动装置还可分为直流电动机伺服驱动、交流电动机伺服驱动、步进电动机伺服驱动以及直线电动机、电致微动驱动等几大类。特别是直流电动机伺服驱动、交流电动机伺服驱动和步进电动机伺服驱动的发展极为迅速,互相补充,互相竞争,形成了机电系统伺服驱动的三大主流格局。

电气-液压伺服驱动在一段时期内也曾发挥了电气和液压各自的特点,气压驱动则在一些特殊领域继续发挥着其独有的特长。

液压伺服驱动及气压伺服驱动的控制部分将在第 5 章介绍,它们的动力部分已在上一节做了介绍。本节将着重介绍前三大类控制电动机,即直流电动机伺服驱动、交流电动机伺服驱动和步进电动机伺服驱动的控制电动机。

4.5.1 步进电动机

步进电动机驱动的特点如下:

① 步进电动机的功率小,输出力矩较小,适用于中、小机电一体化系统。

② 无论是电动机还是驱动电源,体积都比较小,伺服系统可以不需反馈元件,因而驱动装置整体体积小。

③ 步进电动机的控制性能好,可以精确地控制转子的转角和转速,有良好的缓冲定位能力。步进电动机本身就是一种脉冲或数字控制的装置,极易与计算机或微处理器连接,构成智能化系统。

④ 控制系统比较简单,特别是在计算机控制的情况下,硬件电路更加简单;步进电动机既是驱动元件,又是脉冲-角位移变换元件,不需反馈元件,因而控制方法比较简单。

⑤ 当脉冲当量很小或细分数较大时,很难获得高速。

⑥ 由于步进电动机驱动的调速性、灵活性和准确性好,体积又小,也可不需反馈传感器,因而是一种较好的驱动系统,适用于运动轨迹复杂、动作要求精度高和程序复杂的中、小型设备。特别是近年来细分技术的提高和驱动电源的改善与小型化,细分驱动的步进电动机在中、小型的机电一体化系统中大有与直流伺服、交流伺服分庭抗礼的势头。体积小、自定位、价格低是步进电动机驱动的三大优势。

1. 步进电动机的种类及工作原理

步进电动机的种类很多,有旋转式步进电动机,也有直线步进电动机,从励磁相数来分有三相、四相、五相、六相等步进电动机。根据常用的旋转式步进电动机的转子结构,可将其分为以下三种:

(1) 可变磁阻型(VR 型:variable type)

该类电动机由定子绕组产生的感应电磁力吸引用软磁钢制成的齿形转子作步进驱动,故又称为反应式步进电动机。这类电动机的转子结构简单,转子直径小,有利于高速响应。由于 VR 型步进电动机的铁心无极性,常有吸引力,故无须改变电流极性,为此多为单极性励磁。

它具有制造成本高、效率低、转子的阻尼差、噪声大等缺点。但是,由于其制造材料费用低、结构简单、步距角小,随着加工技术的进步,可望成为多用途的机种。

(2)永磁型(PM 型:permanent magnet type)

PM 型步进电动机的转子采用永久磁铁,定子采用软磁钢制成,绕组轮流通电,建立的磁场与永久磁铁的恒定磁场相互吸引与排斥产生转矩。这种电动机由于采用了永久磁铁,即使定子绕组断电也能保持一定转矩,故具有记忆能力,可用作定位驱动。PM 型电动机的特点是励磁功率小、效率高、造价便宜,因此需求量也大。由于转子磁铁的磁化间距受到限制,难于制造,故步距角较大,与 VR 型相比转矩大,但转子惯量也较大。

(3)混合型(HB 型:hybrid type)

这种电动机转子上嵌有永久磁铁,故可以说是永磁型步进电动机,但从定子和转子的导磁体来看,又和可变磁阻型相似,所以是永磁型和可变磁阻型相结合的一种形式,故称为混合型步进电动机。它不仅具有 VR 型步进电动机步距角小、响应频率高的优点,而且还具有 PM 型步进电动机励磁功率小、效率高的优点,是一种很有发展前途的步进电动机。它的定子与 VR 型没有多大差别,只是在相数和绕组接线方面有其特殊的地方。

下面以可变磁阻型步进电动机为例来说明步进电动机的工作原理。

图 4-21 所示为反应式步进电动机的工作原理。步进电动机由定子和转子组成。定子包括 A、B、C 三对磁极的铁心,其上分别缠有 A、B、C 相绕组。转子由硅钢片叠合而成,其上做出四个齿。令各绕组顺次通电。例如,开始时 A 相通电,则磁极 A 产生电磁场,吸引转子,使 1、3 齿对准磁极 A。然后变换为 B 相通电,则 B 的电磁场吸引转子,使 2、4 齿对准磁极 B,转子逆时针转过 30°。再变换为 C 相通电,则 3、1 齿对准磁极 C,转子逆时针再转过 30°。如此按 A→B→C→A→…相循环通电,使转子继续回转。每次变换通电的相,转子作出减小磁阻的反应,转到磁阻最小的平衡位置上停留,故名反应式步进电动机。

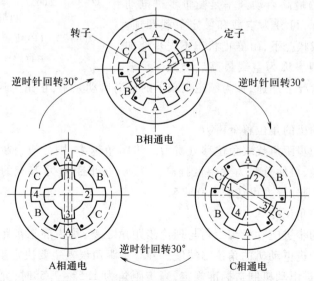

图 4-21 反应式步进电动机工作原理

若改变通电顺序,按 A→C→B→A→……相顺次通电,则转子顺时针回转。电动机运行一步为一拍。上述电动机变换相序一个循环时共运行三拍,称为三相三拍通电方式。通电顺序为 AB→BC→CA→AB→……相时,称三相双三拍方式。通电顺序为 A→AB→B→BC→C→CA→A→……相时,称三相六拍方式。

2. 步进电动机的选用

步进电动机适用于中小型机械系统和仪器仪表中,可与传动装置组合,成为开环控制的伺服系统。在步距角小、功率小以及价格低的场合宜选用反应式步进电动机。在步距角大,运动速度低,对定位性能要求高的场合,宜选用永磁式步进电动机。对于既要求步距角小,又要求定位性能好的场合,可选用混合式步进电动机。

步进电动机型号选择的依据是工艺要求和步进电动机的性能。步进电动机的主要性能指标如下:

(1)最大静转矩 T_{max}

当步进电动机通电,并处于平衡位置时,借助外力使转子离开平衡位置所需的极限转矩,称为最大静转矩。此指标可用来计算步进电动机的负载能力,即电动机能拖动的最大负载转矩 T_L:

$$T_L = (0.3 \sim 0.5) T_{max}$$

(2)运行矩频特性

步进电动机的输出转矩随运行频率的变化而改变。图 4-22 所示为 110BF 型步进电动机的运行矩频特性曲线。由图可见,运行频率越高,则输出转矩越小。选择步进电动机时,为保证电动机有足够的输出转矩而不失步,应使步进电动机的转矩-频率工作点落在特性曲线的下方。

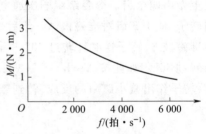

图 4-22 110BF 型步进电动机的
运行矩频特性

(3)最高启动频率

步进电动机的最高启动频率是衡量步进电动机高速能力的指标,可分为空载和额定负载两项。步进电动机在空载状况下,由静止状态不失步地加速能达到的最高频率称为空载最高启动频率。若在额定负载转矩状况下加速,称为额定负载下的最高启动频率,它比空载最高启动频率要低得多。

(4)步进电动机的角位移分辨力

步进电动机的步距角代表角位移分辨力。步距角越小,则分辨力越高。利用细分电路来添加细分功能,可使分辨力大幅度提高。例如,在步距角为 1.8° 的步进电动机上添加 400 细分功能,则分辨力可达到 0.004 5°。

(5)静态步距角误差

空载时实测的步进电动机步距角与理论步距角之差,称为静态步距角误差。它在一定程度上反映了步进电动机的角位移精度。静态步距角误差主要决定于步进电动机的制造误差。例如,步进电动机制造标准规定,当步距角为 1.5°~7.5° 时,允许的静态步距角误差为理论步距角的 1/4。

4.5.2 伺服电动机

直流伺服电动机和交流伺服电动机驱动的特点如下：

① 输出功率较大，可达几十到上百千瓦，适合于负载大、速度和加速度比液压伺服较低的中型或重型的机械设备。

② 体积较大，质量大。原因是电动机的体积随功率的增大而增大，调速控制装置也随之增大。

③ 电动机及电源的投资花费少，使用成本低。

④ 从结构和控制方式上来看，直流伺服电动机的结构较为复杂，加之有电刷，需要干净无粉尘、无易燃品的环境，还需要直流电源。但由于其驱动控制的方法比较方便和成熟，类型较多，控制特性很好，因而一直占据着电气伺服驱动装置的统治地位。从另一方面来看，交流伺服电动机由于结构简单，不需另配直流电源的极大优点，一直为研究和制造驱动装置的厂商和科研人员关注，近年来涌现出的一系列新的交流伺服驱动控制方案，特别是矢量控制方案已经比较成熟，大有取代直流伺服驱动之势。

⑤ 相对步进电动机驱动来说，直流伺服和交流伺服驱动的功率大，输出力矩大，速度快（转速高），控制精度高，但价格也高。

1. 直流伺服电动机的选用及调速

直流伺服电动机具有精度高、响应快、调速范围宽等优点，广泛应用于半闭环或闭环伺服系统中。设计伺服系统时，在对工艺、负载、执行元件、伺服电动机特性等特点进行分析的基础上，选择直流伺服电动机的型号。

直流伺服电动机的调速方法主要有三种：一种是电枢控制调速，也叫恒转矩调速；第二种是磁场控制调速，也叫弱磁控制调速，或称为恒功率调速；第三种是这两种方法的组合，即混合调速。在进给伺服系统中使用的多是永磁式力矩电动机，一般只需要也只能采用恒转矩调速。而在主轴伺服驱动中多用他励式直流电动机，可采用混合调速，即在额定转速以下为恒转矩调速，在额定转速以上（可达两倍的额定转速）采用恒功率调速。

大惯量直流伺服电动机的调速范围宽，低高速之比在 1：1 000 以上，故又称宽调速直流伺服电动机，适用于调速范围较宽的场合。

直流电动机的可逆驱动调速电路非常多，已十分成熟，本书不再赘述。

（1）根据负载的转矩和功率选择

当工艺或负载要求恒转矩调速时，选用电枢控制调速方法；要求恒功率调速时，选用磁场控制调速法；按转速分段要求恒转矩和恒功率调速时，选用混合调速法。

（2）根据执行元件的质量选择

直流伺服电动机按转子结构分为小惯量电动机和大惯量电动机两种。小惯量电动机的转子为细长型，转动惯量小，因此加（减）速时间短，对指令响应快，具有高的响应性能。但散热条件差、温升高。为了避免温升过高，对输入电枢绕组的电流加以限制，导致电动机功率和转矩小，故小惯量直流伺服电动机适用于驱动小质量的传动元件和执行元件，或用于负载转矩和功率较小的场合。大惯量电动机的转子直径大，输出转矩大，可不经减速齿轮副直接驱动丝杠。由于转子长度小,散热条件好,可输入电枢绕组较大的电流,获得较大的输出功率,故大惯量直流伺服电动机适用于驱动大质量的传动元件和执行元件,或用于负载转矩和功率较大的场合。

（3）根据伺服电动机的特性选择

图 4-23 所示为大惯量直流伺服电动机的机械特性曲线。图中 a、b、c、d、e 线是五条界线,a 线为绝缘限制温度的界线,b 线为换相片间出现火花的界线,c 线为换相片间电压限制转速的界线,d 线为永磁材料去磁特性限制转矩的界线,e 线为电动机的机械特性曲线。这些图线围成三个工作区:连续工作区、断续工作区和加(减)速工作区。选用直流伺服电动机时,应使不同工况时电动机的转速-转矩工作点落在相应的工作区内。

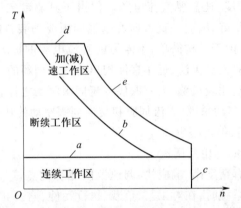

图 4-23　大惯量直流伺服电动机的机械特性曲线

① 当电动机带动负载在整个调速范围内稳定运行时,折算到电动机轴上的转矩应小于电动机的连续额定转矩,即工作在机械特性曲线的连续工作区。

② 当电动机处于低速运行或重载荷运行时,电动机可工作在断续工作区。此时应先计算电动机重载工作时间等参数。

③ 在动态过程中,例如启动和加速过程中,电动机应工作在加速工作区,以满足机电伺服系统的动态性能。

④ 当电动机处于频繁启停或负载经常变化时,电动机的发热比较严重,应根据等效发热准则,使转矩的均方根值[参见式(4-12)]小于电动机的额定转矩。

2. 交流电动机伺服驱动装置的分类及选用

（1）分类

交流电动机伺服驱动装置主要是指三相交流鼠笼式伺服电动机、三相永磁同步电动机和无刷直流电动机伺服驱动装置。由于控制方法进一步成熟,因而近年来成为伺服驱动的热门,有取代直流伺服之势。

（2）交流电动机伺服驱动装置的选用

交流伺服电动机有较宽的调速范围(可达 1∶100 000)和功率范围。由于交流伺服电动机的转子无绕组,转动惯量小,故快速性好。交流伺服系统多为闭环控制,精度很高。交流伺服电动机本身的结构简单,价格低,但变频装置复杂,价格昂贵。在选用交流伺服电动机时,一般从如下几个方面入手。

1)电动机的选择 与有刷电动机相比,无刷电动机具有转矩高、速度范围宽、坚固耐用、易维修等优点,因而伺服电动机一般都选用无刷电动机,如三相异步感应电动机(IM)、三相永磁同步电动机(PMSM)和无刷直流电动机(BDCM)。控制技术的发展解决了这三种电动机各自的不足,特别是在伺服驱动中的动态控制问题,使交流伺服驱动系统不但可与直流伺服系统相媲美,而且在转矩/惯量比等方面还明显优于直流伺服驱动系统,特别是在一些高精度伺服驱动系统中交流伺服已逐步取代了直流伺服。

2)成本 由于交流伺服驱动系统一般是由伺服电动机、变频装置(整流器和逆变器)和控制系统三部分组成的。对于三相异步感应电动机、三相永磁同步电动机和无刷直流电动机这三种交流伺服驱动系统来说,变频装置和控制系统的价格相差无几,后两种电动机的价格差距也不大,而三相感应电动机的价格仅为三相永磁同步电动机的 1/4 左右。因而,从经济性来考虑,三相交流鼠笼式感应电动机最合适。

3)转矩/惯量比 径向磁场的三相永磁同步电动机的转矩/惯量比可达 $4\,200\ \mathrm{s}^{-2}$,轴向磁场的三相永磁同步电动机的可达 $5\,600\ \mathrm{s}^{-2}$,而感应电动机仅为其一半。转矩/惯量比是电动机加速性能和动态性能的重要指标,在高性能伺服进给系统中应选转矩/惯量比大的电动机。

4)功率密度 在径向磁场电动机中,无刷直流电动机可达 130 W/kg,三相永磁同步电动机为 115 W/kg,而感应电动机的功率密度约为 100 W/kg。

在轴向磁场电动机中,三相永磁同步电动机的功率密度可达 275 W/kg,而感应电动机的功率密度仅为其一半。

在一些对体积、质量要求比较严格的场合,如机器人、航空航天器上使用的电动机,应选取功率密度大的。

5)调速范围 用于进给伺服驱动的恒转矩调速时,三种电动机的调速范围相当。而在用于主轴伺服驱动的恒功率调速,即弱磁调速时,异步感应电动机可调到基速的两倍,三相永磁同步电动机可调到基速的 1.5 倍左右,无刷直流电动机则更小。所以,异步感应电动机的调速范围最宽,三相永磁同步电动机次之,无刷直流电动机最窄。

6)对反馈传感器的要求 若仅作为速度伺服驱动,无刷直流电动机仅需要低分辨率的位置传感器,价格就比较便宜。而若作为位置伺服驱动,异步感应电动机仅需要拉量位置传感器而占优。

7)转矩脉动性 三种电动机都有纹波转矩,无刷直流电动机和三相永磁同步电动机还有齿槽转矩,这两种转矩都会影响伺服系统的性能,特别是在低速区会影响系统的精度。在这一方面,异步感应电动机和三相永磁同步电动机均优于无刷直流电动机。

8)整流器/逆变器容量 无刷直流电动机需要矩形波电流,该电流的峰值就是逆变器持续运行时的电流额定值。三相永磁同步电动机和异步感应电动机需要正弦波电流,该电流的有效值就是逆变器持续运行时的电流额定值。但在速度为零时,三相永磁同步电动机绕组的电流为直流(即频率为零的交流),此时电流达到峰值。在正常调速时,若逆变器功率相同,则可以驱动比三相永磁同步电动机高约 1/3 功率的无刷直流电动机,而驱动异步感应电动机的功率则比三相永磁同步电动机还小。

在选择电动机和伺服系统时,特别要注意二者的转矩-速度曲线,应当满足设计的需要。图 4-24 是异步感应伺服电动机的转矩-速度特性曲线。

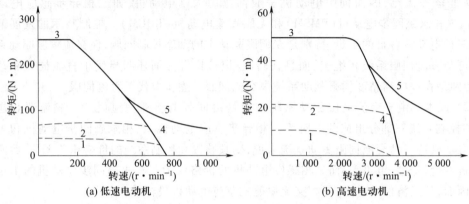

(a) 低速电动机   (b) 高速电动机

图 4-24   异步感应伺服电动机转矩-速度特性曲线

1—连续运行;2—断续运行(负载率 25%);3—峰值转矩;

4—i_m=常值,受逆变器容量限制;5—$i_m \neq$ 常值,受电动机热容量限制

微视频 4.5
能量流系统布
局形式

4.6   能量流系统设计

4.6.1   能量流系统设计一般步骤

1. 确定能量流系统的配置

能量流系统所需功率除了与工作机械的机械特性有关外,还与能量流系统配置情况有关。能量流系统的配置与两个方面的内容有关,即布局形式和结构布置。

(1)布局形式

机械系统中能量流系统的布局形式有三种:串联、并联与混联

① 串联   这是能量流系统中最基本也是最简单的布局形式,它仅有一个动力机驱动一个执行机构,能量按照顺序进行传递,常用在一些简单的单执行机构的机械系统中,如串联式混合动力汽车,其工作时,发动机启动后持续工作在高效区,通过发电机给电池充电,而驱动电动机作为整车的动力源驱动整车运行,动力按照顺序依次传递。其结构框图如图 4-25a 所示。

又如电动剃须刀、曲柄压力机(参见本节的设计实例部分)等。

② 并联   这种布局形式的显著特点是在系统中存在多个动力源和多个执行机构,各个动力源可以进行独立驱动,但它们之间没有关系。如并联式混合动力汽车,它有内燃机和电动机两套驱动系统,它们可分开工作,也可一起协调工作,共同驱动。其结构框图如图 4-25b 所示。

又如图 4-26 所示的龙门起重机有三个主要运动:大车运行、小车运行和物料升降,

这三个执行机构的运动互不相关,都是独立的,因此它们的执行机构分别由各自的电动机单独驱动。

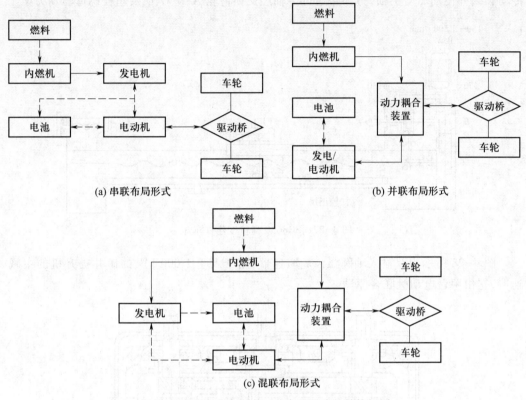

(a) 串联布局形式 (b) 并联布局形式

(c) 混联布局形式

图 4-25 混合动力汽车三种布局形式的结构框图

另外,在数控机床中一般都有多个执行机构。在实现复杂的运动组合或加工复杂的型面时,各个执行机构的运动必须保证严格的动作顺序和协调。由于采用数字指令进行自动控制,因此各种数控机床中,广泛使用这种每个执行机构都是由各自的动力机单独驱动的并联布局形式。

③ 混联 混联布局又有两种主要形式:一种

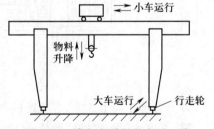

图 4-26 龙门起重机的主要运动

称为集中驱动,当执行机构之间有一定的传动比要求或执行机构之间有动作顺序要求或各执行机构间运动相互独立而使用一台动力机即可满足执行机构的总耗能要求时,均可采用这种布局形式。另一种混联布局形式称为联合驱动。如混联式混合动力汽车,它包含了串联布局形式和并联布局形式的特点,根据工况情况,混联布局形式混合动力汽车可以由一个动力源集中驱动,如在高速工况下发动机工作在高效区,一部分动力用来驱动汽车,剩余部分的动力用来驱动发电机进行发电;又可多个动力源联合驱动,如加速工况下,发动机和电动机同时驱动汽车。其结构框图如图 4-25c 所示。

图 4-27 所示为 SG8630 高精度丝杠车床。当加工高精度螺纹时,要求主轴与刀具的

相对运动保持十分准确的传动比关系,即主轴每转一转,刀架移动距离为工件的螺旋导程。故采用这种集中驱动的混联布局形式的能量流系统,电动机的能量分两路:一路经带传动和蜗杆传动驱动主轴,另一路通过主轴经交换齿轮 A、B、C、D 及丝杠螺母驱动刀架。

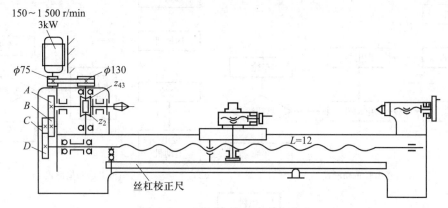

图 4-27　SG8630 高精度丝杠车床

图 4-28 所示为双输入轴圆弧齿轮减速器,用于大于 1 000 kW 的矿井提升机的主减速器,它由两台电动机联合驱动。

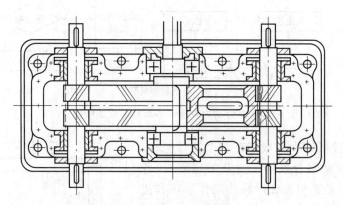

图 4-28　双输入轴圆弧齿轮减速器

以上各种布局形式中,各支路的传动系统可以有重合部分,如图 4-27 中的两条能量流支路,在电动机与主轴间的传动系统是重合的。

另外需注意,在并联布局的能量流系统中,各支路可以是串联的,也可以是混联的。例如,大型舰船的能量流系统是典型的并联布局形式。其中一条支路的执行机构为发电机组,动力来源是柴油机,作用是为全船提供照明等的日常用电;另一条支路的能量主要用于提供船只运动的动力,一般采用混联驱动,即多台柴油机联合驱动。

(2)结构布置

无论是串联还是并联或混联系统,在结构上都可分解成若干个串联系统。因此说,串联布局的能量流系统的结构布置是能量流系统结构布置的基础。

表 4-4 表示了串联布局能量流系统的四种可能的结构布置情况。

表 4-4　串联布局能量流系统四种可能的结构布置情况

序号	图例	说明
1	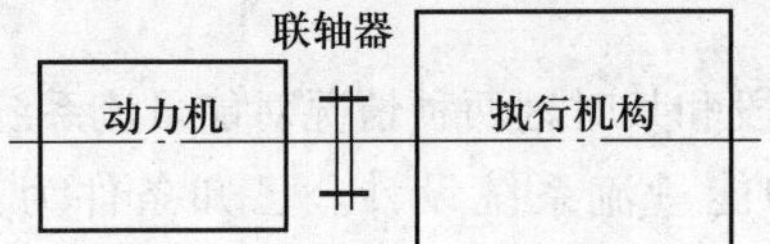	最简单的能量流系统
2	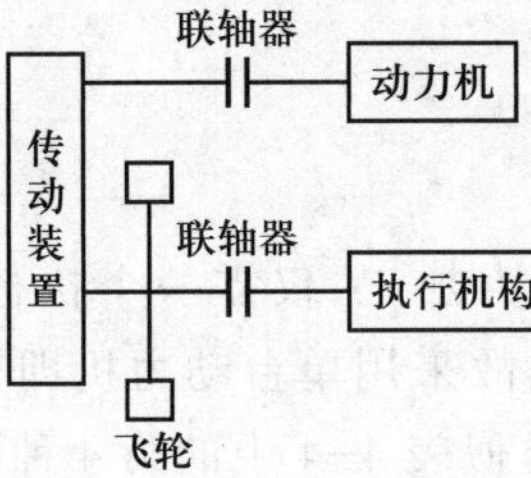	动力机与工作机配置在传动装置的同一侧
3	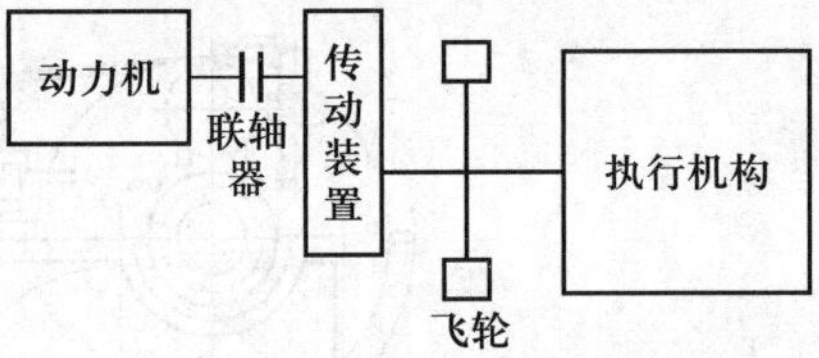	动力机与工作机配置在传动装置的两侧
4	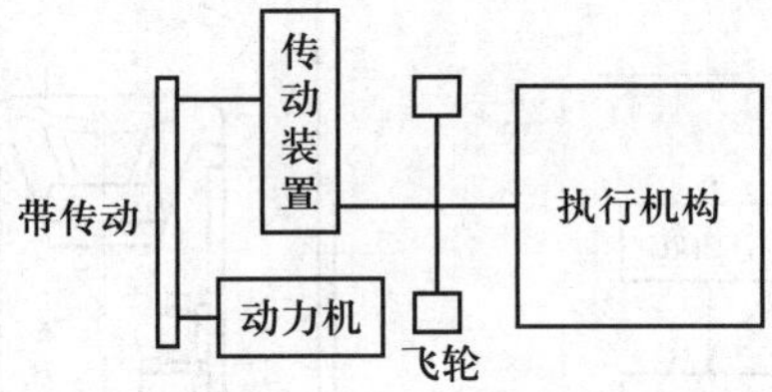	动力机配置在传动装置的旁边而用带传动与其连接起来

2. 传动方案设计

根据总体设计方案选定的动力装置及执行机构进行传动方案的设计,如传动装置类型选择、多轴传动系统的运动学设计等(详见本书第 7 章的内容)。

3. 工作机械载荷确定

① 确定工作机械一个工作周期的时间 t。

② 确定工作机械一个工作周期中各阶段的载荷情况并计算出消耗的总能量。

4. 初选动力机

① 计算平均功率。

② 选择动力机的具体类型,并求折合功率 P。

③ 查手册或产品样本,选出额定功率 P_e 与 P 接近的动力机。

此外,还应进行能量流其他部分如飞轮、联轴器等的设计计算,最后进行动力机的校核计算。

4.6.2 能量流系统设计实例

根据本章前面的介绍,这里分某一时段和某时刻两种情况对能量流系统设计进行阐述。

例 4-1 现要求进行曲柄压力机的能量流系统设计。已知条件为:公称压力吨数 $p_g = 63$ t,行程 $S = 100$ mm,压力机滑块行程次数 $n = 40$ 次/min,执行机构(曲柄滑块机构)的摩擦当量力臂 $l_\mu = 7.85$ mm。(注:以下计算中所引用的经验数据及经验公式均按参考有关文献。)

解:分析与计算过程如下。

1. 能量流系统的配置

曲柄压力机的主功能是完成对工件的压力加工,仅需一个执行机构(曲柄滑块机构),而且其一个工作循环所需的总能量不大,故采用单台动力机即可,因此采用串联布局形式的能量流系统。具体的结构布置采用类似表 4-4 中的第 4 种配置方案,只是将飞轮与大带轮做成一体,立式布置,传动系统位于工作台的上方,如图 4-29 所示。

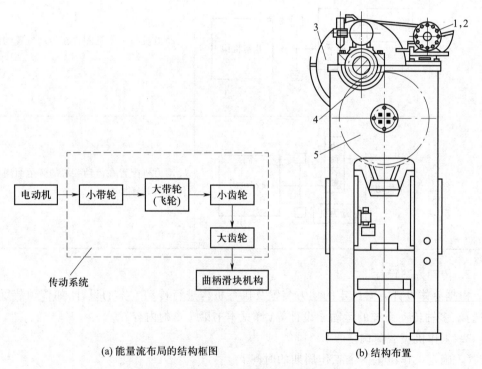

(a) 能量流布局的结构框图　　　　　　　(b) 结构布置

图 4-29　曲柄压力机的能量流系统配置

1—电动机;2—小带轮;3—大带轮(飞轮);4—小齿轮;5—大齿轮

2. 传动方案设计

由于曲柄压力机对于动力系统没有特别要求,因此总体方案设计时选用电动机作为动力机。曲柄压力机的工作过程如下:曲柄旋转一圈,滑块上、下往返一次,滑块只在上模接触坯料后到冲压出工件这段工作行程中(通常还不到曲柄旋转的 1/4 圈)才承受载荷,而在其余空行程中不承受载荷。仔细分析这一工作过程可知,曲柄压力机的载荷特点是短期的高峰载荷和较长期的空载荷互相交替。如果按照工作行程所需要的功率来选用电动机,要求的功率则会很大,而用大功率的电动机又只是在很短的工作行程时间内才满载荷,大部分时间内载荷很小,这样就造成浪费。为了解决这个矛盾,把带轮轮缘加厚,增大它的转动惯量,使它在滑块不承受载荷时转速升高、动能增大(即用带轮兼作储能作用的飞轮),而在压力机工作行程时转速下降,释放出能量,大大减少电动机所需的功率,从而可以选用较小功率的电动机。

综上所述可知,对于曲柄压力机可采用电动机加飞轮作为动力系统。

曲柄压力机传动系统的传动级数和传动比的分配,取决于滑块每分钟行程次数和所选择的飞轮转速。对于本问题,由于滑块行程次数 $n = 40$ 次/min,因此选用电动机的同步转速为 1 450 r/min,两级传动:第一级为带传动,传动比 $i = 4.96$,飞轮与大带轮做成一体,大带轮外径 $D_2 = 820$ mm;第二级传动为齿轮传动,传动比为 6。如图 4-29b 所示。

3. 工作机械载荷的确定

根据已知条件可知,本例为小型慢速通用压力机,按冲裁行程来计算压力机所消耗的能量。

(1)工作周期

$$t = \frac{60}{n} = \frac{60}{40} \text{ s} = 1.5 \text{ s}$$

(2)一个工作周期中各工作阶段载荷及消耗的总能量

1)工件成形阶段的工作载荷及所消耗的能量

由于本设计为通用压力机,其工艺用途广泛,很难确定一种典型零件作为设计依据,可按冲裁确定工件成形所需要的能量。因为本例采用了两级传动,根据经验公式,可求得最大冲裁板料厚度

$$\delta = 1.27\sqrt{p_g} = 1.27 \times \sqrt{63} \text{ mm} \approx 10 \text{ mm}$$

则工作时(按冲裁)所需要的能量为

$$E_1 = 0.5 p_g g \delta = 0.5 \times 630\ 000 \text{ N} \times 10 \text{ mm} = 3\ 150 \text{ N} \cdot \text{m}$$

2)工作行程中,曲柄滑块机构的摩擦力所消耗的能量

摩擦力所消耗的能量 E_2 可按下式近似计算:

$$E_2 = l_\mu p_m \frac{\pi \theta_g}{180°}$$

式中:l_μ——曲柄滑块机构的摩擦当量力臂,本题中为已知量,$l_\mu = 7.85$ mm;

p_m——平均工艺力,N,本题为通用压力机,故按冲裁工艺设计,因此取 $p_m = 0.5 p_g g = 3.15 \times 10^5$ N;

θ_g——工作行程阶段曲柄转过的角度,$\theta_g = 35°$。

将上述数据代入 E_2 的计算公式中计算可得 $E_2 = 1\ 510$ N·m。

3)消耗于拉延垫的能量

压力机进行拉延工艺时,要用拉延垫压边,滑块为了克服拉延垫的作用力需要消耗能

量 E_3。但如前述,本题为通用压力机,按冲裁工艺进行设计,故 $E_3=0$。

4) 压力机空程上、下时所消耗的能量 E_4

压力机空程上、下时所消耗的能量与压力机零件的结构尺寸、表面加工质量、润滑情况、传动带的张紧程度、制动器的调整情况(指连续作用的带式制动器)等因素有关,因此按同一图样制造的几台压力机的空程损耗也不一样。通用压力机连续空行程所消耗的平均功率,为该压力机额定功率的 10%~35%。目前还没有计算通用压力机空程上、下所消耗能量的准确方法,这里根据一些试验结果整理出来的数据表查得, $E_4=1\,050\ \mathrm{N\cdot m}$。

5) 其他能量消耗

其他能量消耗,如飞轮空转时所消耗的能量、压力机从动部分加速所需要的能量、离合器接合损失的能量等略去。

因此,一个工作周期中压力机消耗的总能量为

$$E=E_1+E_2+E_3+E_4=(3\,150+1\,510+1\,050)\ \mathrm{N\cdot m}=5\,710\ \mathrm{N\cdot m}$$

4. 初选动力机

(1) 计算平均功率

$$P_\mathrm{m}=\frac{E}{t}=\frac{5\,710}{1.5}\ \mathrm{W}=3\,806\ \mathrm{W}\approx3.8\ \mathrm{kW}$$

(2) 选择电动机具体类型,并求折合功率 P

1) 初选电动机类型

对于一般的鼠笼式电动机,在压力机上选用范围为 0.8~20 kW。选取一般 Y 系列鼠笼式电动机。

2) 计算折合功率

电动机的负载情况与它的机械特性及飞轮能量的大小有着密切关系,当机械特性比较平缓或飞轮能量较大时,电动机负载波动小,这时折合功率 P 接近于压力机一个工作周期的平均功率 P_m,如图 4-30 所示。当机械特性比较陡或飞轮能量较小时,电动机负载波动较大,这时折合功率与平均功率 P_m 相差较大。折合功率 P 与平均功率的关系可用下式表示:

$$P=KP_\mathrm{m}$$

式中: K——折合功率 P 与平均功率 P_m 的比值, $K>1$。

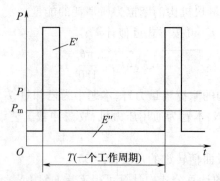

图 4-30　曲柄压力机的工作负载图及折合功率与平均功率的关系

E'——工作行程所消耗的能量,对于本题, $E'=E_1+E_2+E_3=4\,660\ \mathrm{N\cdot m}$

E''——非工作行程所消耗的能量,对于本题, $E''=E_4=1\,050\ \mathrm{N\cdot m}$

K 的数值随压力机的具体情况而定,例如采用一般鼠笼式电动机时,因为它的机械特性较陡,在飞轮能量相同的条件下,与高转差率电动机相比,它的负载波动较大,折合功率 P 与平均功率 P_m 相差较大,因而 K 值较大。现有曲柄压力机电动机折合功率 P 与平均功率 P_m 之比,即 K 值,一般在 $1.15 \sim 1.6$ 范围内。按经验取为 $K=1.3$,故折合功率为

$$P = KP_m = 1.3 \times 3.8 \text{ kW} = 4.94 \text{ kW}$$

(3)按电动机目录选出额定功率 P_e 与 P 接近的动力机

选用 Y132S-4 型电动机,$P_e = 5.5$ kW,额定转速为 1 440 r/min,启动转矩与额定转矩之比 $\lambda_g = 1.8$。

5. 飞轮计算

(1)计算不均匀系数

按照发热条件,飞轮的不均匀系数 j 与 K 值和电动机的机械特性有以下关系:

$$j = 1.8K(s_g + s_t)$$

式中:s_g——电动机按无效均匀负载工作时,长期满载下的转差率,对于一般鼠笼式电动机,$s_g = s_e$(s_e 为额定转差率);

s_t——考虑 V 带传动弹性滑动影响的系数,$s_t \approx 0.01 \sim 0.02$。

对本例:

$$s_g = s_e = \frac{n_0 - n_e}{n_0} = \frac{1\,500 - 1\,440}{1\,500} = 0.04$$

s_t 取为 0.02。

根据选定的电动机重新计算 K 值得

$$K = \frac{P_e}{P_m} = \frac{5.5}{3.8} = 1.447$$

因此

$$j = 1.8K(s_g + s_t) = 1.8 \times 1.447 \times (0.04 + 0.02) = 0.156$$

(2)计算飞轮转动惯量

电动机在额定转速下飞轮的转速为

$$\omega_m = \frac{2\pi n_e}{60i}$$

式中:n_e——电动机额定转速,本例 $n_e = 1\,440$ r/min;

i——电动机轴到飞轮轴的传动比,本例中 $i = 4.96$。

将上述数据代入 ω_m 的计算式,经计算可得 $\omega_m = 30.387$ rad/s,则飞轮的转动惯量应为

$$J = \frac{E'}{j\omega_m^2} = \frac{4\,660}{0.156 \times 30.387^2} \text{ kg} \cdot \text{m}^2 = 32.35 \text{ kg} \cdot \text{m}^2$$

(3)飞轮尺寸计算

根据上述计算所得的飞轮转动惯量进行飞轮尺寸计算,具体计算略。

6. 电动机启动时间校核

电动机的功率应满足启动时的发热条件的要求,通常需核算启动时间,视其是否小于

允许值。对本例,电动机启动时间 t_g 可用下式计算:

$$t_g = 1.09 \times 10^{-5} \frac{J}{\lambda_g P_e} \left(\frac{n_e}{i}\right)^2 = 1.09 \times 10^{-5} \times \frac{32.35}{1.8 \times 5.5} \times \left(\frac{1\ 440}{4.96}\right)^2 \text{s} \approx 3.0\ \text{s}$$

由于鼠笼式电动机的允许启动时间为 15 s,因此所选电动机满足要求,可用。

例 4-2 现要求进行纯电动轿车的能量流系统设计。整车性能指标要求见表 4-5。

表 4-5 整车性能指标要求

名称/单位	数值
整备质量/kg	1 400
空气阻力系数	0.3
迎风面积/m²	2.34
车轮半径/m	0.336
前轴距/后轴距/m	1.4/1.45
质心高度/m	0.7
最高车速/(km/h)	120
加速时间/s	≤16(0~70 km/h)
	≤20(70~120 km/h)
最大爬坡度/%	≥20%
续航里程/km	100

解:分析与计算过程如下。

1. 能量流系统的配置

纯电动汽车的动力系统主要由电动机、动力电池、传动系统以及控制系统四部分组成。根据整车设计指标可知,整车在工作过程中的瞬时功率需求不大,故采用串联布局形式的结构,采用单台电动机即可,电动机直接连接减速器或者变速器,通过差速器将能量传递到车轮上,如图 4-31 所示。

2. 驱动电动机参数计算与选型

电动汽车在工作过程中没有明确的工作周期,因此其能量流系统设计需根据工作过程中特定时刻的需求功率进行设计。电动机功率越大,电动汽车的加速性和最大爬坡度越好,但是电动机的体积和质量也会随之增加,因此会增加能量消耗,影响续航里程。电动汽车在行驶过程中通常在最高车速、最大爬坡度和极限加速时功率需求最大,因此在进

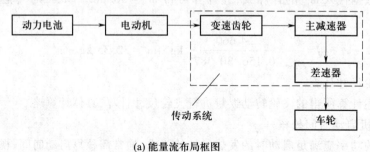

(a) 能量流布局框图

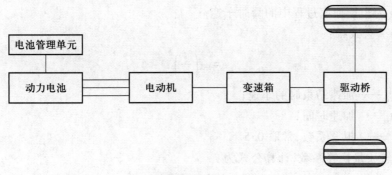

(b) 整车结构布置

图 4-31　纯电动轿车能量流框图和整车结构布局

行能量流系统设计时,电动机的功率必须满足最高车速时的功率(P_e)、最大爬坡度时的功率(P_a)以及极限加速时的功率(P_c)。

（1）最高车速行驶的功率

纯电动汽车最高车速是指一段时间内电动汽车持续正常运行的最高车速。只考虑摩擦阻力和空气阻力,最高功率为

$$P_e = \frac{v_{max}}{3\ 600\eta_t}\left(mgf+\frac{C_D A v_{max}^2}{21.15}\right)$$

式中：v_{max}——最高车速;

$\quad m$——车质量;

$\quad g$——重力加速度;

$\quad f$——摩擦系数,$f=0.01$;

$\quad C_D$——空气阻力系数;

$\quad A$——迎风面积;

$\quad \eta_t$——传动效率,取 $\eta_t=0.9$。

将表 4-5 数据代入,取 $\eta_t=0.9$ 时,$P_e \approx 23\ kW$。

（2）最大爬坡度行驶的功率

本例中纯电动汽车目标爬坡度是 20%,当稳定爬坡时的车速为 10 km/h 时,只考虑摩擦阻力、爬坡阻力和空气阻力,最高功率为

$$P_a = \frac{v_i}{3\ 600\eta_t}\left(mgf\cos\ \alpha_{max}+mg\sin\ \alpha_{max}+\frac{C_D A v_i^2}{21.15}\right)$$

式中：α_{max}——坡度;

$\quad v_i$——稳定爬坡时的车速。

将表 4-5 数据代入,$P_a = 27\ kW$。

（3）极限加速行驶时的功率

加速时需要克服的阻力分别包括加速阻力、摩擦阻力和空气阻力,根据本例纯电动车设计目标,0~70 km/h 加速时间≤16 s,70~120 km/h 加速时间≤20 s,最高功率为

$$P_c = \frac{1}{3\ 600\eta_t}\left(mgfv+\frac{C_D A v^3}{21.15}+\frac{\delta mv\mathrm{d}v}{\mathrm{d}t}\right)$$

式中:v 为车辆加速过程中的瞬时车速。

根据经验公式得:

$$v = v_m \left(\frac{t}{t_m} \right)^x$$

式中:v_m——加速结束时的车速;

　　　t_m——加速时间;

　　　x——拟合系数,常取 0.5。

δ 为旋转质量换算系数,计算公式为:

$$\delta = 1 + \frac{I_w}{mr^2} + \frac{I_f I_g^2 I_0^2 \eta_t}{mr^2}$$

式中:I_w——车轮转动惯量;

　　　I_f——电动机输出轴、传动轴的转动惯量;

　　　I_g——挡位齿轮的转动惯量;

　　　I_0——主减速齿轮的转动惯量;

　　　r——车轮半径。

δ 的数值根据整车参数取 1.2。

将表 4-5 数据代入,0~70 km/h 加速所需功率为 24 kW,70~120 km/h 加速所需功率为 44 kW。

为了满足整车设计的动力性能要求,电动机的峰值功率应大于等于三者中的最大值,即

$$P_{峰} \geqslant \max(P_e, P_a, P_c)$$

因此,在考虑车上空调等其他电气设备所需功率后,取 $P_{峰} = 50$ kW。

（4）电动机额定功率和转速

电动机的额定功率根据峰值功率和电动机过载系数来确定,电动机过载系数取值范围为 1.5~2,计算出额定功率范围为 25~33 kW,综合考虑后,将额定功率 P 定为 35 kW。

再考虑市场上电动机生产商根据该功率匹配的电动机转速,且满足最高车速 120 km/h 的要求,选用 6 000 r/min 的电动机,最高转速和额定转速的关系式为

$$n_{额} = \frac{n_{峰}}{\beta}$$

式中,β 为电动机扩大恒功率区系数,一般取 2~3。

根据实际电动机生产型号,确定额定转速为 3 000 r/min,故可求得额定转矩

$$T = 9\ 550 \frac{P}{n}$$

将前文电动机参数代入,求得额定转矩 $T = 111$ N·m,由过载系数求得峰值转矩 $T_{tqmax} = 200$ N·m。由此选定电动机型号为 TYCX200L2-2 的三相永磁同步电动机,额定电压 $U = 380$ V,额定电流为 61.8 A。

3. 动力电池参数匹配

（1）动力电池组容量

在电池的选取上,仍有许多参考指标,如比功率、比能量、能量效率、自放电水平和循

环寿命等。动力电池的电压要与电动机的电压相匹配,并且满足电动机对电压变化的需求,确定为 380 V。根据设计目标,纯电动汽车匀速行驶需求功率为

$$P = \frac{v}{3\,600\eta_t}\left(mgf + \frac{C_D A v^2}{21.15}\right)$$

式中,$v = 60$ km/h,代入得 $P = 7.96$ kW。

在行驶 100 km 时,纯电动汽车需求的能量为

$$W_{avg} = Pt = P\,\frac{S}{v}$$

计算得 $W_{avg} = 13.27$ kW·h。

$$W = W_{avg} + W_{add}$$

式中,W_{add} 为车辆电气负载和减速制动能量损耗等所需能量的修正值,其约为纯电动汽车所消耗能量的 20%。代入上式得 $W = 15.924$ kW·h

$$W = W_{ess}\xi_{soc}$$

式中:W_{ess}——电池组实际释放能量;

ξ_{soc}——电池组有效放电容量系数,取 0.8。

计算得 $W_{ess} = 19.91$ kW·h。

对应电池容量为

$$W_{ess} = \frac{UQ}{1\,000}$$

式中:U——电池组工作电压;

Q——电池组容量。

计算得 $Q = 52.39$ A·h。

(2)动力电池数目

动力电池组是由一个或多个电池模块组成的总成,动力电池数目需满足行驶时的峰值功率。电池数目为

$$N = N_1 N_2 \geqslant \frac{P_{\text{峰}}}{P_{bmax}\eta_t}$$

式中:P_{bmax}——单体电池最大输出功率;

N——单体电池数目;

N_1——一个电池模块所包含单体电池数;

N_2——电池模块数。

$$P_{bmax} = \frac{U_b^2}{4R_b}$$

式中:U_b——单体电池开路电压,取 3.2 V;

R_b——单体电池等效电阻,取 60 mΩ。

$$N_1 = \frac{U}{U_b}$$

计算后,选取动力电池类型为磷酸铁锂电池,电池组容量 $Q = 52.39$ A·h,$N_1 \approx 119$,$N_2 \approx 11$,即电池组包含 11 个电池模块,每个电池模块含有 119 个单体电池,可满足汽车供电需求。

（3）放电倍率

$$C_{放} = \frac{I_{放}}{Q_{额}}$$

式中:$C_{放}$——电池组放电倍率;

　　$I_{放}$——放电电流;

　　$Q_{额}$——电池组额定容量。

磷酸铁锂电池的容量受放电倍率的影响较大,放电倍率越高,电池放出容量越小,两者之间满足幂函数关系。本例采用 18650 型商用磷酸铁锂电池,标准放电倍率 $C_{放}$ 为 0.2。

4. 传动方案设计

传动方案的设计关系到纯电动汽车的经济性和动力性。

（1）最大传动比

结合纯电动汽车电动机特性和最高车速、最高转速,得最大传动比为

$$i_{max} \leqslant \frac{0.377 n_{max} r}{v_{max}}$$

式中:i_{max}——最大传动比;

　　r——车轮半径。

（2）最小传动比

最小传动比取决于电动汽车在水平路面上以最高车速行驶时受到的阻力矩和电动机最高转速时所能输出的最大转矩,即

$$i_{min} \geqslant \frac{\left(mgf + \dfrac{C_D A v_{max}^2}{21.15}\right) r}{T_{tqmax} \eta_t}$$

式中:T_{tqmax}——电动机最大转矩。

将前文数据代入,得 $i_{max} \leqslant 6.3336$,$i_{min} \geqslant 1.1535$。确定总传动比 $i = 5.5$。

本例与目前市场上小型纯电动汽车一致,采用固定速比的一挡减速器与主减速器配合。通过最高车速确定一挡减速器传动比 $i_0 = 1$,一挡减速器传动比 $i = 5.5$。

5. 电动机校核

（1）最高车速校核计算

最高车速应满足如下方程:

$$\begin{cases} n_{max} = \dfrac{v_{max} i}{0.377 r} = \dfrac{120 \times 5.5}{0.377 \times 0.336} \text{r/min} \approx 5\,210.307 \text{ r/min} \leqslant 6\,000 \text{ r/min} \\[4mm] F_t(v_{max}) \geqslant F(v_{max}) \rightarrow T_{vmax} \geqslant \left(\dfrac{mgf + \dfrac{C_D A v_{max}^2}{21.15}}{i \eta_t}\right) r = 124.84 \text{ N·m} \end{cases}$$

式中:$F_t(v_{max})$ 为最高车速对应驱动力,$F(v_{max})$ 为最高车速对应的行驶阻力。

因此,电动机可满足最高车速需求。

(2) 最大爬坡度校核计算

按照车辆最大输入转矩 $T_{max} = T_{tqmax} = 200\ \text{N·m}, v = 10\ \text{km/h}$ 计算,可得

$$\alpha = \tan\left(\sin^{-1}\frac{F_t - C_D Av^2}{mg\sqrt{1+f^2}} - \sin^{-1}f\right) \times 100\%$$

式中,F_t 为车辆最大驱动力,$F_t = \dfrac{T_{max}i}{r}$。计算得:$\alpha = 20.395\%$,满足最大爬坡度 20% 的要求。

(3) 加速性能校核计算

① 对于 0~70 km/h 加速时间校核

电动机额定转速 3 000 r/min 对应的车速 $v_n = \dfrac{0.377rn_{额}}{i} = 70\ \text{km/h}$,故 0~70 km/h 加速区域属于恒转矩区,电动机以最大转矩输出,可获得最短加速时间,即

$$t_{0-70} = \frac{\delta m}{3.6}\int_0^{70}\frac{1}{F_{tmax} - mgf - \dfrac{C_D Av^2}{21.15}}\mathrm{d}v$$

计算得 $t_{0-70} = 15.259\ 1\ \text{s}$,故第一加速阶段满足要求。

② 对于 70~120 km/h 加速时间校核

70~120 km/h 区域属于恒功率区,以最大功率输出,可获得最短加速时间,即

$$t_{70-120} = \frac{\delta m}{3.6}\int_{70}^{120}\frac{1}{F_{tmax} - mgf - \dfrac{C_D Av^2}{21.15}}\mathrm{d}v$$

其中:

$$F_{tmax} = 0.377\frac{9\ 550P\eta_t}{v}$$

计算得 $t_{70-120} = 19.415\ 9\ \text{s}$,故第二加速阶段满足要求,选用的电动机可用。

习题

4-1 能量流系统设计应解决哪些问题?

4-2 简要介绍机械系统能量流理论。图 4-32 为一曲柄压力机简图,试结合机械工作过程的能量损失论谈一谈曲柄压力机设计中的动力机容量的选择问题。

4-3 什么是工作机械的负载特性?常用的工作机负载特性类型有哪些?

4-4 图 4-33 为 Q2-8 型汽车起重机简图,试分析起重机的载荷构成。

4-5 什么叫动力机的机械特性?

4-6 如何合理选择伺服电动机?

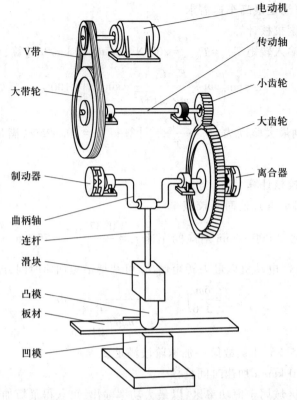

图 4-32　曲柄压力机简图

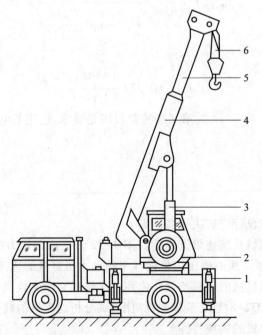

图 4-33　Q2-8 型汽车起重机简图

1—支撑腿；2—转向盘；3—液压缸；4—大臂；5—小臂；6—挂钩

4-7　什么是内燃机的有效燃油消耗率?

4-8　图 4-34 为某提升机示意图,卷筒直径为 $D=100$ mm,提升质量为 $m=500$ kg,吊具质量为 $m_1=25$ kg,提升速度 $v=1$ m/s,加速时间为 10 s,稳速提升时间为 50 s,减速时间为 12 s,停歇时间为 10 s,假定折算到动力机轴上的转动惯量 $J=10$ kg·m²,其他质量及阻力均不计,试计算该提升机的动力机功率。

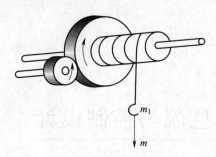

图 4-34　提升机示意图

4-9　以图 4-35 所示的混合动力汽车动力系统为例,说明能量流系统的布局形式,并对其工作原理进行简要分析。

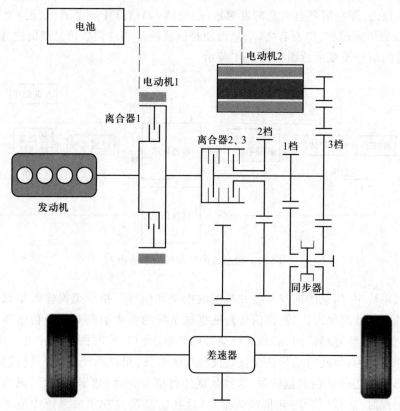

图 4-35　混合动力汽车动力系统简图

第 **5** 章

机械系统的信息流与控制设计

5.1 概述

所谓信息流,即为信息自信息的发源地(信息源)经信息传递渠道(信道)至信息的接收地(信宿)的传递过程,简而言之,信息流便是信息的传递过程。信息流的主体是信息。信息流的结构模型示意图如图 5-1 所示。

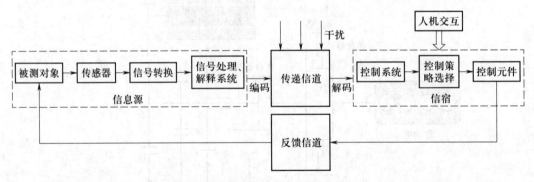

图 5-1　信息流的结构模型示意图

在机械系统中,信息的前身是各种类型的指令和信号。指令是操作人员根据经验和机械系统的运行状况而发出的,而信号是从机械系统的各个被测对象经传感器测量获得的,但这些信号不能直接使用,必须进行信号的转换、处理,此时的信号才有一定的强度,可以被传输和利用;但此时信号还仅仅是反映被测对象(机械系统)的符号(或是数字、图形等其他形式),还停留在数据阶段,这些数据经过信号处理、数据解释后,成为可以被利用的知识。此时,数据(信号)转换成为信息,这些信息需要在机械系统中流动以形成信息流。因此,需要按照一定的编码原则对其进行编码,然后经过信道传输,传递到信宿(信息的接收地)。当然信息在信道中传输时,会遇到各种形式的、各种强度的信号的干扰,因此必须考虑信息流通过程中的抗干扰性,以保证信宿获得正确的信息。

在机械系统中,控制系统通常作为机械系统信息流的信宿。经过控制系统、控制策略的选择,控制元件的设计或选择后,信息被恰当地处理,处理结果以控制策略的形式体现出来。这个信息再经过反馈信道反馈到机械系统中,对机械系统起控制作用,实现机械系统的信息驱动。

信息驱动是现代机械系统区别于以往机械系统的一个显著特征。机械系统中的信息流是存在于加工任务、加工顺序、加工方法及物料流所要确定的作业计划、调度和管理指令等信息范畴的内容,它对机械系统中的信息进行有效的存储、分析、集成、处理、传输和控制。不同于传统制造系统,在现代机械系统中,信息流的设计对机械系统设计起着举足轻重的作用。

微视频 5.1
信息流在机械
系统单机中的
作用

1. 信息流在机械系统单机中的作用

在传统机械系统中,物料流系统和能量流系统是普遍存在的,如由一台普通车床组成的机械系统,通常只存在物料流系统和能量流系统,而加工信息的输入和传递是靠人工完成的,如图 5-2 所示。

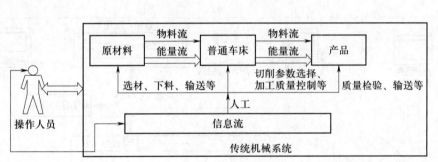

图 5-2 普通车床加工过程

在该机械系统的设计中,通常很少甚至不需考虑信息流在整体系统中的地位和作用,操作者通过各种渠道获得机械系统所反映出来的数据,并处理成便于操作者理解的信息,然后操作者根据自己的经验、知识对机械系统实施相关的操作,以达到对机械系统控制的目的。

而现代机械系统中,考虑到信息流在机械系统设计中的重要作用,较为普遍地增加了信息流系统。仍以上述车床为例,当进行数控车床的设计时,就必须考虑如何通过内部的计算机进行零件加工信息的存储、处理和传递,并通过信息流路线,发送加工指令,控制加工过程,同时还需对加工过程进行监控,通过各种传感器、信号采集系统和信号处理系统实时检测工件的加工质量,通过信息流的信息反馈通道,将加工状态传递给控制系统,控制系统据此判断加工状态,并根据判断结果做出进一步的动作,实施对机械系统(车床)的控制。通过这一系列的改变,普通机床就变成了现代化的数控车床,如图 5-3 所示。

2. 信息流在机械系统生产线中的作用

对于机械系统中的制造单机,信息流的设计非常重要,对于生产线同样也是如此。如图 5-4 所示的是一个加工回转体零件的机械系统(柔性制造系统)结构,该机械系统由信息流系统、物料流系统和自动加工系统组成。信息流系统由文件服务器、中央计算机/单元机控制器、工作站 1、工作站 2、计算机视觉系统和可编程逻辑控制器(PLC)组成。这些信息流设备由一个统一的网络系统连接在一起构成整个系统的信息流系统。加工系统由加工中心、数控车削中心组成。物料流系统由两台工业机器人、传输系统、毛坯存储库和成品存储库组成。

微视频 5.2
信息流在机械
系统生产线中
的作用

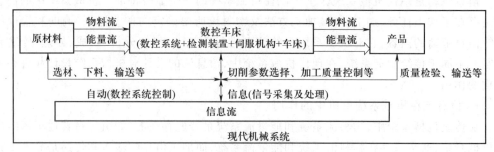

图 5-3   数控车床加工过程

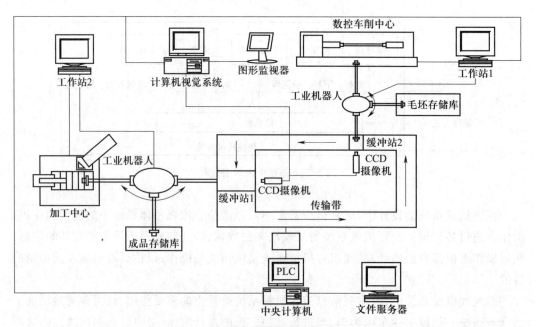

图 5-4   加工回转体零件的机械系统结构

该系统是信息驱动的,信息流系统是整个柔性制造系统的神经中枢,用以实现对整个机械系统的总体控制,完成对系统的监控和对生产过程、物料流系统辅助装置、加工设备的控制以及运行状态数据的存储、调用、校验和网络通信等。

在该机械系统中,中央计算机和文件服务器是信息流系统的控制核心。在系统运行时,中央计算机检查传输带和缓冲站的状态、机床和机器人的状态以及来自计算机视觉系统的信息。通过这些信息,中央计算机判定每个工作站的任务类型和状态,并根据生产任务和调度决策,把相应的控制命令发送到工作站,并通过工作站对各种物料运送设备、加工设备实施控制,完成所要求的各种功能。

由此可以看出,针对现代机械系统的设计,选择信息的形式和流通方式、建立系统的信息模型和控制模型、确定信息的控制方式等,并在该过程中考虑传感技术、信息采集方式、与信息控制相对应的控制理论和方法、信息流通所需的执行部件等均是非常重要的。

微视频 5.3
按照机械系统的构成分析信息流在机械系统中的作用

3. 按照机械系统的构成分析信息流在机械系统中的作用

机械系统的设计涉及动力机、执行机构、传动系统、操纵系统、人机接口和控制系统设计等诸多方面,而每个方面的设计都涉及信息的采集、处理、传递。此外,在信息流的通道中,对信息流的流向施加适当的控制,选择适当的控制策略,控制信息流在机械系统整体设计中的正确流向可以实现且大大改进机械系统的功能。图 5-5 较为完整地反映了机械系统中的信息流及其相关的内容。

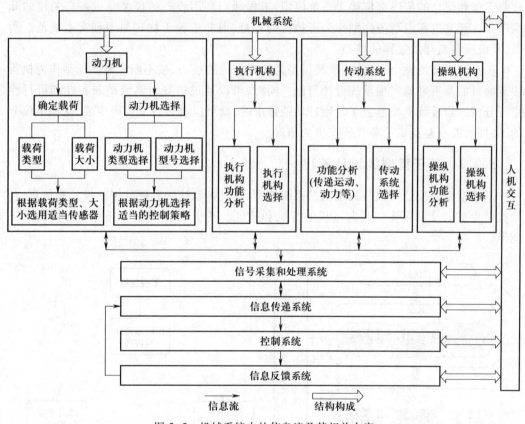

图 5-5 机械系统中的信息流及其相关内容

案例 5-4
基于模型的设计方法概述

5.2 基于模型的控制系统设计方法概述

机械系统的信息流系统设计主要包含硬件设计和软件设计两大部分,其中软件部分主要涉及控制系统中的控制算法设计。本节主要围绕控制系统中控制算法设计,介绍一种基于模型的控制系统设计方法。

基于模型的设计(model based design,MBD)是一种用于开发控制系统、信号处理系统、图像处理系统、机电系统和其他嵌入式系统的方法,已广泛应用于航空航天、汽车、通信以及其他工业控制领域。MathWorks 公司是行业内领先的基于模型设计软件开发商之一,该公司的 MATLAB 软件产品的迅速发展,使得 MATLAB 及其 Simulink 建模、仿真和自动代码生成技术越来越受到工程师们的关注,基于模型的设计思想正在被大家广泛接受。

5.2.1 基于模型设计的概念

基于模型的设计就是在系统设计的过程中,从需求分析、系统设计到测试验证,所有核心工作和信息的传递都依赖于系统模型,工程师们利用统一的模型完成各自关注的开发任务。开发过程以系统模型作为可执行的规范,而非依赖于物理原型和文本规范。所以,系统模型是开发过程的核心。

在系统设计的整个过程中,系统模型是执行规范的核心,被不断完善。模型作为执行规范的目的是更好地实现系统设计目标。同时,可以通过仿真对系统的兼容性和可行性进行分析。当系统模型涵盖了软硬件功能需求时,就可以进行自动代码生成,这样不仅节约了时间,而且避免了手写代码产生的错误。

5.2.2 基于模型的设计流程

基于模型的设计所执行的规范是系统模型,它支持系统级和硬件级的设计和仿真、自动代码生成以及贯穿整个开发过程的测试和验证。基于模型设计的开发流程如图 5-6 所示。

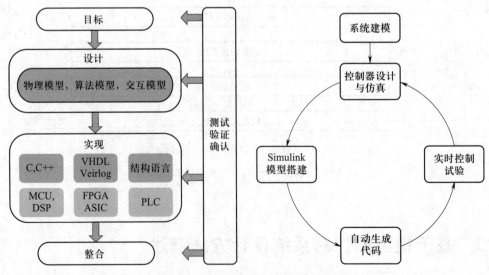

图 5-6 基于模型设计的开发流程

1. 确定设计目标

用基于模型的设计方法来开发控制系统时,首先应从控制系统的需求出发。这些需求信息采用专门的需求管理工具、文字处理软件或电子数据表来管理,无论采用哪种工具,设计人员必须确保用于最终代码生成的模型能够满足系统的需求。因此,在控制系统设计时需要有一个能够支持设计人员和项目之间交流的"语言"。系统模型就是设计人员和项目之间交流的"语言",通过不断的验证和仿真,许多功能性问题或者语法错误能够在早期被发现并纠正。

2. 建模与仿真

系统模型与需求之间可建立双向连接,在整个开发过程中,软件工程师可对模型进行需求追踪和测试,将产品缺点暴露在开发初期。MATLAB/Simulink 提供了各种工具,为系统建模提供了图形化的建模环境,它将数学模型用计算机命令转换为模型图,这样便于理解,使得开发过程更加形象、简洁,是目前常用的建模工具。

一般建模与仿真主要包括以下几个方面。

(1) 环境建模

环境模型是指控制系统实际的运行环境。例如,在机械臂控制系统建模中,需要关注碰撞干扰、摩擦等环境因素,因此也应该将这些环境因素抽象为环境变量引入系统模型中。

(2) 物理建模

以优化设计为目标的设计必须协同开发控制系统和物理系统。采用 MATLAB/Simulink 物理建模工具进行物理建模,具体包括:在单一环境中创建涵盖多个物理领域并包含控制系统的系统级模型;为物理系统创建具有物理端口以及输入、输出信号的模型;使用基于 MATLAB 的物理建模语言为自定义的物理组件建模;使用三维可视化和其他仿真方法来扩展分析。

(3) 算法建模

算法建模是搭建模型的核心,主要是将理论的控制算法抽象为一些数学公式和传递函数,结合 Simulink/Stateflow 控制逻辑和嵌入式 MATLAB 函数等工具将控制算法转换成为 Simulink 算法模型。

使用 MATLAB/Simulink 进行算法建模比使用传统语言如 C、C++或 FORTRAN 快得多,可以验证概念、研究设计替代方案并以最适合应用程序的形式开发算法。MATLAB 提供了大量工具用来将创意转化成算法,其中包括数千个核心数学、工程和科学函数,特定应用程序的多领域算法,如信号和图像处理、控制设计、计算金融学及计算生物学等用于编辑、调试和优化算法的开发工具。完成后的算法能转换成独立的应用程序和软件组件并用于桌面和 Web 部署,也可以将算法整合到系统仿真或嵌入式系统中。

(4) 系统仿真

系统模型包括影响系统控制算法的所有因素。当模型建立完成后,经过相关参数的配置,便可以在计算机上进行仿真,主要是验证模型的输出和理论研究的结果是否符合设计要求。一般是在模型的不同点处插入输入信号,然后在相应的点处观察信号的输出。

在基于模型设计的过程中,在完成系统模型仿真后,为了为代码自动生成做准备,一般还需要对系统进行软件在环（software in loop，SIL）仿真和处理器在环（processor in loop，PIL）仿真。

3. 系统实现

在使用基于模型的设计方法时，软件工程师仍然在设计中发挥重要作用，只是他们的主要任务不再是编写实现系统功能的代码，而是设计软件的架构以及相应的可执行规范，以确保生成的代码真实有效。另外，软件工程师必须对模型进行相关设置和处理，以保证自动生成的代码能够在目标处理器上正常运行，比如算法是浮点型模型，而处理器是定点型处理器，这时软件工程师就需要对模型进行定点化处理。

当系统模型仿真验证完成后，就可以通过 MathWorks 嵌入式代码生成工具将模型转换为代码，并对生成的嵌入式代码进行验证，最终用于快速原型。嵌入式代码生成从根本上改变了工程师的工作方式。工程师不再需要手工编程，从而缩短开发周期，避免人为引入的错误。

4. 算法整合

基于模型的设计在整个设计过程中都在不断进行测试和验证，工程师利用测试案例追踪系统级模型和需求，检测设计变更导致的系统输出变化，并快速追踪变更来源，根据需要修改已有的模型。

算法模型可自动生成 C、C++、HDL 或者 Structured Text 等格式的文件，用于快速原型开发或者产品开发。也可以优化自动生成的代码，然后和手写代码进行集成。

5.2.3　基于模型的设计优势

传统控制系统的开发一般要经历以下阶段：

（1）需求分析　系统工程师根据需求对整体技术方案进行评估；

（2）设计阶段　硬件工程师根据系统工程师要求设计样机；

（3）控制阶段　软件工程师根据任务要求，通过编写代码实现功能控制；

（4）样机调试　原型样机开发完成后对产品进行测试。

这样的开发方法，在设计之初可能会因为不同的系统工程师对系统的理解不一样，不同的硬件工程师对样机的设计理解不同，不同的软件工程师编程思路的差异，导致产品开发需要反复设计和调试。然而，基于模型设计的方法在开发之初，系统工程师会根据系统功能的需要建立一个规范统一的系统模型，模块化地描述技术需求，系统模型是整个开发流程的中心。工程师们可以通过系统模型，直观明确地了解系统的运行和设计思路，专注不同模块的开发，减少因理解不同导致产品需求的差异。

通过对上述基于模型设计流程的分析以及与传统设计的对比，可以看出基于模型的设计具有以下优势，如图 5-7 所示。

（1）在统一的开发测试平台上，基于模型设计的四个阶段相互联系，让设计从需求分析阶段就进行验证与确认，并做到持续不断地验证与测试，让设计的缺陷暴露在开发初期。

（2）图形化的设计方法，让设计人员把主要精力放在算法和测试案例的研究上，而嵌入式 C 代码的生成与验证留给计算机完成。

（3）文档自动化。

（4）大大缩短了开发周期,降低了开发成本。

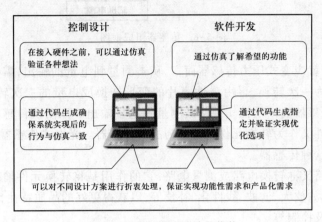

图 5-7 基于模型设计的优势

5.3 信号的采集及处理

当今世界已经进入信息时代,传感器技术、通信技术、计算机技术被称为现代信息技术的三大支柱,它们在信息系统中分别起到"感官""神经"和"大脑"的作用。在利用信息的过程中首先要获取信息,传感器是获取信息的主要途径和工具。以传感器技术和通信技术为核心的检测技术就像感官和神经一样,源源不断地向人类提供宏观与微观世界的各种信息,成为人们认识和改造自然的有力工具。

5.3.1 传感器

传感器是能感受规定的被测量并按照一定的规律将其转换成可用的输出信号的器件或装置,通常由敏感元件和转换元件等组成。这里可用的输出信号是指便于加工处理、便于传输利用的信号。电信号是最容易处理和传输的信号,因此可以把传感器狭义地定义为将非电信号转换为电信号的器件。传感器的性能和可靠性将直接影响整个测量装置的性能和可靠性,是对被测量系统实施控制的重要依据。

1. 传感器的组成

一般情况下,传感器由敏感元件、转换元件(传感元件)和其他辅助元件组成。当然,有时也把信号调理电路和辅助电源作为传感器的组成部件,图 5-8 为传感器组成框图。

敏感元件是一种直接感受通常为非电量的被测量,并输出与被测量成某种函数关系的、能最终转化为电量的其他量的元件。如应变式压力传感器中的弹性膜片就是一种敏感元件,它的作用是把压力这个被测量转换成弹性膜片的变形。

转换元件(传感元件)又称变换器,它是将由敏感元件输出的量转换成电量输出的元件。仍以应变式压力传感器为例,转换元件的作用是将弹性膜片的变形转换为电阻值的

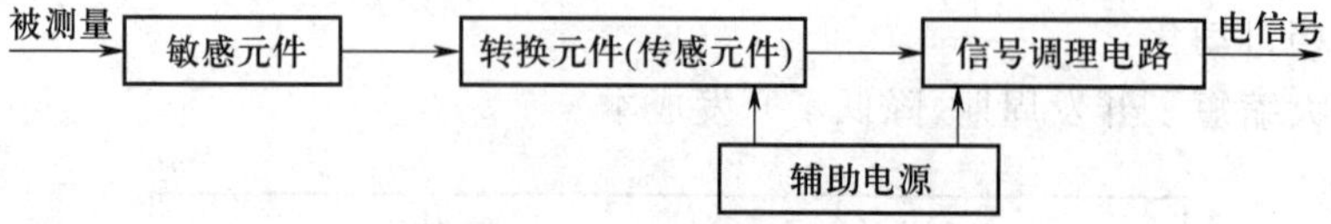

被测量 → 敏感元件 → 转换元件(传感元件) → 信号调理电路 → 电信号

辅助电源

图 5-8 传感器组成框图

变化。由此可见,就应变式压力传感器而言,从被测量到电量的输出,需要从被测量到弹性膜片的变形作为一次转换,再由弹性膜片的变形转换成电量的二次转换,这是常规情况。当然,有些传感器能一次性实现从被测量到电量输出。压阻式传感器就是把热敏电阻既作为敏感元件又作为转换元件而合二为一的传感器。光电式传感器中的许多光电转换器也都是属于这种传感器。

信号调理电路又称转换电路或测量电路,它的作用是将转换元件输出的电信号进一步地转换和处理,如放大、滤波、线性化、补偿等,以获得更好的品质特性,便于后续电路的显示、记录、处理及控制等。

需要指出的是,并不是所有的传感器都能明显地区分其组成的各个部分,最简单的传感器由一个敏感元件(兼转换元件)组成,它将被测量直接输出电量。

微视频 5.6
传感器类型

2. 传感器类型

一般情况下,测量某一物理量可以使用不同的传感器,而同一传感器又往往可以测量不同的物理量。因此,传感器从不同的角度有多种分法。如按照被测量不同,可分为速度及加速度传感器、力传感器、位移传感器和压力传感器等。按照与被测量是否接触,又可分为两类,一类是非接触式传感器,如光敏传感器、声敏传感器、热敏传感器和湿敏传感器等;另一类是接触式传感器,如温度传感器、液位传感器、流量传感器、压力传感器及霍尔传感器等。按照工作原理又可分为应变式传感器、电磁式传感器、光电式传感器及电容式传感器等。

传感器作为信息获取的重要工具,与通信技术和计算机技术共同构成了信息技术的三大支柱。然而,传统传感器对于信息处理和分析的能力极其有限,缺少信息共享的有效渠道。随着科技的进步,特别是微电子机械系统技术、超大规模集成电路技术和现场可编程门阵列技术的发展,现代传感器逐步朝微型化、智能化、多功能一体化和网络化的方向发展。这里简要介绍两种类型的传感器。

(1)微型传感器

随着微电子机械系统技术的日益成熟,微型传感器就是在此基础上发展起来的一类新型传感器。微型传感器不是传统传感器简单的物理缩小,而是以新的工作机制和物化效应,使用标准半导体工艺兼容的材料,通过微电子机械系统加工技术产生的新一代传感器件,具有小型化、集成化的特点,可以极大地提高传感器性能。具体特点如下。

① 信噪比高 微型传感器在信号传输前就可进行放大,减少干扰和传输噪声,提高信噪比。

② 灵敏度高 在芯片上集成反馈线路和补偿线路,可改善输出的线性度和频率响应特性,降低误差,提高灵敏度。

③ 微型化 可在一块芯片上集成敏感元件、放大电路和补偿线路,也可以把多个相

同的敏感元件集成在同一芯片上,具有良好的兼容性,便于与微电子器件集成与封装,集成度高,体积小,质量轻。

④ 低成本 利用成熟的硅微半导体工艺加工制造,可以批量生产,成本非常低。

目前常用的有力微传感器、速度与加速度微传感器、热微传感器、磁微传感器、光电微传感器等。

（2）智能传感器

智能传感器是传感器集成化与微处理器相结合的产物,具有信息采集、处理和交换的功能,其结构如图 5-9 所示。敏感元件将被测到的物理量转换成相应的电信号,送到信号调理电路中进行滤波、放大,再经 A/D 转换后,变成数字量送到微处理器中,由微处理器处理后的测量结果经数据信号接口输出。微处理器是智能传感器的核心,它不但可以对传感器测量数据进行计算、存储和处理,还可以通过反馈回路对传感器进行调节。在智能传感器中,不仅有硬件作为实现测量的基础,还有强大的软件支持,来保证测量结果的正确性和高精度。

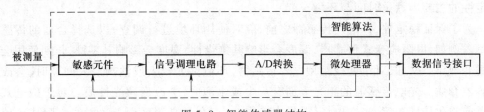

图 5-9 智能传感器结构

微视频 5.7
传感器选用原则

3. 传感器的选用原则

（1）传感器的灵敏度

传感器的灵敏度越高,可以感知的变化量越小,即被测量稍有微小变化时,传感器即有较大的输出。但灵敏度越高,与测量信号无关的外界噪声也容易混入,并且噪声也会被放大。因此,对传感器往往要求有较大的信噪比。

传感器的量程范围是和灵敏度紧密相关的一个参数。当输入量增大时,除非有专门的非线性校正措施,传感器不应在非线性区域工作,更不能在饱和区域内工作。有些需在较强的噪声干扰下进行的测试工作,被测信号叠加干扰信号后也不应进入非线性区域。因此,过高的灵敏度会影响其适用的测量范围。

如被测量是一个向量,则传感器在被测量方向的灵敏度越高越好,而横向灵敏度越小越好;如果被测量是二维或三维向量,那么对传感器还应要求交叉灵敏度越小越好。

（2）传感器的线性范围

任何传感器都有一定的线性范围,在线性范围内输出与输入成比例关系。线性范围越宽,则表明传感器的工作量程越大。

为了保证测量的精度,传感器必须在线性区域内工作。例如,机械式传感器的弹性元件,其材料的弹性极限是决定测量量程的基本因素。当超过弹性极限时,将产生非线性误差。

然而任何传感器都不容易保证其优良的线性,在某些情况下,在许可限度内,也可以在其近似线性区域应用。例如,变极距型电容、电感传感器,均采用在初始间隙附近的近似线性区域内工作。选用时必须考虑被测物理量的变化范围,使其非线性误差在允许范围以内。

（3）传感器的响应特性

传感器的响应特性必须在所测频率范围内尽量保持不失真。但实际传感器的响应总有迟延,但迟延时间越短越好。

一般光电效应、压电效应等物性型传感器,响应时间小,可工作频率范围宽。而结构型传感器,如电感、电容、磁电式传感器等,由于受到结构特性的影响,特别是机械系统惯性的限制,其固有频率低。

在动态测量中,传感器的响应特性对测试结果有直接影响,在选用时,应充分考虑被测物理量的变化特点（如稳态、瞬变、随机等）。

（4）传感器的稳定性

传感器的稳定性是经过长期使用以后,其输出特性不发生变化的性能。影响传感器稳定性的主要因素是时间与环境。

为了保证稳定性,在选用传感器之前,应对使用环境进行调查,以选择合适的传感器类型。例如,电阻应变式传感器,湿度会影响其绝缘性,温度会影响其零漂,长期使用会产生蠕变现象。又如,对于变极距型电容传感器,环境湿度较大或油剂浸入间隙时,会改变电容器介质。光电传感器的感光表面有灰尘或水泡时,会改变感光性质。对于磁电式传感器或霍尔传感器等,当在电场、磁场中工作时,亦会带来测量误差。滑线电阻式传感器表面有灰尘时,将会引入噪声。

在有些机械自动化系统中或自动检测装置中,所用的传感器往往是在比较恶劣的环境下工作,灰尘、油剂、温度、振动等干扰是很严重的。这时传感器的选用必须优先考虑稳定性因素。

（5）传感器的精度

传感器的精度表示传感器的输出与被测量的对应程度。因为传感器处于测试系统的输入端,因此传感器能否真实反映被测量,对整个测试系统具有直接影响。

然而,传感器的精度也并非越高越好,因为还要考虑到经济性。传感器精度越高,价格越昂贵,因此应从实际出发来选择。

首先应了解测试目的,是定性分析还是定量分析。如果属于相对比较性的试验研究,只需获得相对比较值即可,那么对传感器的精度要求可低些。然而对于定量分析,为了必须获得精确量值,因此要求传感器应有足够高的精度。

（6）其他选用原则

传感器在实际测试条件下的工作方式,也是选用传感器时应考虑的重要因素,因为测量条件不同对传感器要求也不同。

在机械系统中,运动部件的被测参数（例如回转轴的转速、振动、转矩）,往往需要非接触式测量。因为对部件的接触式测量不仅造成对被测系统的影响,且有许多实际困难,如测量头的磨损、接触状态的变动、信号采集等都不易妥善解决,也易于造成测量误差。采用电容式、涡流式等非接触式传感器,会有很大方便。若选用电阻应变计,则还需配用遥测应变仪。

另外,为实现对自动化过程的控制与检测,对传感器精度与可靠性的要求更高。在加工过程中进行的实时检测,对传感器及测试系统都有一定特殊要求。例如,在加工过程中,若要实现表面粗糙度的检测,以往的干涉法、触针式轮廓检测法等都不能应用,而代之以激光检测法。

微视频 5.8
信号模拟转换器简介

5.3.2　信号调理与处理

被测量经过各种传感器检测到以后需要转换成标准信号进行传输,常用的标准信号有电阻、电容、电感、电荷、电压、电流或频率等电参数。信号调理电路在信息流系统中的作用,就是通过对传感器输出的微弱信号进行检波、转换、滤波、放大等处理后变换为方便信息流系统后续环节处理或显示的标准信号。通常,信号调理电路的选择视转换元件的类型而定,典型的调理电路有弱小信号的放大、电隔离、阻抗变换、电平转移、信号线性化、滤波以及 V/I、I/V、V/F、F/V、A/D、D/A 等各种转换。另外,为了最后驱动显示仪表、记录仪表、控制器或输入计算机进行数据处理等,尚需经过放大、运算、分析等中间转换。对于静态信号或变化缓慢信号的转换多采用交流载波系统,即通过调制把静态或缓变信号变成高频信号再放大,然后经过解调、滤波得到放大了的静态信号或缓变信号。

对于调理后的信号,现代检测系统通常使用各类模/数(A/D)转换器进行采样、编码等离散化处理转换成与模拟信号相对应的数字信号,并传递给单片机、工业控制计算机、PLC、DSP、嵌入式微处理器等数字信号处理模块,进行特征提取、频谱分析、相关运算等信号处理与分析。在信号采集系统中,经常需要对信号的电压或功率进行放大,因此要使用信号放大器。对信号放大器的基本要求为:不得从信号源吸取能量,不得以任何方式干扰信号源原来的工作状态;应当具有较好的线性,放大倍数与输入量应该无关,并且要足够大;动态响应快,相移要小,且在给定的频率范围内,放大器的幅频特性应当是常数等。常用的信号放大器有仪表放大器、程控增益放大器、隔离放大器、电荷放大器等。辅助电源是指为各种类型的传感器元件提供激励或能量的电路,如电压源、基准电压、电流源、电桥电源、电流源型激励电桥、CCD 脉冲扫描电源等都属辅助电源。

5.4　接口技术与监控系统

现代机械系统的控制系统、数据采集等系统中,需要对生产过程的各种参数进行测量和控制。这些被测量、被控制对象的参数往往是模拟量,如温度、压力、位移、流量、电压等,所涉及的信号种类繁多。这些信号经过传感器采集后,必须经过相应的转换元件和转换电路(即接口)对其进行加工,才能经过信道(即信号传递通道)将其传递到目的地(信宿),以方便机械系统的控制系统或者是操作者对其进行分析、处理和应用,然后通过控制系统的作用,对机械系统的相应动作进行控制。信号在机械系统中的流通过程需要通过各种检测、监控和显示系统来直观、清晰地显示,以方便机械系统的操作者使用。本节主要介绍计算机接口技术以及监控系统的有关内容。

5.4.1　计算机接口技术

微视频 5.9
单片机与接口
技术简介

工业控制计算机系统是机电一体化系统的中枢,其主要作用是按编制好的程序完成系统信息采集、加工、处理、分析和判断,做出相应的调节和控制决策,发出数字形式或模拟形式的控制信号,控制执行机构的动作,实现机电一体化系统的目的功能。

1. 用于工业控制的计算机系统组成

用于工业控制的计算机系统由计算机软件系统和计算机硬件系统两大部分组成。其中,计算机软件系统包括适应工业控制的实时系统软件、通用软件和工业控制软件等。而硬件系统,如图 5-10 所示,由计算机基本系统、人-机对话系统、系统支持模块、过程 I/O(输入/输出)子系统等组成。在过程 I/O 子系统中,过程输入设备把系统测控对象的工作状况和被控对象的物理参数、工位接点状态转换为计算机能接收的数字信号;过程输出设备把计算机输出的数字信息转换为能驱动各种执行机构的功率信号。人-机对话系统用于操作者与计算机系统之间的信息交换,主要包括键盘、图形或数码显示器、声光指示器、语音提示器等。系统支持模块包括硬盘、光盘驱动器,串行通信接口,打印机并行接口以及远程通信接口(调制解调器)等。

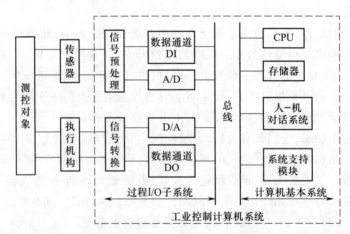

图 5-10　工业微机系统硬件组成示意图

2. 工业控制计算机系统的基本要求

由于工业控制计算机面向机电一体化系统的工业现场,因此它的结构组成、工作性能与用于科学计算、数据处理及办公自动化的普通计算机有所不同,基本要求如下。

(1) 具有完善的过程输入/输出功能

要使计算机能控制机电一体化系统的运行,它必须具有丰富的模拟量和数字量输入/输出通道,以便使计算机实现各种形式的数据采集、过程连接和信息变换等。这是计算机能否投入机电一体化系统运行的重要条件。

(2) 具有实时控制功能

工业控制计算机应具有时间驱动和事件驱动的能力,要能对生产的工况变化实时地进行监视和控制,当过程参数出现偏差甚至故障时能迅速响应并及时处理。为此需配有实时操作系统及过程中断系统。

(3)具有高可靠性

机电一体化设备通常昼夜连续工作,控制器又兼有系统故障诊断的任务,这就要求工业控制计算机系统具有非常高的可靠性。

(4)具有较强的环境适应性和抗干扰能力

在工业环境中,电、磁干扰严重,供电条件不良,工业控制计算机必须具有极高的电磁兼容性,要有高抗干扰能力和共模抑制能力。此外,系统还应适应高温、高湿、振动冲击、灰尘等恶劣的工作环境。

(5)具有丰富的软件

要配备丰富的测控应用软件,建立能正确反映生产过程规律的数学模型,建立标准控制算式及实现的程序。

3. 工业控制计算机系统的分类及应用特点

在设计机电一体化系统时,必须根据控制方案、体系结构、复杂程度、系统功能等正确地选用工业控制计算机系统。根据计算机系统软硬件及其应用特点,常用的类型有可编程控制器(PLC)、总线型工业控制计算机以及单片机三类,其应用特点如表 5-1 所示。

表 5-1　工业控制计算机系统的分类及应用特点

类型	特点
可编程控制器(PLC)	(1)控制程序可变,具有很好的柔性。 (2)可靠性强,适用于工业环境,具有较强的抗干扰能力。 (3)编程简单,采用简单的梯形图编程方式,使用方便。 (4)功能完善,不但具备开关量输入输出功能,而且还具有模拟量输入输出、逻辑运算、算术运算、定时、计数、顺序控制、功率驱动、通信、人-机对话、自检、记录和显示等功能。 (5)体积小、重量轻、易于装入机器内部且价格低廉
单片机	(1)受集成度限制,片内存储器容量较小。 (2)可靠性高,抗干扰能力强。 (3)易扩展。 (4)控制功能强,通常单片机的逻辑控制功能及运行速度均高于同一档次的微处理器。 (5)通常单片机内无监控程序或系统通用管理软件,软件开发工作量大
总线型工控机	(1)模块化程度高。 (2)设计效率高,可有效地缩短设计和制造周期。 (3)系统的可靠性高。 (4)便于调试和维修。 (5)能适应技术发展的需要,迅速改进系统的性能

近年来,随着计算机技术的发展,出现了由多个以计算机为基础的功能单元组成的分级分布式计算机系统。系统内各功能单元通过数据网络互相联系,既自治又协调,共同完成工业生产过程的实时控制、监督与管理。分级分布式计算机系统不仅较好地解决了单个计算机控制比较复杂的系统时,控制和信息处理高度集中与计算机可靠性的尖锐矛盾以及采样点分散造成通信电缆费用比较高的问题,而且是目前实现工厂级、企业级中大规模控制系统的上述目标的比较可行的计算机结构形式。

在自动控制、信息科学、人工智能等学科基础上发展起来的分级分布式计算机控制系统可以采用高档计算机,也可以采用总线型工业控制机及微处理机。

4. 计算机接口技术

计算机的 CPU 与各种外设(如传感器、伺服机构、执行机构等)的信息交换和 CPU 与存储器进行交换信息的方式不同。在软件实现方面,不具备在数据格式上、存取速度上基本匹配的特点;在硬件实现上,不能实现芯片与芯片之间的直接管脚相连。也就是说,计算机和各种外设进行交换信息时,存在以下问题:

① 计算机的高速处理能力和外设的慢速响应之间存在矛盾;

② 需要有接口作为计算机与外设通信的桥梁;

③ 需要有数据信息传送之前的"联络";

④ 要传递的信息有三方面内容:状态、数据及控制信息。

综上所述,计算机接口是实现计算机与各种外设进行信息交换的渠道,它必须具有以下功能:

① 进行地址译码或设备选择,以便使计算机能同某一指定的外部设备通信;

② 状态信息的应答,以协调数据传送之前的准备工作;

③ 进行中断管理,提供中断信号;

④ 进行信息格式转换,如正负逻辑的转换,串行与并行数据转换等;

⑤ 进行电平转换,如 TTL 电平与 MOS 电平的转换;

⑥ 协调速度,如进行锁存、缓冲、驱动等;

⑦ 时序控制,提供实时时钟信号。

计算机接口的种类很多,如输入/输出接口、通信接口、中断接口、驱动接口、信号处理接口等。根据接口的种类不同,实现的具体方法也不尽相同,如可使用 74LS244、74LS273 等不可编程芯片、可编程并行输入/输出接口芯片 8255A 以及可编程串行输入/输出接口芯片 8251A 等作为输入/输出接口,使用可编程中断控制器 8259A 作为中断接口,使用 8212 芯片、74LS273 芯片、8255A 芯片等作为锁存器来作为 D/A 转换接口等。

5.4.2   信号处理接口技术

信号处理接口是计算机接口的一种类型。它是信息传递通道的重要组成部分,达到将信息源的信息存储、放大并通过该接口传递到信宿的目的,是介于信息源和信宿之间的一个桥梁。

1. A/D 和 D/A 转换器的主要技术指标

A/D(analog/digital)和 D/A(digital/analog)转换是检测通道中的一个环节。A/D 转换器是将被测对象的模拟信号转换成数字量形式的器件,称为模/数转换器;相反地,D/A 转换器则是把数字量转换成模拟量形式的器件,称为数/模转换器。A/D 转换器和 D/A 转换器的主要技术指标有转换速度(时间)、分辨率、线性度、精度。

(1)转换速度(时间)

转换速度(时间)是指把输入的模拟(数字)信号转换成相应的数字(模拟)量输出的速度(或所需的时间)。

(2)分辨率

分辨率通常用输出二进制的位数表示,分辨率越高,转换时对输入信号变化的反应就越灵敏。如,分辨率为 12 位,表示它可以对满量程的 $\frac{1}{2^{12}} = \frac{1}{4\,096}$ 的增量做出反应。

(3)线性度

通常用非线性误差的大小表示线性度。即把理想的输入输出特性的偏差与满量程输出之比的百分数定义为非线性误差。如果非线性误差大于 1 LSB(least significant bit,最低有效位),将会引起非单值性 D/A 转换,A/D 转换器会引起漏码。

(4)精度

精度分为绝对精度和相对精度。在一个转换器中,输出码所对应的实际模拟电压与其理想电压值之差的最大值定义为绝对精度。相对精度是把这个最大差值表示为满量程模拟电压的百分数。

2. 计算机信号处理接口电路的前向通道结构

计算机信号处理接口电路的前向通道结构类型取决于被测对象的环境、传感器输出信号的类型和数量等。常用的前向通道结构类型如表 5-2 所示。

表 5-2　常用前向通道结构类型

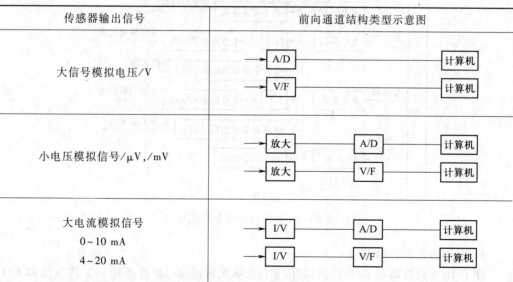

传感器输出信号	前向通道结构类型示意图
大信号模拟电压/V	A/D → 计算机 V/F → 计算机
小电压模拟信号/μV,/mV	放大 → A/D → 计算机 放大 → V/F → 计算机
大电流模拟信号 0~10 mA 4~20 mA	I/V → A/D → 计算机 I/V → V/F → 计算机

传感器输出信号		前向通道结构类型示意图
小电流模拟信号/μA,/mA		I/V → 放大 → A/D → 计算机 I/V → 放大 → V/F → 计算机
频率信号	小信号	放大 → 整形 → 计算机
	TTL 电平信号	→ 计算机
开关信号	非 TTL 电平信号	放大 → 整形 → 计算机
	TTL 电平信号	→ 计算机

3. 计算机信号处理接口电路的后向通道结构

后向通道在计算机一侧主要有两种类型,即数据总线及并行 I/O 接口。信号形式主要有数字量、开关量和频率量三种,它们分别用于不同的被控对象,图 5-11 所示为后向通道的综合示意图。

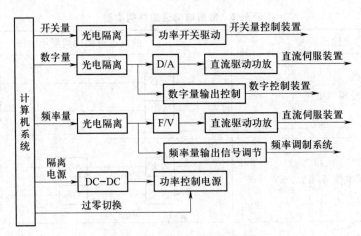

图 5-11　后向通道综合示意图

4. 常用的数据转换接口

除了 D/A 转换器和 A/D 转换器外,常用的数据转换接口器件还有 V/F 转换器和 F/V

转换器、I/V 转换器和 V/I 转换器以及有效值转换器。

V/F 转换器和 F/V 转换器是在电压信号和频率信号之间进行转换的装置,通常有较好的精度、线性和积分输入特性,此外还对环境具有很强的适应能力和抗干扰能力,价格低,因而在一些非快速信号检测过程中,可以用来取代 A/D 和 D/A 转换器,实现模拟电压和频率之间的相互转换。

V/I 转换器和 I/V 转换器是在电压和电流之间进行转换的器件,其中 I/V 转换器是把电流信号在输入端转换成电压以后再进行信号处理的一种器件,而 V/I 则相反,主要是使用在以电压形式长距离传输模拟信号时,解决由于存在信号源电阻或电缆的直流电阻等引起的电压衰减问题,为了提高传输精度,采用电流环路(一种恒定电流输出电路),把电压转换成电流信号,再进行传输。

有效值转换器是用以传输物理参数有效值的转换器件。因为在工程中,有效值是一种常见的重要参数,如电气系统中的一些交流量(电流、电压、功率等参数),机械振动中的动能和势能的大小等。

5.4.3 监控系统

监控系统在机械系统中的功能是对机械系统运行时内部和外部环境信息进行检测和监控。常见的被测信息有位置、速度、力、力矩、电压、电流、频率、温度、湿度等物理量。传感器把这些物理量变成一定规格的电信号,通过各种监控、转换装置指示出来,然后由控制及信息处理装置处理、决策,并通过控制电动机驱动执行元件或执行机构,实现相应的控制功能。在整个机械系统中,在信息流的统一控制下,控制系统确定下一步的动作,完成系统工作。基本工作过程如图 5-12 所示。

微视频 5.10
监控系统

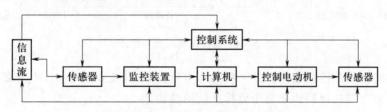

图 5-12 监控系统的基本工作过程

1. 监控系统的组成

监控系统的根本目的是利用各种检测装置,将一种形式的被测物理量转换成为处理较为方便的另一种形式的物理量,并采用相应的控制策略,对其进行控制;其手段是将传感器的原始输出信号进行放大、滤波、整形、阻抗变换、运算补偿、标定记录等处理。计算机的应用使得检测装置发生了根本性的变化。带计算机的检测装置和各种指示设备既扩展了检测的功能,又提高了检测精度和可靠性,成为检测传感技术中非常重要的部分。

超声波、红外辐射、激光、核辐射、微波等新技术的发展,为检测技术的发展奠定了基础。在这些技术的基础上,发展了各种现代检测手段,辅以相应的装置构成了各种现代检测、监控装置。如超声探头、红外探测器、光子探测器、气体放电计数管(盖革计数管)、闪烁计数器、各种激光器(如固体激光器、气体激光器、液体激光器、半导体激光器)和各种微波传感器等。

将各种检测元器件加上一些显示设备则构成了监控系统,其主要构成如图 5-13 所示。

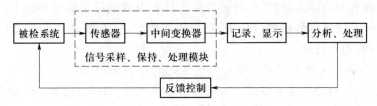

图 5-13 监控系统的组成

2. 监控系统的硬件设计

如图 5-14 所示,监控系统的硬件主要由传感器、放大器、转换器、I/O 接口和计算机几部分组成,完成对检测点的数据采集、放大,并转换为计算机便于处理的数字量,作为处理、控制和显示之用。

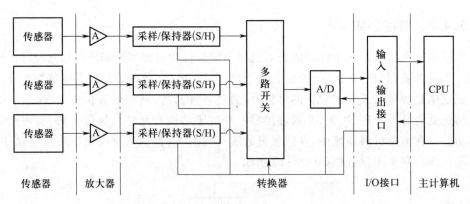

图 5-14 监控系统的硬件组成

传感器的作用是检测被测点处的各种非电量参数,并变换成电量。传感器的量程、灵敏度和精度的合理选择将影响整个监控系统的性能。

放大器的作用是将传感器输出的微弱电信号进行适当的放大,以满足 A/D 转换器的要求。在进行放大的同时,还完成滤波、降噪、增益控制及阻抗变换等辅助功能,以提高信号的质量。因此,选用放大器的时候应遵循噪声低、零漂小、精度高、频带宽、输入阻抗高和输出阻抗低等原则。

转换器部分包括采样/保持器(S/H)、多路开关和 A/D 转换器。这里着重介绍一下采样/保持器和多路开关。

采样/保持器在输入通道中的作用主要体现在两个方面:一是保证 A/D 转换器在转换过程中被转换的模拟量保持不变,以提高转换精度;二是可将多个相关的检测点在同一时刻的状态量保持下来,供分时转换和处理之用,以确保各检测量在时间上的一致性。对于缓慢变化的模拟量,采样/保持器可以省去不用,而对于快速变化的模拟量,为了保证检测精度,采样/保持器是必不可少的。这里,对模拟量变化快慢的评定,既要考虑所用 A/D 转换器的转换时间,又要考虑系统所允许的最大分时采样的时差。

目前,已有大量的集成采样/保持器可供选用。

多路开关用来切换模拟信号,也称为多路模拟开关。当被测量(或被控制)的模拟信号有多路时,常采用多路开关轮流把各被测量(或被控制)的模拟信号与A/D(或D/A)转换器接通,以达到节省硬件的目的。

多路开关已有各种型号的集成芯片可供使用者选择,但在选用时要注意由于多路开关的引入会引起误差和时间上的延迟。

3. 监控系统的软件设计

软件与硬件的设计是相辅相成,不可分割的。硬件设计在考虑实现系统要求功能的同时还必须考虑为软件提供尽可能方便而有效的环境;软件设计则应尽可能充分利用硬件环境,灵活高效地实现系统功能,并留有扩展功能的余地。硬件、软件的设计是统一的,互相补充的。软件设计中主要需考虑"采样周期"和"数字滤波"。

(1)采样周期

在监控系统中,通常是按照相同的时间间隔对各检测点的状态参数进行测量、采样和转换。这种时间间隔就是所谓的"采样周期"或"采样间隔"。

一般来说,采样周期越短越好。但采样周期还受采样保持、A/D转换等速度的限制,而A/D转换本身也存在固有的"量化误差",所以追求过高的采样频率既不现实,也没有实际必要。

采样周期的选取往往使用折中的方法,以既满足系统精度要求又实际为原则,并常常考虑经验因素,选取一个较为满意的值。

表5-3列出了常见量的经验采样周期。

表5-3 常见量的经验采样周期

被采样量性质	采样周期/s	备注
流量	1~5	优先选用1~2 s
压力	3~10	优先选用3~10 s
液位	6~8	
温度	15~20	
成分	15~20	

(2)采样值的数字滤波

为了减少干扰信号对采样值的影响,提高采样数据的可靠性,需要对采样值进行数字滤波处理。常用的滤波方法有多种,比如程序判断法中的限速滤波和限幅滤波、中值滤波、算术平均值滤波、滑动平均值滤波等。有时也可把上述滤波方法结合使用,称为复合滤波法。通常采样值的数字滤波采用软件实现。

4. 监控系统的显示设备

显示设备有很多,如机械仪器仪表(如指示灯、指示表盘等)、发光二极管、数码管LED、液晶显示器LCD、显示器等。表5-4列出了一些常用显示设备的主要性能。

表 5-4 常见显示设备的主要性能

显示设备	显示颜色	成本	功耗	工作电压	体积	寿命	其他
发光二极管	少	低	小	低	小	长	控制简单
数码管（LED）	少	低	小	低	小	长	体积小、重量轻、抗冲击能力强
阴极射线显示器（CRT）	丰富	较高	较大	较高	大	较长	有较高的分辨率
液晶显示器（LCD）	丰富	高	小	较高	较小	长	分辨率高，本身不发光，利用外界光源工作

微视频 5.11
基于模型设计
实例

5.5 基于模型设计的控制系统设计实例

本节以机械臂系统为例阐述基于模型设计的控制系统设计的流程。

要求设计一台机械臂系统以满足对生产线上、下料方面的要求，具备以下特点：至少具有 4 个自由度；根据生产工艺要求，满足所需的信息存储容量、计算机功能、动作速度、定位精度、抓取重量、容许的空间结构尺寸以及温度、振动等环境条件的适用性；生产效率和加工精度高，加工质量稳定。

1. 确定设计目标

在机械臂系统设计之初，设计人员一般要先做如下工作。

（1）根据机械臂的使用场合，明确机械臂系统设计的目的和任务。

（2）分析机械臂系统的工作环境，包括机械臂与已有设备的兼容性。

（3）认真分析系统的工作要求，确定机械臂的基本功能和方案，如机械臂的自由度数、信息的存储容量、计算机功能、动作速度、定位精度、抓取重量、容许的空间结构尺寸以及温度、振动等环境条件的适用性等。进一步对被抓取、搬运物体的重量、形状、尺寸及生产批量等情况进行分析，确定手部形式及抓取工件的部位和握力。

（4）进行必要的调查研究，搜集国内外的有关技术资料，进行综合分析，找出借鉴、选用之处和需要注意的问题。

这里主要针对机械臂系统的位置和速度进行控制，根据设计要求确定相关参数。

2. 建模与仿真

通过对机械臂系统的结构分析，采用 MATLAB/Simulink 平台对机械臂系统进行建模，主要包括控制器模型、永磁同步电动机模型、系统输入与输出模型等。这里主要介绍控制器模型的建立。

（1）控制器模型建立

在设计机械臂系统控制器时，需要对机械臂系统的动力学模型进行分析和建立，在众多串联机械臂动力学描述方法中，使用最为广泛的是牛顿-欧拉法与拉格朗日法。这里主要针对拉格朗日法进行简单介绍。

定义相互独立的广义坐标 q_i 作为动力学系统的状态描述,τ_i 为系统的广义力($i=1,2,3,\cdots$),定义拉格朗日量 L 由系统的动能 K 与势能 P 的差值得到:

$$L(q_i,\dot{q}_i)=K(q_i,\dot{q}_i)-P(q_i) \tag{5-1}$$

根据虚功原理可得到运动方程

$$\tau_i=\frac{\mathrm{d}}{\mathrm{d}t}\frac{\partial L}{\partial \dot{q}_i}-\frac{\partial L}{\partial q_i} \tag{5-2}$$

系统第 i 根连杆的动能为:

$$K_i=\frac{1}{2}\dot{q}^{\mathrm{T}}m_i\boldsymbol{J}_v^i(\boldsymbol{q})^{\mathrm{T}}\boldsymbol{J}_v^i(\boldsymbol{q})\dot{q}+\frac{1}{2}\dot{q}^{\mathrm{T}}\boldsymbol{J}_\omega^i(\boldsymbol{q})^{\mathrm{T}}\boldsymbol{R}_i(\boldsymbol{q})I_i\boldsymbol{R}_i(\boldsymbol{q})^{\mathrm{T}}\boldsymbol{J}_\omega^i(\boldsymbol{q})\dot{q} \tag{5-3}$$

n 个连杆机械臂系统的动能为

$$K=\frac{1}{2}\dot{q}^{\mathrm{T}}\Big[\sum_{i=1}^{n}\{m_i\boldsymbol{J}_v^i(\boldsymbol{q})^{\mathrm{T}}\boldsymbol{J}_v^i(\boldsymbol{q})\dot{q}+\boldsymbol{J}_\omega^i(\boldsymbol{q})^{\mathrm{T}}\boldsymbol{R}_i(\boldsymbol{q})I_i\boldsymbol{R}_i(\boldsymbol{q})^{\mathrm{T}}\boldsymbol{J}_\omega^i(\boldsymbol{q})\}\Big]\dot{q} \tag{5-4}$$

$$\boldsymbol{J}_v^i=\begin{bmatrix}\boldsymbol{J}_{v1}^i & \cdots & \boldsymbol{J}_{vi}^i & 0 & \cdots & 0\end{bmatrix} \tag{5-5}$$

$$\boldsymbol{J}_\omega^i=\begin{bmatrix}\boldsymbol{J}_{\omega1}^i & \cdots & \boldsymbol{J}_{\omega i}^i & 0 & \cdots & 0\end{bmatrix} \tag{5-6}$$

式中:m_i——连杆质量;

$\boldsymbol{J}_v^i$、$\boldsymbol{J}_\omega^i$——各个连杆坐标系相对于基坐标系的雅可比矩阵;

$\boldsymbol{R}_i$——各个连杆坐标系相对于基坐标系的旋转矩阵;

$\boldsymbol{q}$、$\dot{\boldsymbol{q}}$——关节位置和关节速度向量。

对于旋转关节有　$\boldsymbol{J}_{vj}^i=z_j(p_n-p_j)$,$\boldsymbol{J}_{\omega j}^i=z_j$

对于移动关节有　$\boldsymbol{J}_{vj}^i=z_j$,$\boldsymbol{J}_{\omega j}^i=\boldsymbol{0}$

式中:p_n——坐标系 n 原点到基坐标系原点的距离;

p_j——坐标系 j 原点到基坐标系原点的距离;

z_j——连杆在坐标系 j 中 Z 轴方向的向量。

故机械臂系统的动能可以写成关节位置和速度的函数,定义 $\boldsymbol{M}(\boldsymbol{q})$ 为系统 $n\times n$ 阶质量矩阵,即

$$\boldsymbol{M}(\boldsymbol{q})=\sum_{i=1}^{n}\{m_i\boldsymbol{J}_v^i(\boldsymbol{q})^{\mathrm{T}}\boldsymbol{J}_v^i(\boldsymbol{q})\dot{q}+\boldsymbol{J}_\omega^i(\boldsymbol{q})^{\mathrm{T}}\boldsymbol{R}_i(\boldsymbol{q})I_i\boldsymbol{R}_i(\boldsymbol{q})^{\mathrm{T}}\boldsymbol{J}_\omega^i(\boldsymbol{q})\} \tag{5-7}$$

则系统动能可以写为

$$K=\frac{1}{2}\dot{q}^{\mathrm{T}}\boldsymbol{M}(\boldsymbol{q})\dot{q} \tag{5-8}$$

n 个连杆机械臂系统的势能为

$$P=\sum_{i=1}^{n}m_i\boldsymbol{g}_0^{\mathrm{T}}p_i \tag{5-9}$$

式中:p_i——连杆 i 的质心位置;

$\boldsymbol{g}_0$——重力加速度向量。

拉格朗日动力学方程可以写为

$$\sum_{j=1}^{n} m_{ij}(\boldsymbol{q}) \ddot{q}_j + \sum_{i=1}^{n} \sum_{j=1}^{n} c_{ijk}(\boldsymbol{q}) \dot{q}_i \dot{q}_j + g_i(\boldsymbol{q}) = \tau_i \tag{5-10}$$

式中，m_{ij} 表示 $n \times n$ 阶质量矩阵 $\boldsymbol{M}(\boldsymbol{q})$ 中的第 (i,j) 个元素，c_{ijk} 被称为（第一类）Christoffel 符号，对于确定的 k，$c_{ijk} = c_{jik}$。

$$c_{ijk} = \frac{1}{2} \left(\frac{\partial m_{ij}}{\partial q_k} + \frac{\partial m_{ik}}{\partial q_j} - \frac{\partial m_{jk}}{\partial q_i} \right) \tag{5-11}$$

因此，得到矩阵形式的动力学方程为

$$\boldsymbol{M}(\boldsymbol{q})\ddot{\boldsymbol{q}} + \boldsymbol{C}(\boldsymbol{q},\dot{\boldsymbol{q}})\dot{\boldsymbol{q}} + \boldsymbol{G}(\boldsymbol{q}) + \boldsymbol{F}(\dot{\boldsymbol{q}}) = \boldsymbol{\tau} \tag{5-12}$$

式中：$\boldsymbol{q}$——关节角位移量，$\boldsymbol{q} \in R^n$；

$\dot{\boldsymbol{q}},\ddot{\boldsymbol{q}}$——关节速度和加速度；

$\boldsymbol{M}(\boldsymbol{q})$——机械臂关节空间的惯量矩阵，$\boldsymbol{M}(\boldsymbol{q}) \in R^{n \times n}$；

$\boldsymbol{C}(\boldsymbol{q},\dot{\boldsymbol{q}})$——科氏力和离心力的耦合矩阵，$\boldsymbol{C}(\boldsymbol{q},\dot{\boldsymbol{q}}) \in R^n$；

$\boldsymbol{G}(\boldsymbol{q})$——重力项，$\boldsymbol{G}(\boldsymbol{q}) \in R^n$；

$\boldsymbol{F}(\dot{\boldsymbol{q}})$——摩擦力矩，$\boldsymbol{F}(\dot{\boldsymbol{q}}) \in R^n$；

$\boldsymbol{\tau}$——控制力矩，$\boldsymbol{\tau} \in R^n$。

根据机械臂系统特性，机械臂的动力学方程线性化后表示为

$$\boldsymbol{M}(\boldsymbol{q})\ddot{\boldsymbol{q}} + \boldsymbol{C}(\boldsymbol{q},\dot{\boldsymbol{q}})\dot{\boldsymbol{q}} + \boldsymbol{D}\dot{\boldsymbol{q}} + \boldsymbol{g}(\boldsymbol{q}) + \boldsymbol{\tau}_{\text{ext}} = \boldsymbol{Y}(\boldsymbol{q},\dot{\boldsymbol{q}},\ddot{\boldsymbol{q}})\boldsymbol{a} = \boldsymbol{\tau} \tag{5-13}$$

式中，$\boldsymbol{Y}(\boldsymbol{q},\dot{\boldsymbol{q}},\ddot{\boldsymbol{q}})$ 是 $(n \times p)$ 矩阵，该矩阵是关节位置、速度和加速度的函数。$\boldsymbol{a}$ 是一个 p 维的参数向量，其参数包含机械臂自身的惯性参数和负载参数，假定计算模型与动态模型一致。考虑受重力影响的机械臂 PD 控制器时，控制力矩设计为

$$\boldsymbol{\tau} = \boldsymbol{M}(\boldsymbol{q})\ddot{\boldsymbol{q}}_r + \boldsymbol{C}(\boldsymbol{q},\dot{\boldsymbol{q}})\dot{\boldsymbol{q}}_r + \boldsymbol{D}\dot{\boldsymbol{q}}_r + \boldsymbol{g}(\boldsymbol{q}) + \boldsymbol{K}_D \boldsymbol{s} \tag{5-14}$$

式中，$\boldsymbol{K}_D$ 为增益对角矩阵，定义变量 $\dot{\boldsymbol{q}}_r = \dot{\boldsymbol{q}}_d(t) + \boldsymbol{\Lambda}\tilde{\boldsymbol{q}}$，$\boldsymbol{\Lambda}$ 是正定矩阵，则 $\ddot{\boldsymbol{q}}_r = \ddot{\boldsymbol{q}}_d + \boldsymbol{\Lambda}\dot{\tilde{\boldsymbol{q}}}$，其中，$\tilde{\boldsymbol{q}} = \boldsymbol{q}_d - \boldsymbol{q}$ 为关节角跟踪误差，$\dot{\tilde{\boldsymbol{q}}} = \dot{\boldsymbol{q}}_d - \dot{\boldsymbol{q}}$ 为关节角速度跟踪误差。定义变量 $\boldsymbol{s} = \dot{\boldsymbol{q}}_r - \dot{\boldsymbol{q}} = \dot{\tilde{\boldsymbol{q}}} + \boldsymbol{\Lambda}\tilde{\boldsymbol{q}}$，可以将非线性补偿项和去耦项表示为所需速度和加速度的函数，并通过机械臂的当前状态（$\boldsymbol{q}$ 和 $\dot{\boldsymbol{q}}$）进行校正。

将公式 (5-14) 代入公式 (5-13) 得出轨迹跟踪闭环动力学方程为

$$\boldsymbol{M}(\boldsymbol{q})\dot{\boldsymbol{s}} + \boldsymbol{C}(\boldsymbol{q},\dot{\boldsymbol{q}})\boldsymbol{s} + \boldsymbol{D}\boldsymbol{s} + \boldsymbol{K}_D \boldsymbol{s} = 0 \tag{5-15}$$

为了能够对所设计的控制算法进行仿真分析，还需要在 MATLAB/Simulink 平台上搭建伺服驱动电动机模型和建立 CAN 通信模块。其中，CAN 通信模块主要负责将上位机写入的参数发送给驱动控制器，驱动控制器按照参数进行运算，产生新的输出占空比。同时将机械臂系统的相关参数输出到上位机显示出来。

（2）系统仿真分析

在完成模型建立以后，对控制器系统仿真模型的参数进行设置，主要包括速度环和电流环控制参数设置、永磁同步电动机的参数设置以及系统电流环和速度环调节频率设置。

设置完成后,对所搭建的机械臂控制系统的正确性和有效性进行仿真分析,根据仿真结果对控制参数进行相应调整,直到达到控制要求为止。设计好的一个控制算法首先通过MATLAB/Simulink 编译成 CPU 可识别的语言,然后通过仿真器将编译后的.out 文件烧录到控制器主控芯片 FLASH/RAM 后,对算法中参数的修改和算法数据的回收,需要通过上位机和控制器的数据交互来完成,如图 5-15 所示。

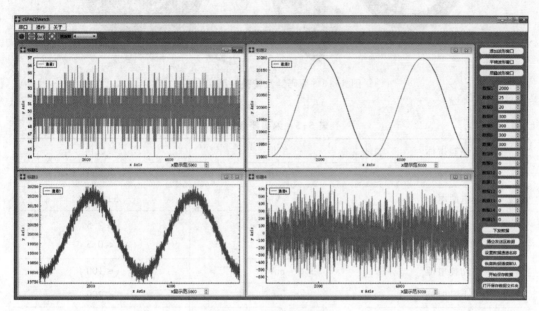

图 5-15 上位机界面

3. 系统实现

在完成系统仿真分析后,利用 MATLAB/Simulink 中的 C2000 支持包搭建控制器的Simulink 模型,通过配置 Embedded Coder 自动生成模型 C 代码,最后通过仿真器把生成的 C 代码下载到 DSP 的 FLASH/ROM 中,以此实现对机械臂的试验研究。另外,针对控制器特征可搭建上位机软件界面,用于算法参数的实时修改、反馈数据的观测和试验数据的存储。

4. 机械臂系统硬件开发

在机械臂控制系统代码生成后,需要在机械臂硬件平台上进行工程实践,为此需要开发机械臂系统的硬件测试平台。硬件测试平台的搭建主要包括电动机选型、关节减速器选型、编码器选型、驱动器硬件设计、控制器硬件设计等,其中电动机选型和关节减速器选型分别在能量流系统和机械运动系统设计章节中进行阐述,这里不再赘述。

（1）编码器选型

机械臂关节模组信息反馈模块由增量式光电编码器和外部转换电路组成。编码器的输出形式由三组方波脉冲组成,分别是 A、B 和 Z,根据 A、B 两项的高低电平顺序判断电动机的旋转方向和转动速度,Z 脉冲为标零脉冲。编码器及转换电路实物如图 5-16 所示。

考虑成本和精度要求,选择深圳泰科智能伺服技术公司的 14 型增量式编码器,该编码器参数见表 5-5。

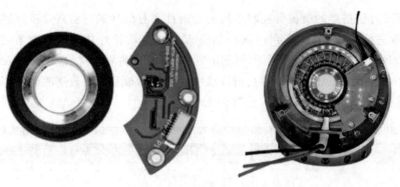

图 5-16 编码器及转换电路实物图

表 5-5 编码器参数表

性能指标	单位	参数值
脉冲	PPR	20000
电源电压	V	5±0.25
输出电压	V	≥2.5 ≤0.5
功耗电流	mA	≤100
上升时间	ns	≤200
下降时间	ns	≤200
响应频率	MHz	0~3.5
中空尺寸	mm	23

（2）驱动器硬件设计

根据电动机控制需求，为了能够实现安全、有效的关节模组电动机驱动，根据关节模组电动机安装方式和使用情况，对关节模组电动机驱动器进行硬件电路设计。该驱动器主控芯片选用美国德州仪器公司的 TMS320F28069 型芯片，具体包括主控芯片、转换芯片以及为功率电路供电的电源模块、保证主控芯片正常运行的主控芯片电路、将直流电转换成电动机运行所需的功率放大电路、负责与上位机通信的 SCI 电路、负责与控制器进行数据交换的 CAN 电路、负责采集电动机相电流的 AD 采样电路以及位置检测电路，过流、堵转保护电路和保护电动机失速时的抱闸电路等。驱动器硬件系统结构框图如图 5-17 所示。

表 5-6 列出了驱动器的主要硬件参数。

设计好主控芯片和各模块的原理图以后，对相应的电路模块进行封装，绘制驱动器的 PCB 加工图，选择相应的元器件，进行贴片加工。图 5-18 给出了贴片后的驱动器实物图，图 5-19 给出了安装到关节模组上的效果图。

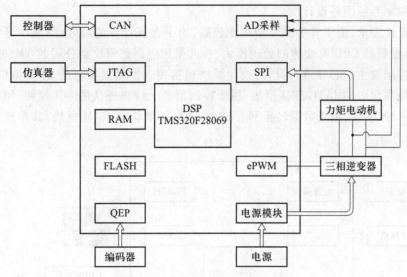

图 5-17 驱动器硬件系统结构框图

表 5-6 驱动器主要硬件参数

参数	指标
供电电压	20~56 V(直流)
输出电流	额定电流 10 A,峰值 14 A
控制方式	串口、CAN 总线通信,支持力矩、速度和位置模式
总线通信	CAN 总线
异常保护	具备欠压、过压、过载、过流、堵转等故障报警功能
编码器	单圈增量式编码器
电磁抱闸控制	48 V(直流)
位置误差控制精度	空载:±2 脉冲;有负载:15 脉冲
速度控制精度	±5 r/min/1 000 r/min(速度闭环模式)
质量	约 0.1 kg

图 5-18 驱动器实物图

图 5-19 驱动器安装效果图

（3）控制系统硬件设计

根据设计需求，由于算法的复杂程度较高，为了保证计算的时效性，减小延迟引起的误差，要求控制器 CPU 有快速的处理能力，在此采用美国德州仪器公司的 TMS320F28335 芯片作为控制器主控芯片进行设计，设计模块包括用于控制器供电的 24 V 电源模块、用于仿真器烧写代码的 JATG 连接模块、用于控制器和上位机通信的 SCI 模块、用于和驱动器通信的 CAN 模块、用于数据转换和存储的 FLASH 模块和 RAM 模块，其系统结构框图如图 5-20 所示。

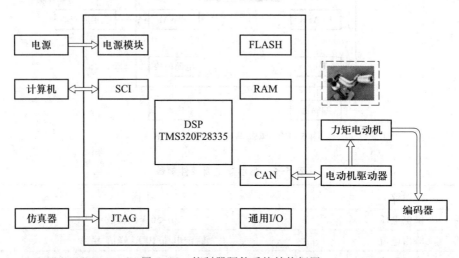

图 5-20　控制器硬件系统结构框图

表 5-7 列出了控制器的主要硬件参数。

表 5-7　控制器主要硬件参数表

单元	参数
CPU	主处理器：TMS320F28335 DSP；32 位浮点数字信号处理器；CPU 时钟：150 MHz；转换时间：10 μs
输入	电源输入：24 V 0.5 A；12 B A/D 输入：0~3 V；16 B A/D 输入：-10~10 V；I/O 输入：8 通道，光电隔离输入
输出	16 B D/A 输出：-10~10 V；I/O 输入/输出：3 通道
编码器	数字增量编码器接口：2 个独立通道；电平：TTL 或者 RS422 输入，计数器位数：32 B；最大输入频率 20 MHz
通信接口	串行接口：1 路 TTL 电平的 SCI 接口；1 路 RS232 接口；CAN 接口（CAN 2.0A 标准）
存储	FLASH：512 kB×16 B；SARAM：68 kB×16 B
定时器	3 个 32 B 的系统定时器；4 个 16 B 通用定时器
外部中断	三个外部中断口；可支持 54 个外围中断的 PIE 模块

习题

5-1 信息流系统由哪些环节组成？试画出其结构模型并作说明。

5-2 信息流在机械系统中的作用是什么？

5-3 什么是基于模型的设计？简述基于模型的设计流程。

5-4 控制系统的基本要求有哪些？

5-5 简述工业控制计算机系统的组成及基本要求。

5-6 传感器的静态特性有哪些？简述传感器的选用原则。

5-7 什么是数字直接控制？试画出其控制系统原理图。

第6章

机械结构系统设计

6.1 概述

6.1.1 机械结构系统的功能和类型

机械结构系统连接着机械系统中各零部件和装置,承受着工作载荷、自身重量等各种类型载荷,保证零部件和装置之间的相互位置关系。机械结构系统由许多机械结构件组成,起支承和连接作用,其种类繁多、形状各异,常见的机械结构件有机身、底座、立柱、横梁、箱体、工作台、升降台和尾座等。

机械结构系统的主要功能是保证机械系统中各零部件和装置之间的相互位置和相对运动精度,使机械系统在工作载荷和自重等的作用下,具有足够的强度、刚度、抗振性、热稳定性和耐用度等,确保机械系统的正常工作。在机械系统工作时,执行系统与工作对象的相互作用力沿着结构件逐一传递,并使之变形;机械结构系统的热变形也会改变末端执行件的相对位置或运动轨迹。

机械结构系统所承受的动态工作载荷会使机械结构系统乃至整个机械系统产生变形和振动。严重的变形和振动会破坏机械结构各零部件之间的相对位置关系,影响执行系统的工作精度和质量。因此,机械结构系统是机械系统中重要的子系统。

机械结构系统由机械结构件构成,机械系统中常用的机械结构件有铸造机械结构件和焊接机械结构件两大类。

(1)铸造机械结构件

铸造机械结构件是将液态金属浇注到与机械结构件形状相适应的型腔中,冷却凝固后获得的机械结构件(或机械结构件毛坯)。铸造机械结构件的材料多采用灰铸铁,在有质量限制时也可以采用铸造铝合金等。铸造机械结构件具有良好的抗振性和耐磨性,可以制成复杂的形状和内腔,但制造工艺复杂,生产周期较长,单件生产时成本较高。一般适用于批量生产的机械结构件,特别在中、小型机械结构件中应用广泛。

（2）焊接机械结构件

焊接是现代工业生产中普遍应用的一种连接金属的工艺方法，主要用来制造各种金属结构和机器零部件。在制造大型结构或复杂的机械结构件时，可以用化大为小、化复杂为简单的办法来准备坯料，然后用逐次装配焊接的方法拼小成大。焊接机械结构件具有成形工艺简单、易于修改、重量较轻等优点，特别适合大型或重型的机械结构件，在单件、小批量生产的结构件中得到广泛应用。

在设计机械结构系统时，往往不是单一使用铸造机械结构件或焊接机械结构件，通常是既要考虑结构件在机械系统中的工作要求，又要考虑其加工制造的工艺性和生产成本，做到合理、灵活地应用。

微视频 6.1
机械结构系统
的基本要求

6.1.2 机械结构系统的基本要求

机械结构系统是机械系统的重要组成部分，为保证机械系统的功能和工作要求，机械结构系统应满足以下几方面的基本要求。

（1）足够的强度和刚度

强度和刚度是机械结构系统的重要指标。机械结构系统起着支承和连接机械系统全部零部件和装置的作用，承受和传递机械系统各部分的重量和工作载荷，为使各末端执行件保持在要求的位置，保证机械系统的正常工作，机械结构系统必须具有足够的强度和刚度。此外，机械结构系统还应具有较大的刚度与质量之比，这在一定程度上反映了机械结构系统设计的合理性。

（2）良好的动态特性

机械结构系统应具有良好的抵抗振动的能力，确保各末端执行件的工作平稳性。为提高结构系统的动态特性，应使各结构件具备较大的位移阻抗（动刚度）和阻尼，较高的固有频率，避免产生自激振动和受迫振动。另外，许多结构件是空腔结构，壁厚较薄，面积较大，还应避免产生薄壁振动和噪声。

（3）较好的热稳定性

机械系统工作时会有很多热量传递给机械结构系统，如动力源、运动摩擦热、热物料、工作热和环境温度变化等。这些热量都会使各结构件产生不均匀的热变形，影响被支承的零部件原有的相互位置关系和运动精度，使末端执行件产生较大几何误差，降低机械系统的性能和工作质量。设计机械结构系统时，应充分考虑重要结构件热变形的影响，尽量使机械结构系统产生的热变形小，对机械系统的工作影响小。

（4）合理的工艺性

机械结构系统中许多结构件结构复杂、尺寸庞大，加工和装配困难，在设计时要充分考虑其工艺性是否合理。结构件的工艺性包括铸造（或焊接）、热处理、机械加工、装配和运输等方面。

此外，对于不同种类的机械系统还可能有一些特殊要求。例如，起重机的结构件要有重量轻、风阻小、安装方便等要求，机床的结构件要有排屑、冷却液回收、吊装等要求。

6.1.3　机械结构系统的设计过程

机械结构系统联系着机械系统中各子系统,其质量的优劣对机械系统的功能实现和工作性能产生重要影响。据统计,机械结构系统的重量占整个机械系统总重量的 60% ~ 80%,减轻机械结构系统的重量对降低机械系统的整体重量非常有效。因此,设计者应高度重视机械结构系统的设计。

机械结构系统中不同类型的结构件,其设计过程通常存在着很大差异。重要结构件的一般设计过程如下:

1) 受力分析　根据机械系统各末端执行件的工作受力和机件自重等,分析结构件的受力状态,为后续选择结构件截面形状、确定其结构和尺寸、进行静态和动态特性验算等提供依据。

2) 确定结构和尺寸　在受力分析的基础上,参考相同类型结构件的形状、结构和尺寸,初步确定要设计结构件的截面形状、结构和相应尺寸。

3) 静态和动态性能验算　对已确定的结构件,可用计算法、模型试验法或仿真分析法(有限元计算法,参见第 9 章)等进行必要的验算,求出其静态或动态特性。

4) 评价、修改和定型　根据验算结果,分析和评价重要结构件应用的可行性,并对结构件的设计方案进行修改和完善。也可以提出几个结构设计方案,进行对比分析和评价,确定最佳结构。

经过上述设计过程,在设计阶段就可以预测重要结构件的使用性能,从而避免设计的盲目性,提高一次设计的成功率。

微视频 6.2
刚度的作用

6.2　机械结构系统的刚度

6.2.1　刚度的作用

结构(或系统)的刚度是指它在外载荷的作用下抵抗其自身变形的能力。在相同的外载荷作用下,刚度愈大则变形愈小。与强度类似,刚度也表明结构(或系统)的工作能力。

过大的变形可能导致产生过大的应力,会破坏结构或影响系统的正常工作。它也可能破坏载荷的均衡分布,使结构产生大大超过正常数值的局部应力。

壳体的刚度不够,影响安装在里面的零件的相互作用,增加运动副的摩擦与磨损。例如,齿轮传动的轴和轴承的刚度不够,将破坏齿轮的啮合,导致齿面的加速磨损。滑动轴承及与之配合的轴头刚度不够,可能得不到预期的全液体摩擦,出现半液体甚至半干摩擦。受动载荷作用的固定连接的刚度不够,会导致表面的摩擦腐蚀、硬化和焊连。

金属切削机床的床身及工作机构的刚度影响机床的加工精度。锻压机床的轧制精度则取决于立柱及轧辊的刚度。

在运输机械、飞机、火箭等需要严格限制自身重量的机械装置中,刚度更具有重要意义。为了减轻重量和最大限度地利用材料强度上的潜力,就需在给定的条件下提高设计时的应力值。与此同时,变形也相应增大。等强度设计可以在减轻结构的重量和充分利用材料上获得良好效果,但在刚度上是极为不利的。若采用高强度和超高强度材料,结构的变形还会剧烈增大。

除了单个零件、单个结构本身的刚度外,还有两相互接触表面间[如机床的滑台与床身导轨、滚动轴承中的滚动体与其支承零件和动压或静压滑动轴承的油膜(或气膜)]的接触刚度,这些都影响结构或系统的性能和工作能力。

6.2.2　决定结构刚度的因素

结构刚度取决于下列因素:

1)材料的弹性模量　拉、压和弯曲条件下的弹性模量 E 和扭转条件下的剪切弹性模量 G。

2)变形体截面几何特征数　拉、压时为截面面积 A;弯曲时为截面的惯性矩 J,截面的极惯性矩 J_P。

3)变形体的线性尺寸　长度 L。

4)载荷及支承形式　即集中载荷或分布载荷;支承为铰支或插入端等。

弹性模量是材料的固有特性。热处理或一般含量范围内的合金元素数量的变化对弹性模量影响很小。弹性模量只决定于基本成分的原子晶格的密度,工业用金属中仅仅 W、Mo 和 Be 有较高的弹性模量,相应的 $E = 4 \times 10^5$ MPa、3.6×10^5 MPa 和 3.1×10^5 MPa。但是,材料的选用主要取决于零件的工作条件,因此提高刚度最常用的措施是合理地配置系统的几何参数。

截面的尺寸和形状对刚度的影响最大。在拉、压条件下,刚度正比于截面尺寸的平方,在弯曲条件下,刚度与弯矩作用方向上的截面尺寸的四次方成正比。

拉、压条件下,刚度与长度尺寸成反比;弯曲条件下,刚度与长度尺寸的三次方成反比。有关这方面的内容详见材料力学书籍,在此不赘述。

6.2.3　提高刚度的结构措施

提高刚度而不增加质量的主要措施有以下几点:

1)使构件受拉、压代替受弯曲;

2)合理布置受弯曲零件的支承,避免对刚度不利的受载形式;

3)合理设计受弯曲零件的截面形状,在不增加质量的条件下使其获得尽可能大的截面惯性矩;

4)正确采用筋板以加强刚度,尽可能使筋板受压;

5)用预变形(由预应力产生的变形)抵消工作时的受载变形。

6.3　机械结构系统的动态特性

在设计机械结构系统时,有时仅仅满足静态要求是不够的,还应满足动态特性要求。

结构件的动态性能主要指结构件抵抗受迫振动和自激振动的能力。对于动态性能要求较高的结构件,应具有较高的位移阻抗和较大的阻尼,在一定幅值的周期性激振力的作用下,受迫振动的振幅较小。

微视频 6.3
模态分析

6.3.1 固有频率和振型

单自由度振动系统的力学模型如图 6-1a 所示,可简化为集中质量 m 安装在无质量、刚度为 K 的弹性杆上。单自由度振动系统只有一个固有频率和一个振型,振动的两个极限位置如图中双点画线所示。二自由度振动系统的力学模型如图 6-1b、c 所示,两个集中质量 m_1 和 m_2 分别安装在两根无质量、刚度分别为 K_1 和 K_2 的弹性杆上。这时有两个振型,第一个振型是集中质量 m_1 和 m_2 同时向上或向下(图 6-1b),第二个振型是 m_1 和 m_2 的相位相差 $180°$(图 6-1c),这两种振型各有自己的固有频率。

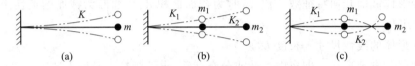

(a)   (b)   (c)

图 6-1 单自由度和二自由度振动系统模型

振型和固有频率合称为模态,一般可把各模态按固有频率从小到大排列,其序号称为"阶"。图 6-1b 所示的振型的固有频率比图 6-1c 所示的振型的低,因此可称为第一阶振型,其固有频率为第一阶固有频率,合称第一阶模态。图 6-1c 所示的振型为第二阶振型,其固有频率为第二阶固有频率,合称第二阶模态。

结构件是一个连续体,其质量和弹性都是连续分布的,因此应具有无穷多个自由度,也就具有无穷多阶模态。但由于在大多数机械系统上激振力的频率都不太大,只有最低几阶模态的固有频率才有可能与激振力频率重合或接近。而高阶模态的固有频率已远高于可能出现的激振力频率,一般不可能发生共振,所以在设计中一般只需研究最低几阶模态。下面以图 6-2 所示的机械系统机身的水平方向振动为例,说明其最低几阶模态。

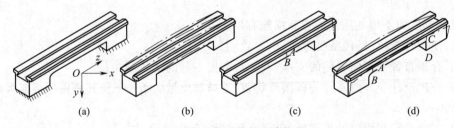

(a)   (b)   (c)   (d)

图 6-2 机械系统的机身振型

(1) 第一阶模态

第一阶模态为整机摇晃振动,其振型如图 6-2a 所示。机身作为一个刚体在弹性基础上作摇晃振动,主振系是机身和底部的接合面。这种振动的特点是机身上各点的振动方向一致,同一水平线上各点的振幅相差不多,离接合面越远的点振幅越大。第一阶模态的固有频率取决于机身的质量、固定螺钉和接触面处的刚度,其值较低,通常约为几十赫兹。

（2）第二阶模态

第二阶模态是一次弯曲振动，其振型如图 6-2b 所示。第二阶模态的主振动系统是机身本体，其振动特点是机身上各点的振动方向一致，上下振幅相差不大。但沿机身纵向（坐标 z 方向）越接近中部，振幅越大；越靠近两端，振幅越小。

（3）第三阶模态

第三阶模态是一次扭转振动，其振型如图 6-2c 所示。第三阶模态的主振动系统仍是机身本体，其振动特点是机身两端的振动方向相反，振幅值呈中间小、两端大分布。第三阶模态在机身中部有一条节线 AB，在节线 AB 上及其附近，振幅等于零或接近于零；在节线 AB 的两侧，振动方向相反。

（4）第四阶模态

第四阶模态是二次弯曲振动，其振型如图 6-2d 所示。第四阶模态的主振动系统还是机身本体，其振动特点是有两条节线 AB 和 CD。在这两条节线上的振幅为零，机身两端的振动方向相同，但与两节线之间的部分的振动方向相反。

此外，还有二次扭转、三次弯曲、纵向振动等。这些模态的固有频率都较高，已远离可能出现的激振频率，因此在进行动态分析时一般可以不予考虑。

（5）薄壁振动

在高阶振动中，需要注意薄壁振动问题。结构件上某些面积较大、厚度较薄的壁板极易发生高阶振动。薄壁振动的主振动系统是较薄的壁板，其振动特点是频率较高、振幅不大，且产生在局部位置，因此对机械系统的工作性能影响不大，但是重要噪声源或噪声的传播媒介，必须加以重视。

在上述振动模态中，第二、三、四阶模态将引起末端执行件之间的相对位移，将对机械系统的工作产生较大影响。第一阶模态虽然在同一水平面内的加速度相差不大，但机身上各零部件或装置的质量不同，其惯性力大小也不同，因此也会引起这些零部件或装置的相对位移，进而影响机械系统的工作性能。对于上述振型，当激振力的频率与其固有频率一致或相近时，振幅将剧增，即产生共振。

6.3.2　提高结构件动态性能的主要措施

在一个幅值为 P、角频率为 ω 的正弦交变激振力的作用下，单自由度有阻尼系统受迫振动的幅值 Y 可表示为

$$Y = \frac{P}{K} \frac{1}{\sqrt{\left[1-\left(\dfrac{\omega}{\omega_n}\right)^2\right]^2 + \left(2\xi\dfrac{\omega}{\omega_n}\right)^2}} \tag{6-1}$$

式中：ω_n 为固有角频率；K 为静刚度；ξ 为阻尼比。

当发生共振时，有 $\omega = \omega_n$，式（6-1）可改写为 $Y = Y_{max} = P/(2\xi K)$，则支承件的动刚度 K_d 可表示为

$$K_d = 2\xi K \tag{6-2}$$

由式（6-2）可知，增加结构件的静刚度 K 和阻尼比 ξ 可以有效提高结构件的动刚度。

改善结构件的动态性能可采取以下措施。

（1）提高结构件的静刚度

提高静刚度是改善结构件动态性能的方法之一。应根据结构件的受力状况，合理选择结构件的材料、截面形状和尺寸、壁厚，适当布置隔板和加强筋，以及改善局部结构等，来提高结构件的自身刚度和局部刚度。此外，还需要注意结构件间的接触刚度，使其与自身刚度、局部刚度和接触刚度相匹配，以有效改善结构件的动态性能。

图 6-3 所示为立式加工中心采用的两种铸造立柱结构。这两种立柱截面均为矩形，图 6-3a 所示的立柱的内部增设 4 个相交的隔板（内壁板），形成菱形隔板结构；图 6-3b 所示的立柱的内部加设了 2 个相交的隔板，形成 X 形隔板结构。两种立柱通过增设隔板和加强筋，使得两个方向的抗弯刚度基本相同，抗扭刚度也较高，有效提高了立柱的静刚度和动态性能，但其制造的工艺性则有所降低。

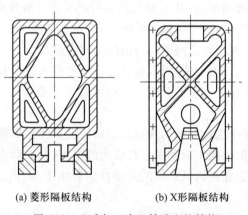

(a) 菱形隔板结构　　　　(b) X形隔板结构

图 6-3　立式加工中心铸造立柱结构

（2）增加结构件的阻尼

增加结构件的阻尼可以有效提高结构件的动态性能。铸造结构件与焊接结构件相比具有较好的动态性能，采用钢筋混凝土、花岗岩、工程塑料和复合材料的结构件也具有较好的减振性。此外，还可以采取加设隔板和加强筋、改变整体或局部结构，以及采用封砂结构或在结构件中充填混凝土等方法加大阻尼，提高结构件的动态性能。

对于焊接结构件，除了可以采取上述措施外，还可以充分利用接合面间的摩擦阻力来减小振动，即在两焊接件之间留有贴合而未焊死的表面。这种焊接件减小振动的实质是接合面受载后产生较大压力，未焊接的部位在振动中作微小的相对滑移，消耗一部分振动能量，从而提高了支承件的动态性能。

图 6-4 所示为壁板 A 与 B 之间的预载荷减振焊接结构。筋板 C 与壁板 A、B（或筋板与筋板）焊接时，接触处 D 不焊，焊缝收缩使 D 处压紧产生预载荷。当振动发生时，预载荷 D 处摩擦消耗振动能量，起到很好的减振效果。在结构件表面采用阻尼涂层，比如在支承件表面喷涂一层具有高内阻尼或较高弹性的材料，涂层越厚，阻尼越大。这种增加阻尼的方法一般用于钢板焊接的结构件。采用阻尼涂层可以在不改变原结构的情况下获得较高的阻尼比，既提高了抗振性，又提高了对噪声辐射的吸收能力。

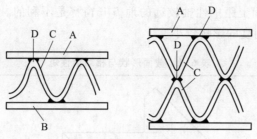

图 6-4　预载荷减振焊接结构

A、B—壁板；C—筋板；D—预载荷处

6.4　大型结构件的设计

在各种机械中常有一些比较大的机架、工作台、立柱、箱体、底座等。这些零件由于体积较大而且形状复杂,常采用铸件或焊接件,这些零件的数量虽不多,但在重量上占相当大的比重。这些机件起着支承和固定其他零件的作用,因此它们的设计和制造质量对机械的质量有很大的影响。

对此类大型结构件(以下简称大件)的设计要求除要有足够的强度和刚度、足够的精度、较好的尺寸稳定性和抗振性之外,还要外形美观,有较好的工艺性。另外,还要考虑吊装、水平安放、电气部件的安装等问题。由于大件形状和受力情况复杂,过去常因计算困难只靠经验设计。近年来,由于有限元计算方法的发展(参见第 9 章)和模型试验的研究成果,已经可以用计算和模型试验的方法,在设计阶段根据计算和试验结果改进大件结构,使之符合设计要求,因而可使设计少走弯路。

在很多情况下,大件设计还是主要依靠一般的分析,而不进行详细计算或试验,下面介绍一些基本知识。

1)正确选择大件的支承点　对于较小的底座,可以只采用三个支承点,较大的底座可以用四个或更多,以减小底座的变形,但增加了调平的困难,这些支承点应该与筋相连(图 6-5 的 A、B、C 点)。

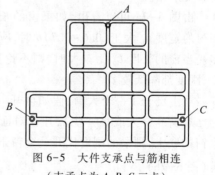

图 6-5　大件支承点与筋相连

(支承点为 A、B、C 三点)

2)大件的截面形状　由材料力学的知识可知(参见表 6-1),对于受转矩的梁,空心圆形断面的扭转刚度最大,而空心方形截面中,正方形截面的抗扭刚度最大。因此对于受转矩的梁,一般取 h/b(高宽比)为 0.7~1.2。对于受一个方向的纯弯曲,或以一个方向弯曲为主的梁,h/b 可以取得大一些,但一般不大于 2~3,进一步加大 h/b 对提高刚度效果不显著。受弯曲、扭转联合作用的梁,应取 h/b 接近于 1。

3)在梁上开窗的影响　对于受弯曲的梁,如果弯矩作用在 y-y 平面内(图 6-6),则

在 A 面上开窗或在 B 面上距中性轴较远的地方开窗都是不利的。如在 B 面上中性轴附近开窗对弯曲强度和刚度的影响较小。

表 6-1　截面形状与相对惯性矩

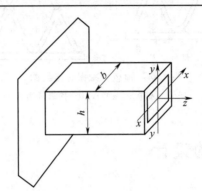

截面形状	h/b	相对惯性矩		
		J_x(弯)	J_y(弯)	J_z(扭)
空心正方形	1/1	1.0	1.0	1.0
空心矩形	2/1	1.48	0.52	0.78
空心矩形	4/1	1.80	0.21	0.42
空心圆形	1/1	1.21	1.21	1.61

图 6-7 所示为开窗对受转矩的梁($h/b = 1$)的影响。ϕ 为开有大小为 $b_0 \times L_0$ 的窗口(1 窗)的梁的扭转变形角。

由图 6-7a 可以看出,如果窗的长度 L_0 不大,当窗的宽度 b_0 大于($0.6 \sim 0.7$)b 时,刚度降低比较多。当窗的长度 L_0 比较大时,则不论宽度 b_0 是多少,刚度都降低较多。

梁上已开了一个大窗,假如再开一个窗(2 窗,与已有窗一样大或小一些),开在对面壁上或开在大窗的壁上,则梁的刚度比开一个窗下降得不太显著(图 6-7b)。

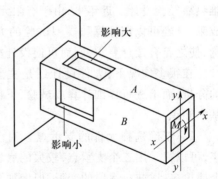

图 6-6　受弯扭梁的合理开窗

如果在窗口上用螺钉固定一块盖板,若盖板的刚度较好,螺钉直径较大,则可以在很大程度上减小开窗的不良影响。

4)加强筋的形式和应用　布置加强筋的位置时可以用材料力学的原理进行定性分析。比较图 6-8 所示的两种结构可以得到结论:纵向筋板应布置在弯曲平面内。

加强筋的形式实际上主要有两种,即井字筋(图 6-9a)与米字筋(图 6-9b)。模型试验和计算结果证明,采用米字筋比采用井字筋的零件,其抗扭刚度高两倍以上,抗弯刚度相近。但米字筋铸造工艺性较差,铸造费时而且容易出废品,因为它有一些很尖的角。图

6-9c 所示为菱形筋,图 6-9d 所示为六角形筋,其刚度都比较好,但制造都比较麻烦,应用较少。

微视频 6.4
加强筋的形式
与应用

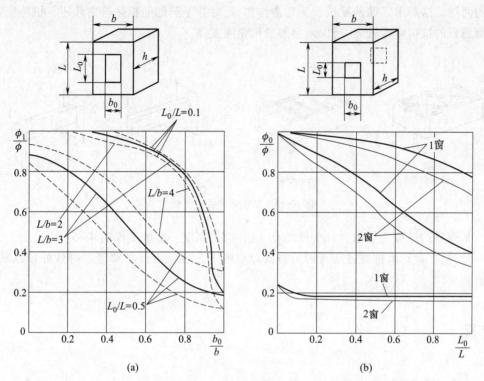

图 6-7 开窗对受转矩梁变形($h/b=1$)的影响

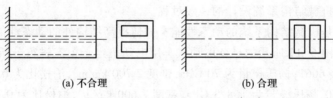

(a) 不合理   (b) 合理

图 6-8 加强筋的合理布置

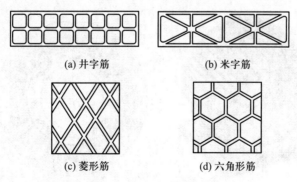

(a) 井字筋   (b) 米字筋

(c) 菱形筋   (d) 六角形筋

图 6-9 加强筋的各种形式

　　用图 6-10 可以简单说明米字筋的扭转刚度为什么比井字筋高。由图 6-10 可以看出,在梁受转矩时,梁前四个角有两个角向上动,另两个角向下动,各在四边形的一条对角线的两端。这对米字筋的筋板产生弯曲作用,而对井字筋的筋板除弯曲外还有扭转作用,而薄筋板的抗扭刚性较差,所以米字筋的抗扭刚度高。

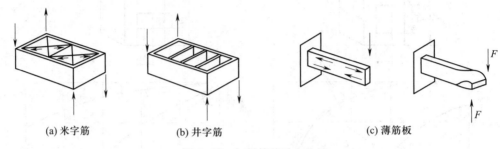

| (a) 米字筋 | (b) 井字筋 | (c) 薄筋板 |

图 6-10　加强筋的受力分析

　　加强筋的厚度一般取大件壁厚的 0.8 倍左右,高度一般取壁厚的 4~5 倍。

　　此外,在设计大件时还应考虑铸造或焊接的工艺性。大件必须经过时效处理以减小变形。

习题

6-1　简述机械结构系统的主要功能。

6-2　机械结构系统的基本要求有哪些?

6-3　简述机械结构系统设计的一般过程。

6-4　什么是机械结构系统的动态性能? 如何提高结构件的动态性能?

6-5　试对图 6-11 所示的一款电动汽车用电动机定子模态进行分析。各参数如下:
机壳材料铝合金 6061,杨氏模量为 70 GPa,密度 2 700 kg/m³,泊松比为 0.39,定子铁心材料硅钢片 DW470,杨氏模量为 168.3 GPa,密度 7 600 kg/m³,泊松比为 0.28。电动机为 8极内置式转子磁路结构,定子为 48 槽,绕组为三相单层结构。

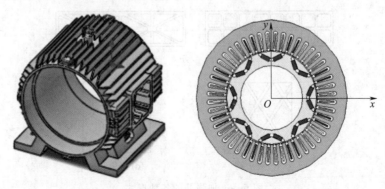

图 6-11　电动机定子

第 **7** 章

机械运动系统设计

在各种机械系统中都大量存在着各种运动构件,它们分别具有传动、操纵和执行等功能。根据其功能不同,把它们分别称为传动系统(包括变速装置、启停与换向装置、制动装置及安全保护装置)、执行系统、操纵系统,总称机械运动系统。

7.1 传动系统

传动系统处于能量流系统的中间位置,主要用于将动力机的运动和动力传递给执行机构。传动系统主要是由变速装置、启停与换向装置、制动装置以及安全保护装置组成。如图 7-1 所示的普通货车传动系统主要是由离合器 4(启停装置)、变速器 5(传动装置)、制动装置 6、中间传动轴 7、主传动轴 9 以及万向节 10 等组成的。

传动系统的任务有:

① 将动力机输出的速度降低或增高,以适合工作(执行)机构的需要;

② 直接用动力机进行调速不经济或不可能时,采用变速传动来满足工作(执行)机构经常变速的要求;

③ 将动力机输出的转矩,变换为工作(执行)机构所需要的力矩或力;

④ 将动力机输出的等速旋转运动,转变为工作(执行)机构所要求的按某种规律变化的旋转或非旋转运动;

⑤ 实现由一个或多个动力机驱动若干个相同或不相同速度的工作(执行)机构;

⑥ 由于受到动力机或工作(执行)机构机体外形、尺寸等的限制,或为了安全和操作方便,执行机构不宜与动力机直接联系,也需要用传动装置来连接。

根据结构和原理的不同,传动系统可分为机械传动、液压传动及气动传动、电磁传动系统。本节将简要介绍构成传动系统的一些主要传动机构与传动装置的特点、应用范围及设计问题。

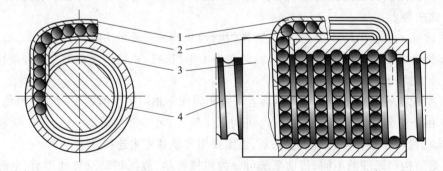

图 7-1 普通货车传动系统

1—前保险杠;2—转向车轮;3—发动机;4—离合器;5—变速器;6—制动装置;7—中间传动轴;8—车架;
9—主传动轴;10—万向节;11—驱动车轮;12—后钢板弹簧;13—牵引钩;14—后桥;15—汽油箱;16—蓄电池;
17—转向盘;18—制动踏板;19—离合器踏板;20—启动机;21—前桥;22—发电机;23—前钢板弹簧

微视频 7.1
螺旋传动

7.1.1 常用变速机构

1. 螺旋传动

螺旋传动中最常见的是滑动螺旋传动。但是,由于滑动螺旋传动的接触面间存在较大的滑动摩擦阻力,故其传动效率低,磨损快,精度不高,使用寿命短,已不能适应现代机械设备在高速度、高效率、高精度等方面的要求。滚珠螺旋传动则是为了适应数字控制机械系统的要求而发展起来的一种新型传动机构,下面对其做简要介绍。

（1）工作原理

具有螺旋槽的丝杠螺母间装有滚珠作为中间元件的传动称为滚珠丝杠传动,如图 7-2 所示。当丝杠或者螺母转动时,滚珠沿螺旋槽滚动;滚珠在丝杠上滚过数圈后,通过回程

图 7-2 滚珠丝杠传动
1—插管式回珠器;2—滚珠;3—螺母;4—丝杠

引导装置,逐个地滚回到丝杠和螺母之间,构成了一个闭合的循环回路。这种机构把丝杠和螺母之间的滑动摩擦变成滚动摩擦。

（2）滚珠丝杠传动的特点

滚珠丝杠传动与滑动丝杠传动相比,具有其明显的特点。

1）传动效率高、摩擦损失小

滚珠丝杠传动的滚动摩擦阻力很小,试验测得的摩擦系数一般为 0.002 5~0.003 5,因而传动效率很高,可达 90%以上,相当于普通滑动丝杠螺母传动的 3~4 倍。这样,滚珠丝杠传动相对于滑动丝杠传动来说,仅用较小的转矩就能获得较大的轴向推力,而且功率损耗只有滑动丝杠传动的 1/4~1/3,这对于机械传动系统小型化、增强快速响应能力及节省能源等方面,都具有重要意义。

2）传动可逆

一般的螺旋传动是指其正传动,即把回转运动转变成直线运动。而滚珠丝杠传动不仅能实现正传动,还能实现逆传动——将直线运动变为旋转运动。这种运动上的可逆性是滚珠丝杠传动所独有的。而且逆传动效率同样高达 90%以上。滚珠丝杠传动正传动与逆传动的关系如图 7-3 所示。

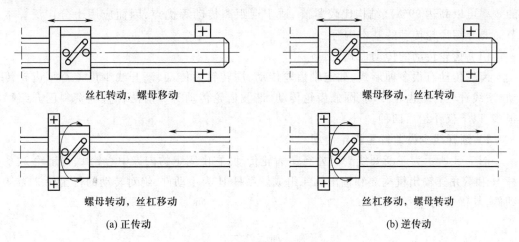

丝杠转动，螺母移动　　　　　　　　螺母移动，丝杠转动

螺母转动，丝杠移动　　　　　　　　丝杠移动，螺母转动

(a) 正传动　　　　　　　　　　　　(b) 逆传动

图 7-3　正传动与逆传动的关系

滚珠丝杠传动的特点,可使其开拓新的机械传动系统。但另一方面其应用范围也受到限制,在一些不允许产生逆运动的地方,如横梁的升降系统等,必须增设制动或自锁机构才可使用。

3）传动精度高

传动精度主要是指进给精度和轴向定位精度。

滚珠丝杠传动属于精密机械传动机构,丝杠与螺母经过淬硬和精磨后,本身就具有较高的定位精度和进给精度。高精度滚珠丝杠传动,任意 300 mm 的导程累积误差为 4 μm。

滚珠丝杠传动采用专门的设计,可以调整到完全消除轴向间隙,而且还可以施加适当的预紧力;在不增加驱动力矩和基本不降低传动效率的前提下,提高轴向刚度,进一步提高正向、反向传动精度。

滚珠丝杠传动的摩擦损失小,因而工作时本身温度变化很小,丝杠尺寸稳定,有利于提高传动精度。

由于滚动摩擦的启动摩擦阻力很小,所以滚珠丝杠传动的动作灵敏,且滚动摩擦阻力几乎与运动速度无关,这样就可以保证运动的平稳性,即使在低速下,仍可获得均匀的运动,保证了较高的传动精度。

微视频 7.2
齿轮传动

4)磨损小、使用寿命长

滚动磨损要比滑动磨损小得多,而且滚珠、丝杠和螺母都经过淬硬,所以滚珠丝杠传动长期使用仍能保持其精度,工作寿命比滑动丝杠传动高 5~6 倍。从某种程度上可弥补滚珠丝杠传动由于结构复杂、制造工艺复杂而造成成本较高的缺点。

上述这些特点使得滚珠丝杠传动在现代机械设备中得到了广泛的应用。

2. 齿轮传动

齿轮传动具有承载能力大、瞬时传动比恒定、传动比范围较大(既可用于增速传动,也可以用于减速传动,最高转速已达 10^6 r/min)、节圆圆周速度和传动功率变化范围大(可以用于 $v>40$ m/s 的高速传动,也可以用于中速和 $v<25$ m/s 的低速传动;传递功率可以小于 1 W,也可以高达 10^6 kW)、传动的效率较高(一般可以高达 90%,渐开线圆柱齿轮的效率可以高达 99%)、结构比较紧凑、适于近距离传动等优点,因而应用十分广泛。本节简要介绍齿轮传动的基本内容。

(1)齿轮传动的传动形式

齿轮传动有很多种形式,如定轴齿轮传动、周转轮系传动、渐开线少齿差行星齿轮传动、摆线针轮行星齿轮传动、圆弧齿轮传动、谐波齿轮传动等。前两种各种资料已介绍得很多,以下仅介绍后四种。

1)渐开线少齿差行星齿轮传动

图 7-4 所示为一渐开线少齿差行星齿轮传动,它由固定的内齿中心轮 1、行星轮 2、系杆 H 和等角速输出机构 3 和输出轴 4 组成。系杆 H 为主动件,绝对转动的行星轮 2 为从动件,其传动比 i_{H4} 为

$$i_{H4} = i_{H2} = -\frac{z_2}{z_1 - z_2} \tag{7-1}$$

式中:z_1、z_2 分别为内齿轮 1 和行星轮 2 的齿数。

由式(7-1)可见,减小齿数差 z_1-z_2 可增大传动比,但应在安装条件和连续传动的条件允许下,且多采用短齿齿轮或变位齿轮。它的优点是传动比大,一级减速比可达 135,二级可达 10 000 以上,结构简单,体积小,重量轻,效率高。缺点是等角速输出机构的结构复杂,受力情况不好。

2)摆线针轮行星齿轮传动

在图 7-4 所示的渐开线少齿差行星齿轮传动中,当行星轮 2 采用摆线齿廓曲线齿轮,中心齿轮采用圆柱形针齿时,就成为摆线针轮行星齿轮传动。它的齿数差恒为 1。这种传动具有结构紧凑、体积小、重量轻、传动比大、传动平

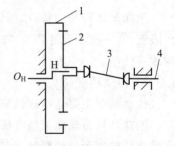

图 7-4 渐开线少齿差行星
齿轮传动

1—中心轮;2—行星轮;
3—输出机构;4—输出轴

稳、过载能力较强、耐冲击性能好、机械效率高及使用寿命长等优点,缺点是加工复杂,广泛应用于石油化工、起重运输、矿山、冶金、机械制造、地质勘探、轻工、医疗器械等行业。这种传动已标准化,分单级和双级两种,可按需要选用。

3）圆弧齿轮传动

圆弧齿轮传动具有以下三个主要优点：

① 由于采用了凹-凸啮合形式,与渐开线齿轮相比,大大提高了齿面接触强度;

② 对于提高渐开线齿轮承载能力所采用的措施也同样适用于圆弧齿轮;

③ 齿面易于形成油膜,其厚度约为渐开线齿轮的 10 倍。

圆弧齿轮的主要缺点是：

① 啮合时只能是点接触,且需要设计成斜齿轮,这样在高速运转时,由于在轴线方向承载点的运动而产生振动和噪声,影响了齿轮的啮合稳定性和寿命;

② 具有轴向载荷且弯曲强度不高;

③ 对中心距误差较敏感,即不具有可分性;

④ 圆弧齿轮是由接触点轴向移动而实现传动,因而不能用于滑移齿轮的变速机构;

⑤ 对单圆弧齿轮传动,凹、凸齿廓齿轮需用两把不同的刀具分别加工。

我国分别在 1967 年和 1991 年制定了单圆弧和双圆弧圆柱齿轮的齿形标准,因此在我国,这两种齿轮又分别简称为 67 型和 91 型圆弧齿轮。现在,圆弧齿圆柱齿轮传动广泛应用于鼓风机、制氧机以及汽轮机等高速传动设备和轧钢机械、矿山机械、起重运输机等低速重载传动设备上。

4）谐波齿轮传动

如图 7-5 所示,它由刚轮 1、柔轮 2 和波发生器 H 三个主要构件组成。一般波发生器 H 为主动件,柔轮或刚轮之一为从动件,另一为固定件。按机械波的数目可分为单波、双波及三波等,一般波数 $n = z_1 - z_2$。

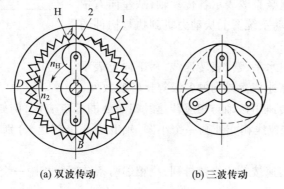

(a) 双波传动　　　　　　　(b) 三波传动

图 7-5　谐波齿轮传动

当刚轮固定时,波发生器和柔轮 2 的传动比为

$$i_{H2} = -\frac{z_2}{z_1 - z_2} \tag{7-2}$$

当柔轮固定时,波发生器 H 和刚轮 1 的传动比为

$$i_{H1} = \frac{z_1}{z_1 - z_2} \qquad (7-3)$$

式中：z_1、z_2 分别为刚轮和柔轮的齿数。

这种传动的优点是：传动比大，单级传动比 $i_{H2} = 60 \sim 500$，二级传动可达 $i_{H2} = 2 \times 10^5$；由于啮合的齿数多，故承载能力大，运动误差小，无冲击，齿的磨损均匀；机械效率高，空行程小；结构简单，体积小，重量轻以及密封性好，适于反向传动等。缺点是：柔轮加工困难，材料要求高，启动力矩大，传动比小于 35 时不宜采用。目前被广泛应用于航天飞行器、船舶、汽车、机床、纺织机械、冶金机械、医疗器械等设备中。

（2）多级齿轮传动的运动学设计

齿轮传动不仅要传递功率还要实现变速。当传动比过大时，为减小结构尺寸，改善传动性能，或要求变速比传动时，则需采用多级齿轮传动。这时，各级传动比的分配应按各级承载能力相近、外形尺寸、质量和惯量最小，减小齿轮的差异等原则确定。一般情况下，对变速箱内齿轮变速组的极限传动比有所限制，为了防止被动齿轮的直径过大而增加箱体径向尺寸，一般限制单级降速传动比的最大值 $i_{max} \le 4$；升速传动时，为了避免扩大传动误差，使传动较为平稳，限制单级升速传动比的最小值 $i_{min} \ge \frac{1}{2}$（直齿传动）或 $i_{min} \ge \frac{1}{2.5}$（斜齿传动）。要设计多级齿轮传动的传动比，用转速图方法比较方便，以下介绍这种设计方法。

1）转速图

为了清楚地表示变速箱内各对传动副的传动比关系，常用转速图作为工具。图 7-6 所示为一个二轴变速组（即在两根轴之间用一个变速组传动）的传动比关系的转速图。转速图中的各元素含义如下：

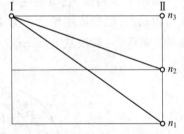

图 7-6　二轴变速转速图

距离相等的一组竖直线表示各传动轴，从左向右依次标注 I 和 II，与传动系统图上从动力机到执行构件的传动顺序相对应；

距离相等的一组水平线代表转速线，从下向上表示执行构件由低速到高速依次排列的各级等比转速数列；

各轴所具有的转速用该轴与相应转速线相交处的圆点表示，例如轴 I 只有一个转速 n_3，故在轴 I 与 n_3 转速线相交处画一个小圆，轴 II 有 3 个转速，分别为 n_1、n_2 和 n_3，故轴 II 上画 3 个小圆。

因为输出轴的转速按等比级数排列，故相邻两条转速线相距一个间隔时，表示它们之间相差 φ 倍；若两条转速线相距 x 个间隔，则它们之间相差 φ^x 倍。如 $\frac{n_2}{n_1} = \varphi$，$\frac{n_3}{n_1} = \varphi^2$。

相邻两轴之间对应转速的连线，表示一对传动副的传动比。连线向右下方倾斜，表示降速传动，若下斜 x 格，则传动比值 $i = \varphi^x$；若连线向右上方倾斜，表示升速传动，若上斜 x 格，则传动比为 $i = \frac{1}{\varphi^x}$；水平连线表示等速传动，即 $i = 1$。

2）多轴变速传动的运动设计

当要求的转速级数较多时，可以串联若干个二轴变速组，组成一个多轴变速传动系统。设各二轴变速组的变速级数分别为 $C_1, C_2, C_3, \cdots$，则总的变速级数 $C = C_1 C_2 C_3 \cdots$。

除通用金属切削机床的变速级数较多外，其他各类机械要求的变速级数通常不超过6级。下面就以6级变速为例，介绍多轴变速传动系统的设计步骤。

① 确定传动顺序　传动顺序是指从动力机到执行构件各变速组的传动副数的排列顺序。例如，由二联齿轮变速组和三联齿轮变速组组成的6级变速传动，有图7-7所示的两种传动顺序：$6 = 3 \times 2$（三联齿轮变速组在前）和 $6 = 2 \times 3$（双联齿轮变速组在前）。

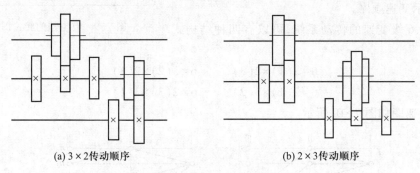

(a) 3×2传动顺序　　　　　　　　(b) 2×3传动顺序

图 7-7　6 级变速传动顺序方案

对于降速传动链，传动顺序应"前多后少"，使位于高速轴的传动构件多些，这对于节省材料、减小变速箱的尺寸和重量都是有利的。

② 确定变速顺序　变速顺序是指基本组和扩大组的排列顺序。任何一个变速组中，相邻两个传动比的比值称为级比。级比以 φ^a 表示，其中 φ 为输出轴转速数列公比，a 为级比指数。

假如有一个变速组的级比与输出轴转速数列的公比相同，即级比指数 $a = 1$，则不论它处在传动顺序的前边还是后边，都称为基本变速组，简称基本组。如图7-8所示的轴 Ⅰ 与轴 Ⅱ 之间是一个三联齿轮变速组，3 个传动比为 $i_1 = \varphi$，$i_2 = 1, i_3 = 1/\varphi$，该变速组的级比为 φ，即 $i_1 : i_2 : i_3 = \varphi^2 : \varphi : 1$，级比指数为1，所以它是基本组。

假如一个变速组的级比指数等于基本组的传动副数，称它为扩大组。如图7-8所示的轴 Ⅱ、Ⅲ 之间是一个二联齿轮变速组，两个传动比为 $i_1' = \varphi^3$，$i_2' = 1$，该变速组的级比为 φ^3，即 $i_1' : i_2' = \varphi^3 : 1$，级比指数等于3，与基本组（三联齿轮）的传动副数相等，所以它是扩大组。

为了使轴 Ⅲ 得到按 $n_1, n_2, \cdots$ 排列的等比级数转速数列，首先使扩大组的齿轮处于 i_1' 啮合，依次改变基本组齿

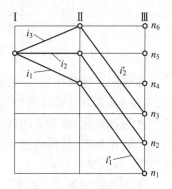

图 7-8　基本组和扩大组

轮的啮合位置 $i_1 \rightarrow i_2 \rightarrow i_3$，轴 Ⅲ 就可以依次得到 n_1、n_2、n_3，由于这 3 个转速在转速图上各相邻一格，所以基本组的各个传动比在转速图上也必定相邻一格；然后使扩大组齿轮处于 i_2' 啮合，重复基本组齿轮的啮合顺序，轴 Ⅲ 就得到 n_4、n_5、n_6 各级转速。基本组为三联齿轮

变速组时,扩大组的两个传动比在转速图上必须相邻三格,否则轴Ⅲ转速就会出现空挡或重复,如图7-9所示。

转速图上各个变速组的传动比分布规律可以用结构式表示,图7-10所示的结构式为

$$6 = 3(1) \times 2(3)$$

结构式中代表变速组变速级数字的顺序表示传动顺序,变速级数的括号中数字为该变速组的级比指数,表示变速顺序。

对于6级变速的传动系统,可以有四种结构式方案,即

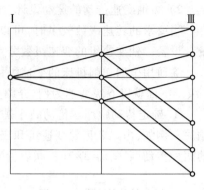

图 7-9 有空挡的转速图

$$6 = 3(1) \times 2(3), \qquad 6 = 3(2) \times 2(1)$$
$$6 = 2(1) \times 3(2), \qquad 6 = 2(3) \times 3(1)$$

相应的转速图如图7-10所示。

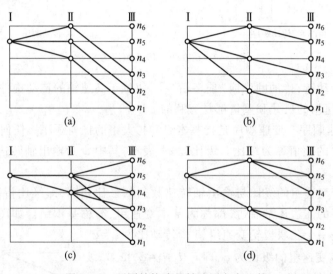

图 7-10 不同结构式的转速图方案比较

在确定变速顺序时,一般应采用基本组在前、扩大组在后的方案。其优点是可以提高中间轴的最低转速或降低中间轴的最高转速。例如图7-10所示的四个方案中,轴Ⅰ、轴Ⅲ的转速都相同,但轴Ⅱ的转速都各不相同。图7-10a所示的方案中基本组在前,轴Ⅱ的3个转速靠近,最低转速为 n_4。图7-10b所示的方案中扩大组在前,使轴Ⅱ的三个转速拉开,最低转速为 n_2。

图7-10c和图7-10d所示的方案比较,图7-10d所示的方案扩大组在前,使轴Ⅱ的最低转速低于图7-10c所示的方案,而最高转速又高于图7-10c所示的方案。因此四个方案中,以图7-10a所示的方案最好。

一个传动构件在多种转速下运行时,通常根据低转速进行强度或刚度计算,因为这时传动构件承受的转矩较大,根据高转速选择齿轮、轴承等传动零件的精度等级,因为转速

高,引起的噪声大,必须相应提高传动零件的制造精度。

③ 确定各变速组的传动比 对应一个结构式可以有多个转速图方案,因为结构式只能表示传动顺序和变速顺序,但不能确定各个变速组传动比的具体数值。例如图 7-11 所示的两个转速图中,基本组的传动比都相邻一格,扩大组的两个传动比都相邻三格,这两个转速图的结构式相同,但各变速组传动比的数值不同。确定传动比时应考虑以下几点。

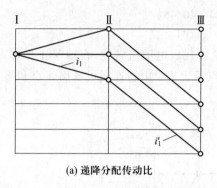 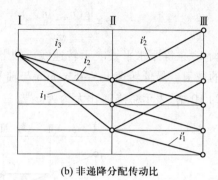

(a) 递降分配传动比 (b) 非递降分配传动比

图 7-11 同一结构式的不同转速图方案比较

a)各对传动副的传动比不超出极限传动比,即 $i_{max} \leqslant 4$,$i_{min} \geqslant \dfrac{1}{2}$ 或 $\dfrac{1}{2.5}$。

b)尽量提高中间轴的最低转速。分配降速传动比时,按照"前小后大"的递降原则较为有利,即按传动顺序前面传动组的最大降速比小于后面传动组的最大降速比。图 7-11a 所示的方案中,轴Ⅰ、Ⅱ之间的最大降速比为 $i_1 = \varphi$,轴Ⅱ、Ⅲ之间的最大降速比为 $i_1' = \varphi^3$,符合 $i_1 < i_1'$ 原则,故轴Ⅱ的最低转速较高。图 7-11b 所示的方案中,$i_1 = \varphi^3$,$i_1' = \varphi$,不符合上述原则,因此轴Ⅱ的最低转速就较低。所以,图 7-11a 所示的方案优于图 7-11b 所示的方案。

c)有利于降低噪声。分配传动比时应避免较大的升速传动,因为升速传动使传动误差扩大,并引起较大的啮合冲击和噪声。如果传动链的始端就采用较大升速的齿轮传动,则将使整个传动系统的噪声增大。适当降低齿轮的圆周速度,也有利于降低噪声。

此外,在满足机械运动要求的前提下,应尽量缩短传动链。缩短传动链不仅可以减少传动零件和简化结构,也可以减小传动零件的制造和安装累积误差,而且可减小传动链的转动惯量和功率损失,从而对改善传动系统的动力学性能是有利的。

例 7-1 已知某制管机的变速传动系统中,电动机转速为 1 440 r/min,工作主轴转速 $n = 45 \sim 250$ r/min,变速级数为 6 级。试设计该传动系统。

解:(1)确定结构式

采用两个变速组,根据传动顺序应前多后少,变速顺序基本组在前、扩大组在后的原则,采用结构式为 $6 = 3(1) \times 2(3)$。

(2)确定传动链中是否需要定比传动副

本例执行机构的转速都比电动机转速低,属于降速传动链,总降速比 $i_{总} = n_m/n_1 = 1\,440/45 = 32$。若一对齿轮的最大降速比为 4,则至少需要三对降速传动副。根据总体布置的需要,电动机和变速箱之间要用一级带传动。

（3）拟订转速图

如图 7-12 所示,本例传动系统由两个变速组和两对定比传动副组成,共有 5 根轴线。画 5 条等距竖线代表 5 根轴线,自左至右依次标上 Ⅰ、Ⅱ、Ⅲ、Ⅳ、Ⅴ。Ⅰ 为电动机轴,Ⅴ 为输出轴。由已知条件知道所需变速范围 $R = n_6/n_1 = 250/45 = 5.6$,相应的级比为 $\varphi^{6-1} = 5.6$,得公比 $\varphi = 1.41$。设系统的最大变速级数为 Z,则由 $n_{min}\varphi^{Z-1} = n_{max}$ 得

$$Z = \frac{\lg(n_{max}/n_{min})}{\lg\varphi} + 1 = \frac{\lg(1\,440/45)}{\lg 1.41} + 1 \approx 11$$

画 12 条等距水平线表示转速线。轴上用点 A 代表电动机转速,在轴 Ⅴ 上标出 12 级转速的数值。最低转速 $n_1 = 45$ r/min 与轴 Ⅴ 交点标上 E。由转速图可看出 A 点和 E 点相隔大约 10 格,表示总降速比大约为 φ^{10}。

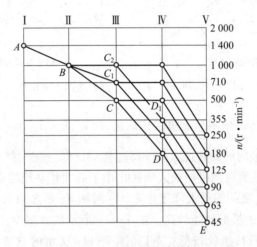

图 7-12 转速图设计举例

拟订转速图的一项主要工作是分配降速传动比。首先,确定中间轴的 B、C、D 三个点的位置,其中 AB 和 DE 代表两对定比传动副的降速比,BC 和 CD 代表两个变速组的最大降速比。本例中可取轴 Ⅰ、Ⅱ 间的降速比大约为 φ,轴 Ⅱ、Ⅲ 间的降速比为 φ^2,轴 Ⅲ、Ⅳ 间降速比为 φ^3,轴 Ⅳ、Ⅴ 间的降速比为 φ^4,符合降速传动比"前小后大"递降的原则,有利于提高中间轴的转速。

画变速组的其他传动副连线。轴 Ⅱ、Ⅲ 间是基本组,有三对齿轮副,其级比指数为 1,故三条连线在转速图上各相隔一格,从 C 点向上每隔一格取 C_1、C_2 点,连接 BC、BC_1 和 BC_2 得基本组的三条传动副连线,它们的传动比分别为 φ、φ^2 和 1。轴 Ⅲ、Ⅳ 间是扩大组,有两对齿轮副,其级比指数为 3,故两条连线在转速图上相隔三格,从 D 点向上隔三格取 D_1 点,连接 CD 和 CD_1 得扩大组的两条传动副连线,它们的传动比分别为 φ^3 和 1。

最后,画出传动副的全部连线。转速图上两根轴线之间的平行线代表同一对齿轮传动,所以从轴 Ⅲ 的 C_1、C_2 点分别画 CD 和 CD_1 的平行线,使轴 Ⅳ 得到六种转速,再画 DE 的平行线,使轴 Ⅴ 得到 6 种转速。

3. 无级变速传动

（1）无级变速传动的意义

无级变速传动是指在某种控制的作用下,使机器的输出轴转速可在两个极值范围内连续变化的传动方式。无级变速器是一种独立的传动部件,它具有输入和输出两根轴,通过能传递转矩的中间介质(固体、液体、电磁流)将输入、输出轴直接或间接地联系起来,以传递动力。当对输入、输出轴的速度关系进行控制时,即可使两轴间的传动比在两个极值范围内连续而任意地变化。用固体、液体作为中间介质的变速器分别称为机械无级变速器和液压(力)无级变速器。电力无级变速器传动实际上是通过不同的电气控制系统对交流电动机和直流电动机的控制(改变磁通、电压、电流或频率),分别称为直流调速和交流调速。这种变速方式不存在输入轴(与一次动力机的调速相仿),它们的恒功率特性差。无级变速传动与定传动、有级变速传动相比,能够根据工作需要在一定范围内连续变换速度,以适应输出转速和外界负荷变化的要求,而且恒功率特性好,因而在现代机械传动领域内占有重要地位。近年来,为了扩大无级变速传动的调速比(范围)、传动功率或过零调速,控制式无级变速传动——用无级变速器作为封闭机构去封闭二自由度差动轮系的两个基本构件所得的单自由度行星无级变速器,已成为研究热点之一,通常称为封闭行星无级变速器。这种系统中大部分功率流过差动轮系,而只有小部分功率流经无级变速器。此外,无级变速器的稳速问题和车用无级变速器也是研究热点。

微视频 7.3
无级变速器

无级变速传动主要用于下列场合:

1）为适应工艺参数多变或输出转速连续变化的要求,运转中需经常或连续地改变速度,但不应在某一固定速度下长期运转,如机床、卷绕机、车辆和搅拌机等;

2）探求最佳工作速度,如试验机、自动线等;

3）几台机器或一台机器的几个部分协调运转;

4）缓速启动以合理利用动力,通过调速以快速越过共振区;

5）车辆变速箱,可节省燃料约 9%,缩短加速时间,简化操作。

如采用液力耦合器、液力变矩器或黏性传动无级变速器,则可以吸振、缓冲和自适应性。

采用无级变速传动有利于简化变速传动结构,提高生产率和产品质量,合理利用动力和节能,便于实现遥控和自动控制,同时也减轻了操作人员的劳动强度。

（2）无级变速传动的分类

按照机械特性的不同,无级变速传动可分成三类。

1）恒功率型　这种传动的输出转矩与输出转速成反比关系,输出功率恒定不变,这种特性的经济性好。机床的主传动系统、恒张力卷绕装置、试验装置和某些起重运输机械的传动需要这种特性。

2）恒转矩型　其输出转矩不随转速变化,而输出功率与输出转速成正比关系。机床的进给系统、某些工艺输送带(烘干、酸洗、染色等)和某些运输机的传动需要这种特性。

3）变转矩、变功率型　输出转矩和功率均随输出转速变化,例如纺织工业中的轻纱卷绕装置和某些搅拌装置的传动就使用这种特性。

实现无级变速大致可以从下列三种途径着手:

1）改变动力机(一次动力机——内燃机、汽轮机,二次动力机——电动机、液压马达等)的能源参数(油、气量和电压、电流、供电频率等)以调节动力机的输出转速,实现无级变速。由于一次动力机的调速范围较小,二次动力机的惯量小、恒功率特性差,需要接入机械传动装置进行匹配。

2)改变输入、输出轴间的传动元件的尺寸比例关系(如各种机械无级变速器),或改变工作腔中的油量(如液力耦合器和变矩器)来实现输出轴的无级变速。

3)通过调节作用在传动中某元件上的制动负载来实现传动系统的无级变速(如摩擦、电磁滑差和磁粉离合器)以及液黏传动,以耗能制动的方式进行无级变速,缺点是效率低、发热严重。

按传动介质的不同,无级变速传动可分为机械无级变速传动、液压无级变速传动和电力无级变速传动。

下面将重点介绍机械无级变速传动的相关知识。

(3)机械无级变速器的组成与传动原理

1)组成、传动原理

现代机械无级变速器(除齿轮链式变速器具有准啮合作用外)都是利用主、从动机构接触处的牵引力(干式变速器中则称为摩擦力),将运动能量和转矩由主动件传递给从动件,并通过改变主、从动件的相对位置以改变接触处的工作半径来实现无级变速的。

利用牵引(摩擦)力来传动,而主、从动件的尺寸比例可以改变并进行变速的机构,称为变速传动机构。

为了保证在接触区产生一定的摩擦(牵引)力,而使各传动机构件彼此压紧的装置,称为加压装置。

变速时用来改变传动构件的相对位置,以调节传动件间的尺寸比例关系和传动比的机构,称为调速控制机构。它可以通过人工手动或具有开环、闭环的自动控制系统实施控制。

变速传动机构、加压装置和调速控制机构是机械无级变速器的三个基本组成部分。

为了提高输出转矩降低输出转速,常在基本型变速器的输出端或输入端串联齿轮减速器而构成一个整体变减速器。为了扩大变速比,增大传动功率并实现精密调速或实现过零调速,常用基本型变速器的输入、输出轴将二自由度差动齿轮系的两个基本构件封闭(连接)起来,构成一个单自由度的封闭行星无级变速器,称之为控制(组合)式无级变速器,这是因为传动功率的一小部分流经基本型无级变速器,而大部分功率只通过差动轮系流出,基本型无级变速器只起了控制变速的作用。这种变速器设计时应避免循环(封闭)功率。

机械无级变速器的主要类型、工作原理及特点见表 7-1。

2)CVT 简介

机械式无级变速器(continuously variable transmission,CVT),简称无级变速器或 CVT。机械式无级变速器有多种形式,但目前常用的"CVT"一词一般是指"金属带式无级变速器(VDT-CVT)"。其主要结构如图 7-13 所示,该系统主要包括主动轮组、从动轮组、金属带和液压泵等基本部件。金属带由两束金属环和几百个金属片构成。主动轮组和从动轮组都由可动盘和固定盘组成,靠近油缸一侧的带轮可以在轴上滑动,另一侧则固定。可

表 7-1 机械无级变速器的主要类型、工作原理及特点

类型	简图	工作原理	特点
滚轮平盘式		主动滚轮 1 与从动平盘 2 用弹簧 3 压紧,工作时靠接触处产生的摩擦力传动,传动比 $i=r_1/r_2$。当操纵滚轮 1 作轴向移动,即可改变 r_2,从而实现无级变速	相交轴,升、降速型,可逆转。结构简单,制造方便,但存在较大的相对滑动,磨损严重
钢球外锥轮式		主要由两个锥轮 1、2 和一组钢球 3(通常为 6 个)组成。主、从动锥轮 1 和 2 分别装在轴 I、II 上,钢球 3 被压紧在两锥轮的工作锥面上,并可在轴 4 上自由转动。工作时,主动锥轮 1 依靠摩擦力带动钢球 3 绕轴 4 旋转,钢球同样依靠摩擦力带动从动锥轮 2 转动。轴 I、II 的传动比 $i=(r_1/R_1)\cdot(R_2/r_2)$,由于 $R_1=R_2$,所以 $i=r_1/r_2$。调整支承轴 4 的倾斜角与倾斜方向,即可改变钢球 3 的传动半径 r_1 和 r_2,从而实现无级变速	同轴线,升、降速型,对称调速。结构简单,传动平稳,相对滑动小,结构紧凑,具有传递恒定功率的特性
菱锥式		空套在轴 4 上的菱锥 3(通常为 5 或 6 个)被压紧在主、从动轮 1、2 之间。轴 4 支承在支架 5 上,其倾斜角是固定的。工作时,主动轮 1 靠摩擦力带动菱锥 3 绕轴 4 旋转,菱锥又靠摩擦力带动从动轮 2 旋转。轴 I、II 间的传动比 $i=(r_1/R_1)\cdot(R_2/r_2)$,水平移动支架 5 时,可改变菱锥的传动半径 r_1 和 r_2,从而实现无级变速	同轴线,升、降速型。具有传递恒定功率的特性

续表

类型	简图	工作原理	特点
宽 V 带 式	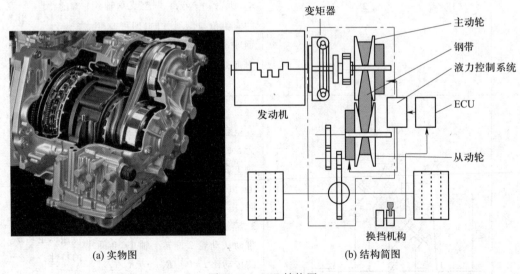	在主动轴 Ⅰ 和从动轴 Ⅱ 上分别装有锥轮 1a、1b 和 2a、2b,其中锥轮 1b 和 2a 分别固定在轴 Ⅰ 和轴 Ⅱ 上,锥轮 1a 和 2b 可以沿轴 Ⅰ、Ⅱ 同步移动。宽 V 带 3 套在两对锥轮之间,工作时如同 V 带传动,传动比 $i=r_2/r_1$。通过轴向同步移动锥轮 1a 和 2b,可改变传动半径 r_1 和 r_2,从而实现无级变速	平行轴,升、降速型,对称调速。具有传递恒定功率的特性,尺寸大

动盘与固定盘都是锥面结构,它们的锥面形成 V 形槽来与 V 形金属传动带啮合。发动机输出轴输出的动力首先传递到 CVT 的主动轮,然后通过 V 形金属传动带传递到从动轮,最后经减速器、差速器传递给车轮来驱动汽车。工作时通过主动轮与从动轮的可动盘作轴向移动来改变主动轮、从动轮锥面与 V 形金属传动带啮合的工作半径,从而改变传动比。可动盘的轴向移动量是由驾驶者根据需要通过控制系统自动调节主动轮、从动轮液压泵的油缸压力来实现的。由于主动轮和从动轮的工作半径可以实现连续调节,从而实现了无级自动变速。

(a) 实物图　　　　　　　(b) 结构简图

图 7-13　CVT 结构图

(4) 机械式无级变速器的选用

机械式无级变速器的种类繁多,在设计和选用时,必须综合考虑实际使用条件与各种变速器的结构和性能特点。使用条件中包括:① 工作机械的变速范围;② 最高速时所需的转矩和功率,最低速时所需的转矩和功率;③ 最常使用的转速和所需转矩;④ 负载变动情况;⑤ 使用时间(时/日);⑥ 升速与降速情况;⑦ 启动、制动频繁程度;⑧ 有无正、反向使用要求及其频繁程度;⑨ 换算到变速器输出轴上的工作机械的转动惯量等。对于变速器本身来说,主要是考虑其功率和运动特性。在仔细考虑了上述诸因素后,才有可能正确地选用无级变速器的类型、尺寸和容量。

另有带传动与链传动、连杆传动与凸轮传动等传动形式和液压与气压传动方式,很多书籍均为介绍,本书不再赘述。

4. 常用减速器的选用简介

减速器是驱动装置与执行装置之间的传动装置,可以将驱动装置的能量传递到执行装置,并实现输出转速的改变。

减速器产品已经做到了系列化和标准化。经常使用的减速器主要有外啮合渐开线斜齿圆柱齿轮减速器、行星齿轮减速器、摆线针轮减速器、圆弧圆柱蜗杆减速器等。随着高速、重载、高精度的现代机械装备,如工业机器人的广泛使用,谐波减速器、RV 减速器、三环减速器等新型减速器的应用范围日益扩大。

在选用减速器时,公称传动比 i 是一个非常重要的参数,必须根据所选择的驱动装置的输出转速、功率、转矩,结合执行装置所需要的工作转速以及功率、转矩等选定合适的减速器传动比,详见表 7-2。

表 7-2 公称传动比

级数	公称传动比
一级	1. 25,1. 4,1. 6,1. 8,2,2. 24,2. 5,2. 8,3. 15,3. 55,4,4. 5,5. 5,6,6. 3,7. 1
二级	6. 3,8,9,10,11. 2,12. 5,14,16,18,20,22. 4,25,28,31. 5,35. 5,40,45,50,56
三级	22. 4,25,28,31. 5,35. 5,40,45,50,56,63,71,80,90,100,112,125,140,160,180,200,224,250,280,315

选取减速器时,还必须考虑的重要参数有允许的最高输入转速、输入和输出功率以及转矩、润滑方式等。设计减速器时,还需要考虑影响承载能力的机械强度和热平衡等方面的因素。

7.1.2 启停与换向、制动及安全保护装置

1. 启停与换向装置

启停与换向装置用来控制执行机构的启动、停车以及改变运动方向。对启停和换向装置的基本要求是启停和换向方便省力,操作安全可靠,结构简单,并能传递足够的动力。下面介绍传动系统中常用的两种启停和换向装置。

(1)齿轮-摩擦离合器换向机构

图 7-14 所示为齿轮-摩擦离合器换向机构的传动原理图,齿轮 1 和 3 均空套在轴 Ⅰ上,摩擦离合器向左接合时,通过齿轮 2 传动至轴 Ⅱ;摩擦离合器向右接合时,通过齿轮 0、4 使传动轴 Ⅱ实现反转;摩擦离合器处于中间位置时,轴 Ⅱ不转。这样就可实现轴 Ⅱ的

启停和换向。

启停用的摩擦离合器可以是机械的、液压的和电磁的。图 7-15 所示为钢球压紧式摩擦离合器的结构图。内摩擦片 12 与花键轴 7 相连,外摩擦片 11 与齿轮 14 相连,锥面套筒 3 通过销 8 与花键轴 7 相连。移动操纵套 9,通过钢球 4、锥面套筒 3、左压紧套 2 或右压紧套 5 及左螺母 1 或右螺母 6 使左、右两边摩擦离合器接合或脱开。调节螺母 1 或 6 可以分别调整两边摩擦片的间隙,调整后用锁紧销 10 锁紧以防止螺母松动。

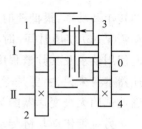

图 7-14　齿轮-摩擦离合器换向机构传动原理图

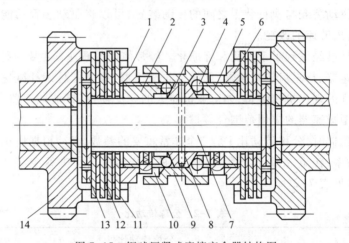

图 7-15　钢球压紧式摩擦离合器结构图

1—左螺母;2—左压紧套;3—锥面套筒;4—钢球;5—右压紧套;6—右螺母;7—花键轴;
8—销;9—操纵套;10—锁紧销;11—外摩擦片;12—内摩擦片;13—止动片;14—齿轮

当操纵套 9 移到接合位置后应具有自锁作用,即当操纵力去掉后,压紧摩擦片的压紧力仍不能消失。如图 7-15 所示,在压紧位置上使操纵套 9 的圆柱部分压紧钢球,此时钢球的作用力与操纵套 9 的运动方向垂直,就能保证可靠地自锁。

在结构上应使操纵离合器的压紧力成为一个封闭的平衡力系,使传动轴和轴承免受很大的轴向载荷。向左的压紧力通过左压紧套 2、左螺母 1、外摩擦片 11、内摩擦片 12、止动片 13 作用在花键轴 7 上。同时,左压紧套 2 通过钢球传给锥面套筒 3 的反作用力,与压紧力大小相等、方向相反,此力通过销 8 也作用在花键轴 7 上,构成一个封闭的平衡力系。

（2）齿轮换向装置

改变齿轮机构中外啮合齿轮的对数,可以改变从动轮的转向。图 7-16 所示为车床上的三星齿轮机构,齿轮 1 与主轴固连,齿轮 6 通过进给箱

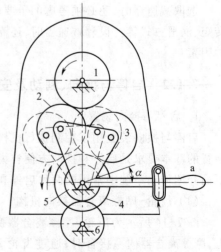

图 7-16　三星齿轮换向装置

与走刀光杠或丝杠相连,在图示实线位置时,运动传递路线为齿轮 1→2→3→4→5→6,其传动比为

$$i_{16}=\frac{n_1}{n_6}=(-1)^4\frac{z_2z_3z_4z_6}{z_1z_2z_3z_5}=\frac{z_4z_6}{z_1z_5}$$

由于传动比为正,说明齿轮 6 与主动轮 1(主轴)同向转动。图示虚线位置为操纵手柄 a 逆时针转 α 角度后的齿轮啮合情况,此时中间轮 2 脱离啮合,而轮 3 同时与轮 1 和轮 4 相啮合,运动传递路线为 1→3→4→5→6,其传动比为

$$i_{16}=\frac{n_1}{n_6}=(-1)^3\frac{z_3z_4z_6}{z_1z_3z_5}=-\frac{z_4z_6}{z_1z_5}$$

式中 $(-1)^3$ 表示 3 次外啮合,传动比为负,齿轮 6 与主轴 1 转向相反。

换向机构的惰轮轴(如图 7-17 中的 O_3 轴)应尽量采用两端支承,如采用悬臂结构,则刚度较差,啮合不良,是变速箱的主要噪声源之一。在布置的时候应注意其受力情况,如图 7-17 所示,图 7-17a 所示的方案为外侧布置,惰轮轴 O_3 所受载荷 F 较大,而图 7-17b 所示方案为内侧布置,惰轮轴 O_3 上的载荷 F 较小。

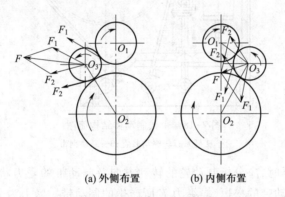

(a) 外侧布置   (b) 内侧布置

图 7-17 惰轮轴的布置方案

2. 制动装置

由于运动构件具有惯性,当启停装置断开后,运动构件不能立即停止,而是逐渐减速后才能停止运动。停车前的转速越高、运动构件的惯性越大,停车所需的时间就越长。为了节省辅助时间,对于启停频繁或运动构件惯性大、运动速度高的传动系统,应安装制动装置。执行机构或执行构件需频繁换向时,必须先制动停车后换向。制动装置还可用于机械一旦发生事故时紧急停车,或使运动构件可靠地停在某个位置上。

对制动装置的基本要求是工作可靠,操纵方便,制动平稳且时间短,结构简单,尺寸小,磨损小,散热良好。

用电动机启停和换向时,常采用电动机反接制动,它具有操作方便、制动时间短等优点,但反接制动时制动电流较大,传动系统所受的惯性冲击力较大,故只适用于制动不频繁、传动系统惯性小或电动机功率较小的传动系统。

用离合器启停和换向时,必须在传动链中安装制动装置。制动器和离合器的操纵机构必须互锁,即当离合器脱开时,制动器应制动;接通离合器前,制动器须可靠地放松,以

免损坏传动件或造成过大的功率损失。

常用制动器分摩擦式和非摩擦式两大类,摩擦式制动器又分外抱块式、内张蹄式、带式和盘式等;非摩擦式分磁粉式、磁涡流式和水涡流式等。以下仅对带式和磁粉制动器做一简单介绍。

（1）带式制动器

图 7-18 所示为带式制动器的结构简图。它由驱动装置 2、传动杠杆系 1 和有摩擦内衬的制动钢带 3 组成。钢带出端的调节螺母用来调整制动带的松紧。

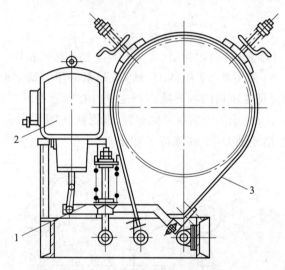

图 7-18　带式制动器结构简图
1—杠杆系;2—驱动装置;3—制动钢带

设计带式制动器时,应分析制动轮的转动方向及制动带的受力状态。如图 7-19a 所示,操纵力作用在制动带的松边,操纵力 F 所产生的制动带拉紧力为 F',制动轮作用于制动带上的摩擦力方向与 F' 一致,有助于制动,在同样大小的 F' 时可获得较大的制动力矩。而图 7-19b 所示的操纵杠杆 1 作用于制动带的紧边,若要求产生相同的制动力矩,则制动带的拉紧力 F' 必须加大,所需要的操纵力 F 也增大,而且由于作用于制动带上的摩擦力方向与 F' 相反,减小了制动力矩,将使制动不平稳。所以,设计时应使拉紧力 F' 作用于制动带的松边。

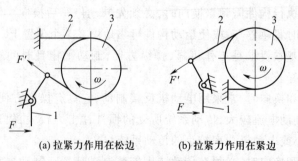

(a) 拉紧力作用在松边　　　　(b) 拉紧力作用在紧边

图 7-19　带式制动器工作原理
1—杠杆;2—制动带;3—制动轮

带式制动器的结构简单,轴向尺寸小,操纵方便,但制动时制动轮和传动轴受单向压力,制动带的压强及磨损不均匀,制动力矩受摩擦因数变化的影响大,散热性差,因此只适用于中小型机械的制动。

（2）磁粉制动器

图 7-20 所示为磁粉制动器的结构简图,其固定部分由外壳 2 和心体 5 组成,在外壳 2 的环槽中安装励磁绕组 3,为了防止磁通短路,特装一个非磁性圆盘 4。转动部分由薄壁圆筒 7 和非磁性铸铁套筒 1 铆接成一体,在固定部分和转动部分之间充填了磁粉 6,风扇 8 用来通风冷却。

磁粉制动器的工作原理为:在固定件和旋转件之间的工作间隙中充填磁粉,当电流通过励磁绕组时,产生垂直于间隙的磁通,使磁粉聚集而形成磁粉链,利用磁粉磁化时所产生的剪切力实现制动。

磁粉链的抗剪切力与磁粉的磁化程度成正比,即制动力矩的大小与绕组中励磁电流的大小成正比,此外磁粉的装满程度也影响制动力矩的特性。

磁粉制动器的体积小,质量小,制动平稳,励磁功率小,制动力矩与转动件的转速无关,适用于自动控制及各种机械驱动系统的制动。

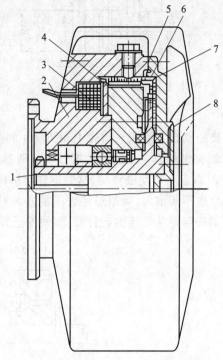

图 7-20　磁粉制动器的结构简图
1—非磁性铸铁套筒;2—外壳;3—励磁绕组;
4—非磁性圆盘;5—心体;6—磁粉;
7—薄壁圆筒;8—风扇

3. 安全保护装置

机械在工作中若载荷变化频繁、变化幅度较大、可能过载而本身又无保护作用时,应在传动链中设置安全保护装置,以避免损坏传动机构。机械传动链中如有带、摩擦离合器等摩擦副,则具有过载保护作用,否则应在传动链中安装安全离合器或安全销等过载保护装置。

常用的安全保护装置有以下几种。

（1）销钉安全联轴器

在传动链中设置一个最薄弱的环节,如剪断销或剪断键,当传递的转矩超过允许值时,销或键被剪断,使传动链断开,执行机构便停止运动,必须更换销或键以后才能恢复工作。剪断销或剪断键应装在传动链中易于更换的位置上。图 7-21 所示为两种剪断销的结构,其中,图 7-21a 所示的结构称为径向剪断销,它所能传递的转矩取决于销钉的直径及轴径 d;而图 7-21b 所示的结构称为周向剪断销,其所能传递的转矩取决于销钉直径 d、销钉周向位置 D_0 以及销钉个数。

（2）钢珠安全离合器

钢珠安全离合器的结构如图 7-22 所示。它由空套在轴上的齿轮 1 及由导向键与轴

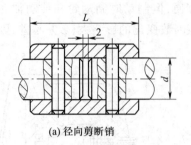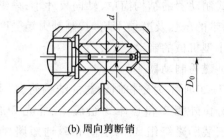

(a) 径向剪断销　　　　　　　　　　　(b) 周向剪断销

图 7-21　剪断销结构图

连接的圆盘 4 组成。齿轮 1 和圆盘 4 的圆周上均匀分布 6~8 个孔,孔内装入垫板 3 及钢珠 2,调节螺套 7 上的调整螺母 6 可调整弹簧 5 的压紧力。当载荷正常时,齿轮 1 通过钢珠 2、圆盘 4 带动轴转动,这时钢珠对钢珠将产生轴向分力 F,随着传递载荷的增大,轴向分力也不断增大,当超过弹簧压紧力 F 时,圆盘孔内钢珠连同圆盘压缩弹簧而一起右移,使钢珠与钢珠之间出现打滑,轴便停止转动。超载消除后,即自动恢复正常工作。

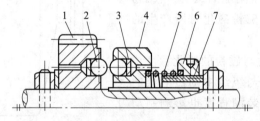

图 7-22　钢珠安全离合器

1—齿轮;2—钢珠;3—垫板;4—圆盘;5—弹簧;6—调整螺母;7—螺套

　　这种安全离合器的灵敏度较高,工作可靠,结构简单,但打滑时会产生较大的冲击,连接刚度较小,反向回转时运动的同步性较差。

　　(3) 摩擦式安全离合器

　　单圆锥摩擦式安全离合器的结构如图 7-23 所示,其摩擦面由内锥面摩擦盘 1 和外锥面摩擦盘 2 组成,在弹簧 3 的作用下使两个锥面压紧,由此产生的摩擦力矩即安全离合器许用的输出转矩,调整螺母 5 用来调整压紧力。在两个锥面制造与安装正确的情况下,很小的压紧力就能保证良好接合。

　　这种安全离合器的结构简单,多用于传递
转矩不大的场合。如果传递的转矩较大,也可
做成双圆锥摩擦式安全离合器。

　　安全保护装置装在转速高的传动构件上,
可使结构尺寸小些。若装在靠近执行机构的
传动构件上,则一旦发生过载,就能迅速停止
运动,使传动链中其他传动构件避免超负荷运
行。所以,安全保护装置宜放在靠近执行机构
且转速较高的传动件上。

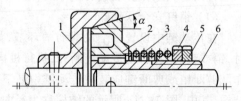

图 7-23　单圆锥摩擦式安全离合器结构图

1—内锥面摩擦盘;2—外锥面摩擦盘;

3—弹簧;4—压紧盘;5—调整螺母;6—套筒

7.2 执行系统

执行系统是机械系统中的一个重要组成部分,是直接完成机械系统预期工作任务的部分,是能量流系统、物料流系统及信息流系统的交汇点。本节简单介绍常规执行系统的情况,重点介绍一类新型的执行系统——微位移系统。

7.2.1 执行系统的组成及分类

1. 执行系统的组成与功能

执行系统由执行构件和与之相连的执行机构组成,它或是与工作对象直接接触并共同完成一定的动作(例如铣床的分度装置),或是在工作对象上完成一定的动作(例如曲柄压力机的滑块,即工作头)。

执行构件往往是执行机构中的一个构件,它的动作由与之相连的执行机构带动,其结构、强度、刚度、运动形式、精度、可靠性与使用寿命等不仅取决于整个机械系统的工作要求,而且也与执行机构的类型及其工作特性有关。

执行机构的作用是传递和变换运动与动力,即把传动系统传递过来的运动与动力进行必要的变换,以满足执行构件的要求。

执行系统的功能是多种多样的,但归纳起来主要有以下几种。

(1) 夹持

夹持机构常用于加工或搬运工件,如自动生产线或自动机械中夹持工件或重物的工业机械手。夹持机构主要包括机械式、液压式、气压式和吸附式四种。"手指"是一种常见的夹持机构。

(2) 搬运

搬运是指能把工件从一个位置移送到另一个位置,并不限定移动路线,常见于自动生产线或自动机械中,如自动铣床的上下料机构和齿轮生产线上两个工位之间的工件传递机构。

(3) 分度与转位

分度是指对工件或者是工作台的角度进行精确的等分,如在插齿加工中要按给定的齿数等分齿轮。转位则是指将工件或工作台旋转一个给定的角度,如六角车床的刀架转位换刀等。机床中,分度与转位机构都装有定位装置,以保证分度与转位的准确和可靠。

(4) 检测

在对工件的尺寸、形状及性能进行检验和测量时常用检测机构。检测的方法很多,但对于机械式检测方式,执行机构多为一个带有测试仪器或传感器的探头。

(5) 加载

加载是指机械要执行系统对工作对象施加力或力矩以完成工作,例如材料压力加工、矿石粉碎、重物起吊和搬运等。

根据机械系统的要求,一个执行机构往往要有多个功能,如插齿机中带动插齿刀的机构既要施力又要有让刀功能。

2. 执行系统的分类

执行系统可按其对运动和动力的不同要求分为动作型、动力型及动作-动力型。系统中执行机构数及其相互间的联系情况分为单一型、相互独立型及相互联系型。

各类执行系统的特点和应用举例见表 7-3。

表 7-3　执行系统的特点和应用举例

类别		特点	应用举例
按执行系统对运动和动力的要求	动作型	要求执行系统实现预期精度的动作(位移、速度、加速度等),而对执行系统中各构件的强度、刚度无特殊要求	缝纫机、包糖机、印刷机等
	动力型	要求执行系统能克服较大的工作阻力,作一定的功,因此对执行系统中各构件的强度、刚度有严格要求,但对运动精度无特殊要求	曲柄压力机、冲床、推土机、挖掘机、碎石机等
	动作-动力型	要求执行系统既能实现预期精度的动作,又要克服较大的工作阻力,作一定的功	滚齿机、插齿机等
按执行系统中执行机构的相互联系情况	单一型	在执行系统中只有一个执行机构工作	搅拌机、碎石机、带输送机等
	相互独立型	在执行系统中有多个执行机构进行工作,但它们之间相互独立、没有运动的联系和制约	外圆磨床的磨削进给与砂轮转动,起重机的起吊与行走动作等
	相互联系型	在执行系统中有多个执行机构,且它们之间有运动上的联系和制约	印刷机、包装机、缝纫机、纺织机等

3. 执行构件的运动形式

执行构件的运动形式取决于执行系统所要完成的工作任务,由于工作任务的多样性,所以执行构件的运动形式也各种各样,表 7-4 列出了执行构件常见运动形式及主要运动参数。

表 7-4　执行机构常见运动形式及主要运动参数

运动形式			执行机构	主要运动参数
平面运动	旋转运动	连续转动	齿轮机构、凸轮机构、双曲柄机构、步进电动机、伺服电动机等	角速度 ω 或转速 n
		间歇转动	棘轮机构、钢球式单向机构等	运动时间 t,停歇时间 t_0,运动周期 $T=t+t_0$,运动系数 $\tau=t/T$,转角 φ,角加速度 α
		往复摆动	曲柄摇杆机构、摆动导杆机构、曲柄摇块机构、摆动推杆凸轮机构、组合机构等	摆角 φ,角加速度 α,行程速度变化系数 K

续表

运动形式			执行机构	主要运动参数
平面运动	移动	连续移动	齿轮齿条机构、螺旋机构、蜗轮蜗杆机构、带、链等	速度 v
		间歇移动	不完全齿轮齿条机构、曲柄摇杆机构+棘条机构、槽轮机构+齿轮齿条机构、其他组合机构等	运动时间 t，停歇时间 t_0，运动周期 $T=t+t_0$，运动系数 $\tau=t/T$，位移 s，加速度 a
		往复移动	曲柄滑块机构、移动推杆凸轮机构、正弦机构、正切机构、牛头刨机构、不完全齿轮齿条机构、凸轮连杆组合机构等	位移 s，加速度 a，行程速度变化系数 K
空间运动		一般空间运动	空间连杆机构等	绕三个相互垂直轴线的转角 φ_x、φ_y、φ_z，角速度 ω_x、ω_y、ω_z；沿三个相互垂直轴线的位移 s_x、s_y、s_z，速度 v_x、v_y、v_z 和角速度 ω_x、ω_y、ω_z

由表 7-4 可见，执行构件的运动形式是多种多样的，而机械系统动力机的运动往往比较单一，例如电动机或液压马达通常作等速转动，液压缸的活塞作等速移动等。为了把动力机的运动转变为执行构件所需的运动，需要通过传动系统或执行机构进行各种运动的变换。

7.2.2 微位移机电系统简介

多自由度微位移机电系统是一种能够实现微小位移的多自由度微型机械电子系统，该系统能产生受控的微米级到纳米级的微小移动或相应数量级的角位移。利用该系统可以实现一个或多个自由度的运动。在现代机械系统中，微位移机电系统可精确、微量地调节系统之间的相对位置。如利用微位移机电系统调节读数系统中的零位。微位移机电系统在医学工程、生物技术和半导体加工等行业的需求越来越大。

微位移机电系统的性能直接决定系统的精确性和操作性能，对其基本要求如下：
① 灵敏度高，最小移动量达到使用要求；
② 传动灵敏、平稳，无空行程，制动后能保持稳定位置；
③ 抗干扰能力强，响应快；
④ 结构工艺性好。

图 7-24 所示为微位移机电系统的组成原理，其中，驱动单元根据输入电压的大小产生相应的位移，再传递给微位移机构，同时也将对微位移机构施加力的作用。驱动单元产生的位移经过微位移机构的转换（放大、缩小等），即可得到所需数量级的微小位移。控制单元根据检测到的位置信号等对输入进行相应的调整，便可得到满足给定精度要求的微小位移。下面简要介绍系统的驱动单元和微位移机构。

微视频 7.4
微位移机电系统简介

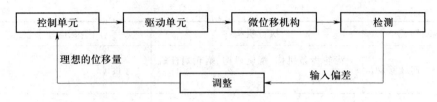

图 7-24　微位移机电系统组成原理

1. 驱动单元

驱动单元亦称微驱动器,能够将非位移的物理量转换为所需的位移量。目前主要有三大类:第一类是微型电动机(微马达),是其中最常见的类型;第二类是压电式微驱动器;第三类是微型发动机,如微涡轮机等。

(1) 微型电动机

微型电动机有静电式、电磁式、谐振式、生物式和超声式五种。

静电微型电动机选择静电作为换能形式,这是因为随着绝对尺寸的变小,表面力将代替体积力起主导作用,而静电力是最易获得的表面力。其基本原理是利用静电力来驱动。

超声微型电动机是一种应用压电陶瓷的压电效应把电能变换成机械能的直接驱动电动机。它是在压电陶瓷振子上加上交流电压产生超声波振动,通过摩擦力变换成旋转或直线运动;或者直接把压电振子产生的弯曲振动作为驱动源,借助于简单的机械结构来驱动转子作连续的旋转运动。

电磁微型电动机基于传统的电磁电动机的原理制作而成,其转动靠平面线圈的电磁力驱动。有滑动式(线性)、滚动式(线性)、转动式(连续角位移)和平动式(两自由度)四种形式。

谐振微型电动机是靠机械谐振振子驱动的电动机,电动机原理非常简单。用 IC 工艺制作的,其转速可高达 60 000 r/min。

生物微型电动机驱动转子的动力来自储存在细胞质膜之间的质子梯度。关于它的致动机理和力学特性目前还不十分清楚。

(2) 压电式微驱动器

压电式微驱动器主要是利用压电材料的逆压电效应,通过输入一定的电压产生相应的位移。然而压电材料存在着变位小的缺点,通常辅以合适的微位移放大机构,以实现较大行程范围的精密位移驱动。所以,压电式微驱动器大多需要位移放大机构,目前用得较多的微位移放大机构有双层压电合成晶片机构、叠层式压电陶瓷机构等。

双层压电合成晶片,其结构中间为一弹性金属薄片,金属片的两侧是压电晶片。当在金属片和两侧的表面电极间加以适当的电压时,上层压电晶片在垂直方向膨胀,在水平方向收缩,而下层压电晶片则在水平方向膨胀,在垂直方向收缩,从而造成了双层压电合成晶片的变形,扩大了压电晶体的变形输出位移,如图 7-25 所示。

叠层式压电陶瓷结构(图 7-26)是近年来发展越来越快的新型微位移器件,采用压电材料夹上金属薄板的机械叠层方法制造,能够在较低电压下产生较大位移量,是理想的精密微位移机构的驱动源。它具有结构紧凑、体积小、分辨率高、控制简单等优点,同时它没有发热问题,故对精密工作台无因热量而引起的误差。

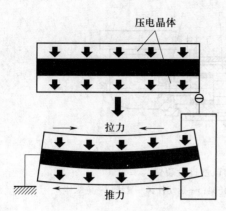

图 7-25　双层压电合成晶片

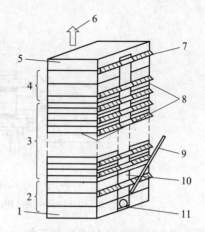

图 7-26　叠层式压电陶瓷结构

1、5—保护层；2、4—非均匀层；3—均匀层；
6—驱动方向；7—玻璃绝缘膜；8—内部电极层；
9—引线；10—外部电极；11—焊锡

（3）微型发动机

微涡轮机是典型的微型发动机，用多晶硅材料制造，通过封闭在系统内部微量压缩流体驱动，应用于能量损耗极少的场合。

2. 微位移机构

（1）形成微位移的方法

根据形成微位移的机理，有两种方法可以得到微小的位移：一种是机械式，即通过机械方法缩小输入位移。如弹性缩小机构、杠杆、楔块、丝杠等，都是通过缩小输入位移来提高分辨率的，可达到了亚微米级的定位精度，并已在实际中得到了应用。但它们共同的缺点是结构复杂、体积大，故有各自的局限性。另一种方法是机电式，即利用各种物理原理直接产生微小位移。按物理原理分主要有电热式、电磁式、压电和电致伸缩式及磁致伸缩式等。

电热式和磁致伸缩式驱动装置伴随有发热现象。其他三种主要是利用逆压电效应而制成的微位移装置，不仅可以实现很高的位移分辨率，而且因为逆压电效应进行的速度快，来不及与外界交换能量，可以近似地认为是绝热过程，不存在发热问题。

图 7-27 所示为机床的微量进给装置，传动件 2 与托架 4、8 连接，其中托架固定在运动件 5 上，托架 8 固定在机座上，传动件 2 内装有加热件 3 和高频感应电圈，外面有套筒 1 与传动件 2 形成一个空腔，供冷却液通过。绝缘体 7 用于隔离传动件和加热元件。当线圈由导线 6 通以高频电流后使加热件 3 加热，传动件 2 由于产生热变形而伸长，经托架 4 使运动件 5 产生微量位移。该装置可根据机床工作时的动态测试指令给出需要的热量。当运动达到指定位置，输入冷却液，使传动件冷却而恢复到原来的位置，该装置可达微米级的位移精度。

磁致微动装置具有重复位移精度高、无间隙、刚性好、传动惯性小、工作稳定性好、结构简单、紧凑等优点。该装置适用于精确位移调整、切削刀具磨损后的补偿、温度变形补偿及自动调节系统。

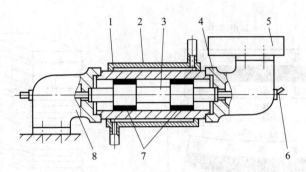

图 7-27 机床的微量进给装置

1—套筒;2—传动件;3—加热件;4、8—托架;5—运动件;6—导线;7—绝缘体

图 7-28 为磁致伸缩式精密工作台示意图。粗位移由传动箱 1 经丝杠螺母副传动完成,而微量位移则可由装在螺母和工作台 3 之间的磁致伸缩棒 2 来实现。

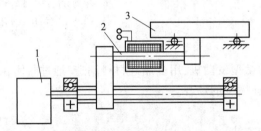

图 7-28 磁致伸缩式精密工作台

1—传动箱;2—磁致伸缩棒;3—工作台

（2）常见微位移机构

微位移机构的种类很多,这里仅简单介绍几个机构。

1）柔性支承微工作台

早在 20 世纪 60 年代初,美国国家标准局应用柔性支承-压电驱动原理,研制成功了微调工作台并将其应用于航天技术中,其结构原理如图 7-29 所示。它采用叠层式压电晶体作为驱动元件,采用杠杆原理与柔性铰链相结合的整体式结构,其尺寸范围为 10 cm× 10 cm×2 cm,分辨率 ≤0.001 μm,行程范围 1~50 μm。

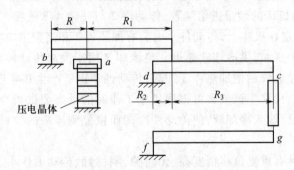

图 7-29 柔性支承工作台

2）尺蠖机构

为解决压电陶瓷器件移动范围窄的问题，人们研制成功了三个压电元件组成的尺蠖机构，它具有很高的分辨率（0.02 μm），行程范围大（大于 25 μm），移动速度为 0.01 ~ 0.5 mm/s。其原理如图 7-30 所示。将三个压电陶瓷机械式串联在一起，只要按一定频率顺序在三个压电晶体上加压，就能使器件在轴上步步移动。改变加在三个压电陶瓷的电压频率可以获得不同的移动速度。

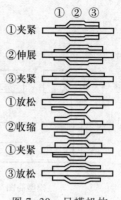

图 7-30 尺蠖机构

3）蠕动直线电动机

图 7-31 所示为蠕动直线电动机的结构图。它将蠕动体置于平行导轨之间，中间的压电致动器用于进给驱动，前、后两个压电致动器用于箝位，整体式柔性铰链框架结构用于运动控制，提高了机构的刚度和输出推力。外形尺寸为 182 mm×62 mm×25 mm 的机构，刚度达到 90 N/μm，进给速度为 6 mm/s。

4）X-Y-θ 三自由度微动台

图 7-32 所示为三自由度工作台的结构原理图，它由四个压电致动器（A、B、C、D）和四个箝位机构（①、②、③、④）组成。沿 X 方向运动时，先使①、④箝位，②、③松位，然后驱动 A、C 伸长，接着②、③箝位，①、④松位，使 A、C 缩短，此时机构整体移动一步。重复上述循环，即可实现 X 方向的步进运动。由于蠕动结构对称，Y 方向的运动控制类同。而反向运动只需改变致动器和箝位、松位的操作顺序即可实现。在 XY 平面内的旋转运动 θ 的控制步骤如下：使③、④箝位，①、②松位，驱动 B 伸长和 D 缩短，再使①、②箝位，③、④松位，驱动 D 伸长和 B 缩短，此时蠕动机构逆时针旋转一微小角度。循环上述动作，可以实现大角度位移行程。制作出的蠕动式 X-Y-θ 三自由度微动台外形尺寸为 200 mm×200 mm×35 mm，X 和 Y 方向的定位精度小于 1 μm，移动速度为 500 μm/s，θ 旋转定位精度小于 7.5 μrad，转动速度 3 000 μrad/s。

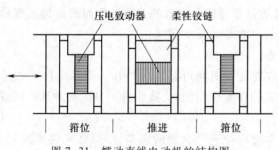

图 7-31 蠕动直线电动机的结构图

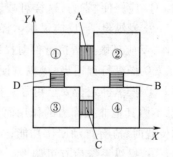

图 7-32 三自由度工作台

图 7-33 所示为一种利用微位移机构原理制作的多功能蠕动式移动机器人机构，该机构能在比较复杂的管路上行驶，并能通过管路上的典型障碍。该机构由箝位机构 1、2，转动关节 3、4 以及移动关节 5 组成。通过反复控制手爪的握住与松开状态和移动关节就能实现直线运动，跨越 L 形管、T 形管和管道凸台。

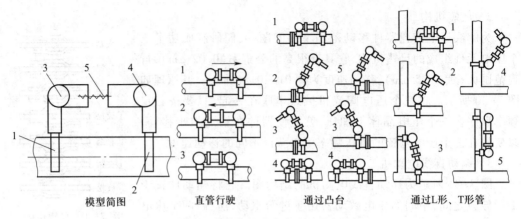

图 7-33　多功能蠕动式移动机器人机构
1、2—箝位机构;3、4—转动关节;5—移动关节

7.3　操纵系统

7.3.1　操纵系统的功能、要求、组成及分类

操纵系统是指把人和机械联系起来,使机械按照人的指令工作的机构和元件所构成的总体。在现代机械系统中,操纵系统是不可缺少的。例如在汽车上,为实现其启动、刹车、转向、换挡等功能,均需有专门的操纵件(方向盘、离合器、脚刹等)。

操纵系统的一般功能是实现信号转换,即把操作者施加于机械的信号,经转换传递到执行系统,以实现机械的启动、停止、制动、换向、变速、变力等目的。

操纵系统设计应满足的基本要求是:

① 应轻便、省力,这样可减轻劳动强度,提高劳动生产率和安全性;

② 操纵灵活、反应灵敏。操纵灵活是指可按操纵者的意图方便而简捷地实现预期的操作,反应灵敏是指执行件对操纵件所发指令的反应迅速;

③ 操纵行程适当,操纵方便、舒适;

④ 操纵件定位安全可靠。操纵件应能长时间可靠地保持在一个基本操作状态的位置,不因其他非操作力的作用而改变其操作状态。而且,操纵件一旦因某种原因而偏离操作位置时,应有自动回位功能;

⑤ 操纵系统应有可调性。操纵系统应能进行必要的调节,以保证元件磨损后,经调节仍能实现所期望的操纵效果。

操纵系统的组成主要包括操纵件、执行件和传动装置三部分。图 7-34 所示为变速箱中常用的一种典型操纵系统,图中,变速杆 8 为操纵件,拨叉 13、14、15、16 为执行件,滑杆 1、2、3 及导板 4 等组成传动装置。

（1）操纵件

常用的操纵件有拉杆、手柄、手轮、按钮和脚踏板等,图 7-35 所示为各类操纵件的形态。

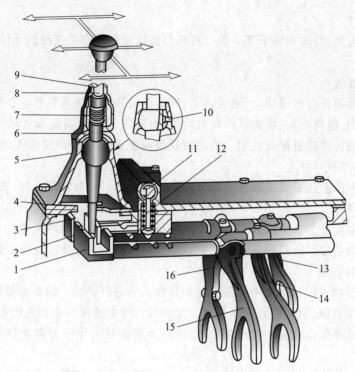

图 7-34 典型操纵系统

1、2、3—滑杆;4—导板;5—变速杆座;6—碗盖;7—压紧弹簧;8—变速杆;9—防尘罩;
10—止动销;11—联锁轴;12—锁销;13、14、15、16—拨叉

| (a) 曲柄 | (b) 手轮 | (c) 旋塞 | (d) 旋钮 | (e) 钥匙 | (f) 开关杆 |

| (g) 调节杆 | (h) 杠杆键 | (i) 拨动式开关 | (j) 摆动式开关 | (k) 脚踏板 | (l) 钢丝脱扣 |

| (m) 按钮 | (n) 按键 | (o) 键盘 | (p) 手闸 | (q) 指拨滑块
(形状决定) | (r) 指拨滑块
(摩擦决定) |

| (s) 拉环 | (t) 拉手 | (u) 拉圈 | (v) 拉钮 |

图 7-35 操纵件形态

（2）执行件

常用的有拨叉、滑块和销子等。执行件是与被操纵部分直接接触的元件，完成操纵系统的功能。

（3）传动装置

常用的传动装置有机械传动、液压传动、气动传动和电传动等类型。在机械传动装置中常用连杆机构、齿轮机构、螺旋及凸轮机构等，有时液压传动装置和气动传动装置作为助力装置与机械传动装置配合使用。传动装置是操纵系统中的中间元件，它将操纵件上的力、运动传递到执行件上。

操纵系统中除上述三大组成部分外，还有一些辅助元件，如定位元件、锁定元件、互锁元件及回位元件等。

操纵系统主要分为人力操纵、助力操纵、液压操纵和气压操纵四大类。

人力操纵是指操纵所需的作用力和能量全部由操作者来提供。这样的操纵系统只适宜操纵力较小的机械。

助力操纵是利用机械系统中储备的能量帮助人力进行操纵。储备能量的方式有弹性变形储能和液压储能，因此助力操纵系统又分为弹性助力操纵系统和液压助力操纵系统。

液压操纵是指操作者施加较小的力，而操纵所需的较大作用力和能量全部由液压系统供给。

气压操纵与液压操纵具有相同的特点，人施加较小的力，而较大的操纵力和能量全部由压缩空气提供。

除人力以外的三类操纵系统都适宜于操纵力较大的机械。

操纵系统按传动方式又可分为机械式、混合式（机械与液压或气压结合）两种。

操纵系统按涉及的人体器官不同则分为手操纵系统和脚操纵系统。手操纵是最常采用的操纵方式。因为人手的动作比脚灵活，动作范围大，功能强，一般总是先考虑用手操纵，只有在操纵力较大、操纵件较多时，才考虑采用脚操纵，或手、脚并用操纵。按功能分类可分为开关控制、转换控制、调整控制和制动控制等。除此之外，还有远距离的遥控操纵。

表 7-5 所示为操纵件类型及适用性。

表 7-5 操纵件的类型及适应性

运动的形式	控制器举例	手握类或脚踏类	在下列情况下的适用性										
			两个工位	多于两个工位	无级调节	控制器保持在某一工位	某一工位快速调整	某一工位准确调整	占地少	单手同时操纵若干控制器	位置可见	位置可及	阻止无意识操作	控制器可固定
转动	曲柄	抓、握	2	2	1	1	2	2	3	3	2	2	3	2
	手轮	抓、握	2	1	1	1	2	1	3	3	3	3	3	1
	旋塞	抓	1	1	1	1	2	1	2	3	1	2	2	
	旋钮	抓	1	1	1	3	2	1	1	3	2	3	2	
	钥匙	抓	1	2	3	1	2	2	2	3	1	2	2	3

续表

运动的形式	控制器举例	手握类或脚踏类	在下列情况下的适用性											
			两个工位	多于两个工位	无级调节	控制器保持在某一工位	某一工位快速调整	某一工位准确调整	占地少	单手同时操纵若干控制器	位置可见	位置可及	阻止无意识操作	控制器可固定
摆动	开关杆	抓	1	1	2	1	2	2	3	3	1	1	3	3
	调节杆	握	1	1	1	1	1	2	3	3	1	1	3	2
	杠杆键	手触、抓	1	3	3	2	1	3	2	1	3	3	3	3
	拨动式开关	手触、抓	1	2	3	3	1	1	1	1	1	1	3	3
	摆动式开关	手触	1	3	3	3	1	1	1	1	2	2	3	3
	脚踏板	全脚踏上	1	2	1	1	1	2	3	3	3	3	3	2
按压	钢丝脱扣	手触	1	3	2	2	3	1	1	3	3	3	1	3
	按钮	手触、脚掌或脚跟踏上	1	3	3	3	1	1	1	1	2	2	3	3
	按键	手触、脚掌或脚跟踏上	1	3	3	1	1	1	1	1	3	3	3	3
	键盘	手触	1	3	3	1	1	1	1	1	3	3	3	3
滑动	手闸	手触抓、握	1	1	1	1	1	2	3	2	1	1	3	2
	指拨滑块（形状决定）	手触抓	1	1	1	1	1	2	2	2	1	1	3	3
	指拨滑块（摩擦决定）	手触	1	1	1	1	1	2	2	2	1	1	3	3
牵拉	拉环	握	1	2	2	1	2	2	3	3	1	3	3	1
	拉手	握	1	2	2	1	2	2	3	3	1	2	2	3
	拉圈	手触抓	1	2	2	1	2	2	3	3	1	2	2	3
	拉钮	抓	1	2	2	2	2	2	3	3	1	2	2	3

注：（1）表中所列标记，1为极适用，2为适用，3为不适用。

（2）在适用性判据中，凡列为"适用"或"不适用"的控制器，若具有适当的结构设计时，这些控制器可视为"极适用"或"适用"，对于"阻止无意识操作"项尤其如此，但只有当不可能使用其他控制器时才可以这样做。

（3）在判断有关"某一工位快速调整"时考虑了接触时间。

7.3.2　操纵系统设计

操纵系统存在于各种机械、车辆、船舶和飞机等机械系统中。就其工作原理和结构形式而言多种多样,因此对于不同的操纵系统,其设计和计算的内容是不同的。但总的讲,操纵系统的设计是按以下步骤进行的。

1. 原理方案设计

原理方案设计是根据设计的要求,如执行件的运动轨迹、速度和被操纵件的数目以及各执行件间的关系,来拟订其中操纵件、执行件和传动装置的方案。在拟订方案后,确定主要的设计参数(如操纵力、操纵行程和传动比等)及有关的几何尺寸。

设计参数的确定过程一般如图 7-36 所示。

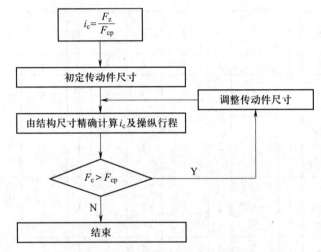

图 7-36　确定设计参数的框图

i_c—传动比;F_z—操纵件工作阻力;F_{ep}—人机工程学推荐的操纵力;F_c—操纵力

在拟订方案时应搜集国内外同类操纵系统的先进资料,结合所设计任务的特点,拟订出技术先进、切实可行的设计方案。为得到好的设计方案,应遵循以下三个原则。

① 机构应尽量简单,传动路线应尽量缩短。在满足功能要求的前提下,应尽量采用构件数目和运动副数目少的机构。因为这样可以简化构造,减轻重量,降低费用,提高其刚度和效率。

② 尽量减小机构及构件尺寸。构件的尺寸及重量因拟订方案的不同有很大差别。如实现同一速比的机构,蜗杆机构比齿轮机构及链传动机构等的尺寸要小。

③ 应具有较高的机械效率。运动链的总效率等于运动链中各个机构的机械效率的连乘积。因此,当运动链中任何一个机构有较低的传动效率时,就会使总效率降低。在拟订方案时要综合考虑,使之得到最佳的设计方案。

2. 结构设计

结构设计是在原理方案的基础上,完成操纵件、执行件及传动装置的形状及尺寸设计。必要时,为保证操纵安全可靠,要附加一些起安全保护作用的元件或装置。

在结构设计中要考虑保证功能、提高性能和降低成本这三个主要问题。保证功能就是在构型设计中体现功能结构的明确性、简单性和安全性;提高性能主要从合理承载,提高强度、刚度、精度、稳定性,减小应力集中等方面去努力;降低成本主要从选材、加工和安装的合理性去考虑。

3. 操纵件的造型设计

操纵件不仅用来完成操纵系统的任务,而且也是一种装饰和点缀品。它的艺术造型对提高整个机械的价值具有一定的作用。机械的操纵件在不同造型、不同功能的机械上也有各自独特的造型和风格,并与机械整体相协调。详见有关机械产品造型设计的文献。

例 7-2 设计一种经常接合的摩擦片离合器的脚踏板机械操纵系统。

解:(1)原理方案设计

根据题意要求,离合器接合采用弹簧压紧,分离操纵系统采用平面四杆机构。如图 7-37 所示,其工作原理是:离合器靠压紧弹簧 2 产生的压紧力 F_n 将带摩擦面的从动盘 4 夹紧在压盘 3 和主动盘 5 之间,从而借助摩擦力将输入到主动盘 5 上的动力经从动盘 4 传到输出轴 10 上。若要切断动力,脚踏踏板 8,通过中间拉杆 9 及杠杆使滑盘左移,再经分离杠杆 7 使分离拉杆 6 右移压紧弹簧 2,使主动盘 5、从动盘 4 和压盘 3 分离。当撤去脚踏力,弹簧 1 使脚踏板回位,弹簧 2 使离合器接合。

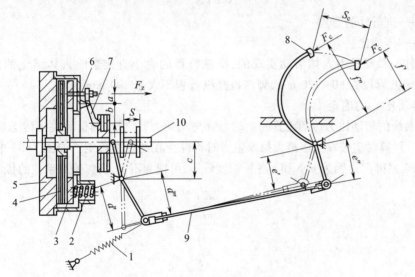

图 7-37 离合器的脚踏板操纵机构

1—回拉弹簧;2—压紧弹簧;3—压盘;4—从动盘;5—主动盘;

6—分离拉杆;7—分离杠杆;8—踏板;9—中间拉杆;10—输出轴

(2)初步确定主要的几何尺寸

因本例题未提出具体的要求,故图 7-37 中用符号标出操纵系统中主要的几何尺寸及它们之间的关系。

(3)确定主要的设计参数

此操纵系统的主要设计参数有操纵力、操纵行程和传动比。

1)操纵力 F_c 的确定

操纵力 F_c 是操作者施加给操纵件的最大作用力,取决于执行件的工作阻力 F_z、操纵

系统的传动比 i_c 和传动效率 η。操纵力 F_c 可由下式计算

$$F_c = \frac{F_z}{\eta i_c}$$

操作系统的传动效率一般取 $0.7 \sim 0.8$。

此操纵系统的工作阻力包括弹簧 2 的压紧力 F_n 和离合器分离时弹簧 2 继续被压缩时弹簧力 ΔF_n，所以执行件的工作阻力为

$$F_z = F_n + \Delta F_n = F_n + K\Delta\lambda = F_n + KZ\Delta S$$

式中：K——弹簧刚度；

　　　$\Delta\lambda$——附加变形；

　　　Z——离合器的摩擦面对数；

　　　ΔS——离合器各摩擦面间应保持的间隙。

2）操纵行程 S_c 的确定

操纵行程是指执行件从初始位置移动到完成操纵位置时操纵件所具有的相应位移。操纵行程 S_c 可由下式计算

$$S_c = i_c S_z$$

式中：S_z——执行件的行程；

　　　i_c——传动比。

操纵件的移动是由人体活动实现的，操纵行程的大小直接影响人体感觉的舒适性。一般手柄操纵行程为 $80 \sim 120$ mm，脚踏板操纵行程不大于 200 mm 为宜。

3）传动比 i_c 的确定

操纵系统的传动比为传动装置的主动力臂与从动力臂之比，其值取决于传动装置中构件的尺寸。计算时应按在克服最大操纵阻力时构件所在的位置确定。如图 7-37 中各力臂为 a、b、c、d''、e'' 和 f''。因为 a、b 和 c 各杆长度较短，可视为不变，所以操纵系统的传动比为

$$i_c = \frac{bd''f''}{ace''}$$

或

$$i_c = \frac{F_z}{F_{cp}}$$

在确定传动比时，要考虑操纵力和操纵行程两个方面的问题。当工作阻力 F_z 一定时，i_c 大，则 F_c 小，操纵就省力；但当执行件行程 S_z 一定时，i_c 大，则 S_c 大，操纵行程大易使操作者疲劳。

7.4　机械运动系统设计

7.4.1　机械运动系统设计的基本要求

机械运动系统设计的好坏将直接影响整个机械系统技术性能的优劣、结构的繁简、制

造成本的高低以及操作的难易。机械运动系统设计的关键在于机械运动系统方案的设计,如果在方案设计时考虑欠缺,就会造成先天不足,即使在后续阶段采取一些补救措施,也是治标难治本,整个运动系统的总功能难以得到根本性改善。

因此,在进行机械运动方案设计时一般要考虑如下问题。

1. 机械运动系统组成的相容性原则

在机械运动系统中各执行机构的组成大多采用串联形式和并联形式。在组成机械运动系统方案时,它的相容性主要反映在保持各执行机构运动的同步性、各执行机构输出动作的协调性以及各执行机构输出运动精度的匹配性。

(1) 各执行机构运动的同步性

同步性反映了机械运动系统在一个机械工作循环中各执行机构有相同的工作周期,按一定的节拍完成机械工艺动作的要求。通常情况下,要求各执行机构的输入构件按同一转速转动或按一定的平均速比转动,使各执行机构的运动周期相同。当然,在某些特殊的机械工艺动作过程中,个别执行机构的运动周期是其他执行机构运动周期的整数倍。那时,可以通过定传动比的机构传动来加以保证。

图 7-38 所示为家用缝纫机机构系统方案图。其中,刺布机构和挑线机构的输入构件均为缝纫机的上轴,它由电动机带动旋转,使刺布机构和挑线机构的运动具有同步性。摆动的勾线机构和移动的送布机构的输入构件均由上轴通过一个曲柄摇杆机构和一个凸轮式高副机构传至下面三根轴产生摆动。因此,送布机构和勾线机构也一定与刺布机构和挑线机构同步运动。

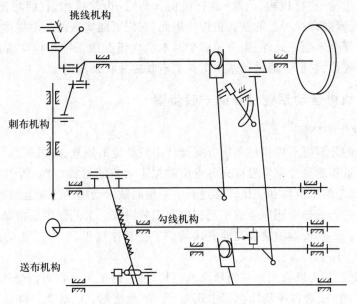

图 7-38 家用缝纫机机构系统

(2) 机构输出运动的协调性

在设计机械运动系统方案时,应考虑各机构的输出运动特性,即运动形式、运动轴线、运动方向和运动速率。为了满足工艺动作需要,在设计方案时,应使机构的运动特性符合规定要求,使各执行机构的运动相互协调。

例如图 7-38 所示的家用缝纫机机构系统中各机构的运动形式、运动方向和运动规律应满足刺布→挑线→勾线→送布的要求,同时运动轴线布置也符合各机构的要求。

（3）机构输出运动精度的匹配性

设计机械的工艺动作过程是一个整体,对于组成的各个动作都有精度要求。运动精度的匹配性是指各机构的运动精度能满足完成工艺动作的需要。选择过低的机构运动精度会使机械无法工作,选择过高的机构运动精度会使制造和设计成本大大提高。

2. 机械运动系统组成的系统最优化原则

机械运动系统的各组成部分(各机构)均需服从系统组成的基本原则和基本特性,其组成必须符合系统综合最优的原则。

为了达到系统综合最优,首先必须对各组成机构进行综合最优的评价和选优。对于每个组成机构从实现功能、工作性能、动力性能、经济性和结构紧凑性等五个方面来进行评价。并根据评价结果从众多可行的执行机构中择优选择。其次应对整个机械运动系统从整体的实现功能、工作性能、动力性能、经济性和结构紧凑性来进行全面评价,从众多的可行的机械运动系统中选择几个综合最优方案,供最后决策和选择。

3. 寻求执行机构的创新设计是机械运动系统创新设计的基础

要得到具有创新性的机械运动系统方案,其基础是创新出整体性能最佳的新颖执行机构。而在执行机构层次上的创新设计,可以使机械运动系统方案更具创新性。

对于较为复杂的动作,如果采用常用的基本机构无法实现,可以采用组合机构。组合机构常见的有齿轮-连杆机构、凸轮-连杆机构和凸轮-齿轮机构,它们均是将一些凸轮、齿轮、连杆等元素融合在一起的复合机构。因此,它们所能实现的运动规律和运动轨迹比基本机构更加复杂多变。此外,也可用多个基本机构组合成新的机构实现比基本机构更为复杂的运动规律,它们一般采用基本机构的串联或并联来实现。

7.4.2　机械运动系统设计的一般步骤

1. 工艺动作的分解

工艺动作的分解应根据机械系统方案设计中所确定的原理方案进行。

工艺动作过程的设计与构思应充分考虑被加工对象的材料特性、所需达到的工艺要求和生产率、机器的工位数和工位转移过程中采用间歇运动还是连续运动等。

工艺动作过程的确定还应考虑工艺程序和工艺路线。工艺程序是指完成各个工艺动作的先后顺序。一台机器的功能是要完成某一工艺动作过程,一个工艺动作过程又可以分解为若干个工序。

例如,制盒工艺为纸盒成形→物料充填→封口,它的工艺动作可以分解为图 7-39 所示的 9 个工序:① 纸盒料坯从储存器中送出;② 纸盒成形;③ 纸盒一端盒口闭合;④ 纸盒一端盒口封口;⑤ 纸盒翻转 90°;⑥ 盒子送进;⑦ 物料充填纸盒;⑧ 另一端盒口闭合;⑨ 另一端盒口最后封口。工艺动作过程的分解与工作原理、功能和应用范围密切相关,也与实现各工序动作的方法有关。采用简单实用的机构来实现工序动作,是每一个设计师应努力达到的目标。

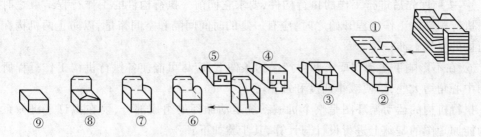

图 7-39　折叠式包装工艺动作的分解

工艺程序的编排对于机器结构简化及工作可靠性起较大的作用。在上述例子中,对包装纸的上、下、前三面的折叠只采用了将物品向右推进的机构,利用物品上下的挡块形成上、下、前三面包装纸的折叠,这种方式结构简单,工作可靠。

在机械总功能和工作原理确定之后,工艺动作过程的类型一般是比较有限的。而将工艺动作过程分解成若干执行动作时应充分考虑这些执行动作能否用比较简单的执行机构来完成。同时也应考虑前、后两执行动作衔接的协调和有效的配合。

总之,工艺动作分解过程要符合下列原则:

① 动作的可实现性,即分解后的动作能被机构实现,因此设计人员应全面掌握各种机构的运动特性;

② 动作实现机构的简单化,即所需实现的动作尽量采用简单机构,使机械运动系统易于设计制造;

③ 动作的协调性,即前、后两执行机构产生的动作要相互协调和有效配合,尽量避免两执行机构产生的运动发生干涉和运动不匹配。

2. 工作循环图的绘制

当根据功能要求,选定了各执行机构的形式和驱动方式以后,还必须使各机构以一定的次序协调动作,使它们统一于整个机械系统,以完成预定的生产过程或满足产品的功能要求。

机械设备中,各执行机构的运动往往是周期性的,执行机构经过一定时间间隔后,其位移、速度等运动参数周期重复,即完成一个个运动循环。在每一个循环内可分为工作行程和空行程。

工作循环图反映机械系统中各执行机构在一个周期内对产品进行加工的先后次序,正确的循环图设计可以保证生产设备具有较高的生产率和较低的能耗。因此,工作循环图也是进行控制系统设计的基础,故有必要在分析功能要求的基础上制订最佳的工作循环图。

机器工作循环图的设计要点如下:

① 以工艺过程开始点作为机器工作循环的起始点,并确定开始工作的那个执行机构在工作循环图上的机构运动循环图,其他执行机构则按工艺动作顺序先后列出;

② 不在分配轴上的控制构件(一般是凸轮),应将其动作所对应的中心角,换算成分配轴相应的转角;

③ 尽量使各执行机构的动作重合,以便缩短机器工作循环的周期,提高生产率;

④ 按顺序先后进行工作的执行构件,要求它们前一执行构件的工作行程结束之时与后一执行构件的工作行程开始之时,应有一定的时间间隔和空间裕量,以防止两机构在动作衔接处发生干涉;

⑤ 在不影响工艺动作要求和生产率的条件下,应尽可能使各执行机构工作行程所对应的中心角增大些,以便减小速度和冲击等。

执行机构的运动循环图是整个机械系统运动循环的组成部分,要在拟订了机械系统的功能原理图的基础上进行设计与计算,其步骤如下:

① 确定执行机构的运动循环;

② 确定运动循环的组成区段;

③ 确定运动循环内各区段的时间(或分配轴转角);

④ 绘制执行机构的运动循环图。

例 7-3　打印机构的工作原理示意图如图 7-40 所示。打印头 1 在控制系统的控制下,完成对产品 2 的打印。下面就上述四个步骤分别阐述。

图 7-40　打印机构的工作原理示意图

解:(1) 确定打印头的运动循环

若给定打印机构的生产纲领为 4 500 件/班,理论生产率为

$$Q_T = \frac{4\ 500}{8 \times 60} \text{件/min} = 9.4 \text{件/min}$$

可取 $Q_T = 10$ 件/min,则打印机构的工作循环时间为

$$T_P = 1/10 \text{ min} = 6 \text{ s}$$

(2) 确定运动循环的组成区段

根据打印的工艺功能要求,打印头的运动循环由下列四段组成:

T_k——打印头向下接近产品;

T_s——打印头打印产品时的停留;

T_d——打印头的向上返回运动;

T_0——打印头在初始位置上的停留。

因此有 $T_P = T_k + T_s + T_d + T_0$。

(3) 确定运动循环内各区段的时间及分配轴转角

根据工艺要求,打印头应在产品上停留的时间为 $T_s = 2$ s,相应的 T_k 和 T_d 可根据执行机构的可能运动规律初步确定为 $T_k = 2$ s,$T_d = 1$ s,则得 $T_0 = 1$ s。

(4) 绘制执行机构的运动循环图

将以上的计算结果绘成直角坐标式循环图,如图 7-41 所示。

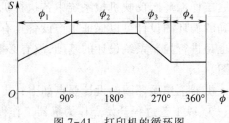

图 7-41　打印机的循环图

当系统中有多个执行构件时,将它们的运动循环画在同一个图中,就构成了执行系统的运动循环图。

执行机构的运动循环图也可以画成圆形(具体实例请参见附录部分)或矩形(参见文

献[37])。

图 7-42 所示为电阻压帽机的机构简图,当分配轴 1 转动时,带动凸轮机构 2、3、4 及 7 一起运动,其中电阻送料机构凸轮 3 将电阻坯件 6 送到作业工位上,夹紧机构凸轮 4 将电阻坯件 6 夹紧,压帽机构凸轮 2 及 7 将两端电阻帽压在电阻坯件上。然后,各凸轮机构先后进入返回行程,将压好电阻帽的电阻卸下,并换上新的电阻坯件和电阻帽,再进入下一个作业循环。据此,可画出该机器的工作循环图,如图 7-43 所示。

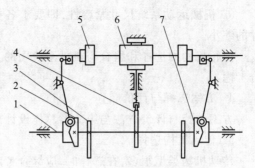

图 7-42　电阻压帽机机构简图

1—分配轴;2、7—压帽机构凸轮;3—电阻送料机构凸轮;
4—夹紧机构凸轮;5—电阻帽;6—电阻坯件

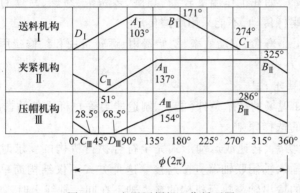

图 7-43　电阻压帽机工作循环图

3. 执行机构选型及组合

对于分解工艺动作过程后所得的若干执行动作(亦可称工艺动作)要进行详细分析,包括它们的运动规律要求、运动参数、动力性能、正反行程所需曲柄转角等。

由于执行机构的作用是传递、变换运动与动力,即把传动系统传递来的运动和动力进行变换,以满足机械系统的功能。而实现某种运动变换,可选择的机构多种多样,因而需要进行分析、比较与合理选择。一般的选择原则是在满足运动要求的前提下,采用尽可能短的运动链,减少机构和零部件,提高机械效率,降低成本,同时应优先选用机构简单、工作可靠、便于制造和效率高的机构。

选择执行机构还应考虑下列要求:

① 执行构件的运动规律与工艺动作的一致性;

② 执行构件的位移、速度、加速度(包括角位移、角速度、角加速度)变化要有利于完成工艺动作;

③ 前、后执行构件的工作节拍要基本一致,否则无法协调工作;

④ 执行机构的动力特性和负载能力要能胜任工艺动作要求;

⑤ 机械运动系统内各执行机构应满足相容性,即输入输出轴相容、运动相容、动力相容、精度相容等;

⑥ 机械运动系统尺寸紧凑性,即要求各执行机构尺寸尽量紧凑、有利于机械整体尺寸的缩小。

执行机构的选择和组合与机械系统中的其他部分,特别与传动部件密切相关,故应综合考虑。

4. 方案选择与评价

方案选择与评价方法与第 2 章总体设计部分相似,这里不再赘述。

5. 传动机构选择

传动机构类型很多,在选择时,应综合考虑下列因素:

① 执行机构的工况;

② 动力机的机械特性和调速性能;

③ 对传动机构的尺寸、质量和布置方面的要求;

④ 工作环境条件,如在工作温度较高、潮湿、多粉尘、易燃、易爆的场合,宜采用链传动、闭式齿轮传动、蜗杆传动,不能采用摩擦传动;

⑤ 经济性,如工作寿命、传动效率、初始费用、运转费用和维修费用等;

⑥ 操作和控制方式;

⑦ 制造工艺性要求;

⑧ 其他要求,如现场的技术条件(能源、制造能力等)、标准件的选用及环境保护等。

(1)传动机构的选择原则

① 当动力机的功率、转速或运动形式完全符合执行机构的要求时,可将动力机的输出轴与执行机构的输入轴用联轴器直接连接。这种方式不仅结构简单,而且传动效率也最高。但当动力机的输出轴与执行机构的输入轴不在同一轴线上时,如两轴平行、相交或交错,就需采用一定的机械传动装置。

② 通常动力机的输出功率能满足执行机构的要求,但输出的转速、转矩或运动形式不能满足执行机构的多种需要,这时就需要采用某种机械传动装置。这是大多数机器设计的共同特点。

③ 在固定传动比的传动系统中,当输入轴转速 n_i 保持不变时,其输出轴的转速 n_o 也是不变的,即 $\dfrac{n_i}{n_o}=i$ 为常量,此时,如动力机可调速而执行机构的载荷又变化不大,或工作机构的调速要求与动力机的调速范围相适应,可采用固定传动比传动装置。

④ 当执行机构要求的调速范围较大,或电动机调速的机械特性不能满足要求时,可采用可调传动比传动装置。由于无级变速传动结构复杂,造价较高,因而在满足工作要求的前提下应尽量采用有级变速传动。

(2)固定传动比传动类型的选择

由于固定传动比的传动类型较多,在具体选择时需考虑下列因素。

① 功率范围 当传动功率较大时,宜采用齿轮传动,当功率较小时,一般各种传动类型都可采用。故在一般情况下,功率范围不是选择传动类型最主要的依据。

② 传动效率 对于中、小功率的机械传动装置,应尽可能选择结构简单、性能符合要求的传动类型。对于大功率传动,传动效率的高低影响较大,效率高的传动可节约能源和

降低运转费用,所以传动功率愈大,愈要选择效率高的传动类型。

③ 传动比范围 在各种传动类型中,最大的单级传动比是选择传动类型的重要因素之一。当单级传动比不能满足需要时,可采用多级传动,但随着多级传动的传动比的提高,传动效率要降低。单级普通蜗杆传动的效率往往低于多级齿轮传动的效率,所以当传动类型不同时,单级和多级传动的效率需进行方案比较,以便选取效率较高的传动方案。在通常的情况下,对于固定传动比传动,当传动比 i 小于 10 时,宜选用齿轮传动;当单级传动比 i 小于 100 时,可采用新型环面蜗杆传动或 K-H-V 行星传动。当传动比大于 100 时,宜采用谐波传动。

此外,V 带传动在大传动比时,效率与功率都有所下降,而齿形带传动仍能保持较高的效率。

④ 结构尺寸和安装布置 当传动比较大又要求结构尺寸紧凑时,新型的蜗杆传动和行星齿轮传动能满足要求,应优先选用。根据动力机输出轴和执行机构输入轴的空间位置,当两轴平行时可采用圆柱齿轮传动;若中心距较大可采用带传动或链传动;当两轴同轴布置时可采用二级同轴式圆柱齿轮传动或行星齿轮传动;当两轴相交或交错时可采用锥齿轮传动或蜗杆传动。

表 7-6 列出了各种固定传动比机构的特性与参数。

(3)可调传动比传动类型的选择

1)有级变速传动

有级变速传动系统通常由圆柱齿轮机构组成,因为它换挡方便。采用有级变速传动的主要有两种工况:

① 动力机是非调速的,执行机构要求有多挡固定转速,采用有级变速传动可适应执行机构的多挡变速要求;

② 执行机构要求有较大的变速范围,动力机虽可调速,但仍不能满足要求,可采用有级变速传动。

2)无级变速传动

无级变速传动主要有各种形式的无级变速器和液力变矩器。采用无级变速传动能在一定范围内连续改变执行机构的转速,而动力机则采用非调速的。利用无级变速装置可组成各种高性能的自动控制系统。

此外,采用调速电动机、液动机、气动机,或者用非调速电动机驱动液压泵,再带动液动机也可实现良好的无级变速。

表 7-7 列出了各种机械传动无级变速器的特点及应用。

6. 所选机构尺寸综合及运动分析

(1)尺寸综合

机构的尺寸综合类型较多,如连杆机构的各杆长的确定、齿轮机构的模数与齿数的确定等,均已有成熟的方法可以应用,具体可参见有关文献。

(2)运动分析

运动分析是求出机械运动系统中各构件的位移、速度和加速度,同时确定相应构件上给定点的轨迹,常用的方法有图解法和解析法。图解法具有简单、形象、直观和便于掌握

表 7-6　固定传动比机构的特性与参数

类型	特点	功率/kW	速度/(m/s)	效率	单级传动比	寿命/h	应用
摩擦轮传动	传动平稳无声,有过载保护作用,轴和轴承受力较大,工作表面有滑动,且磨损较快	通常: $P \leq 20$; 最大: $P_{max} = 200$	受摩擦发热的限制,在润滑条件下,发热降低油膜的承载能力;速度越高,打滑越严重,承载能力越低。通常 $v \leq 20$	平面摩擦传动: $\eta = 0.85 \sim 0.92$; 槽面摩擦传动: $\eta = 0.88 \sim 0.90$; 锥面摩擦传动: $\eta = 0.85 \sim 0.90$	通常: $i \leq 7 \sim 10$; 有闭载装置时: $i \leq 15$; 仪器及手动传动: $i \leq 25$	高速传动时,寿命较低	摩擦压力机、摩擦绞车、摩擦式无级变速器及各种仪器等
带传动	轴间距较大;工作平稳无声;能缓冲吸振;结构简单,安装要求不高,外廓尺寸较大;摩擦式带传动有过载保护作用,而且有弹性滑动,易摩擦起电,不能用于分度系统和易燃易爆场合,轴和轴承受力较大,带寿命较短	强力锦纶轮带: $P_{max} = 3500$; 普通 V 带: $P_{max} = 500$; 齿形带: $P_{max} = 100$	受带体发热及离心力的限制。强力锦纶带: $v_{max} = 60$; 普通 V 带: $v_{max} = 25 \sim 30$; 齿形带: $v_{max} = 100$	平带传动: $\eta = 0.94 \sim 0.98$; V 带传动: $\eta = 0.90 \sim 0.94$; 齿形带传动: $\eta = 0.96 \sim 0.98$	取决于小带轮的包角和外廓尺寸。平带传动: $i \leq 4 \sim 5$; V 带传动: $i \leq 7 \sim 10$; 齿形带传动: $i \leq 10$	当带轮直径较大时寿命较长。普通 V 带寿命一般为 $3500 \sim 5000$	机床、锻压机械、输送机械、通风机、农业机械及纺织机械等
链传动	轴间距较大;平均传动比为常数;对恶劣环境有较强的适应性;工作可靠,轴上载荷较小;瞬时运转速度不均匀;高速时不如带传动平稳,链条易引起共振,后容易工作时因磨损伸长,一般需增加张紧和减振装置	通常: $P \leq 100$; 最大: $P_{max} = 3500$	受链条啮入时冲击、磨损和胶合的限制。通常: $v \leq 20$; 最大: $v_{max} = 30 \sim 40$	取决于制造精度。套筒滚子链传动: 当 $v \leq 10$ m/s 时: $\eta = 0.95 \sim 0.97$; 当 $v > 10$ m/s 时: $\eta = 0.92 \sim 0.96$; 齿形链传动: $\eta = 0.97 \sim 0.98$	通常: $i \leq 8$; 当工作条件较好时: $i_{max} = 10$	链条寿命为: $5000 \sim 15000$	农业机械、矿山机械、石油机械、运输机械、起重机械及链式无级变速器等

续表

类型	特 点	功率/kW	速度/(m/s)	效 率	单级传动比	寿命/h	应 用
普通齿轮传动	载荷和速度范围大；传动比恒定；工作可靠，效率高。制造和安装精度要求高。精度低时传动噪声较大，无过载保护作用	直齿圆柱齿轮传动: $P_{max}=750$；斜齿、人字齿圆柱齿轮传动: $P_{max}=5\,000$；直齿锥齿轮传动: $P_{max}=1\,000$；弧齿锥齿轮传动: $P_{max}=150$	受载荷与噪声的限制，7级精度圆柱齿轮 $v≤25$；5级以上精度圆柱齿轮传动: $v=15~130$；直齿锥齿轮传动: $η=0.96~0.99$；弧齿锥齿轮传动: $v=5~40$	取决于速度和制造精度。直齿圆柱齿轮传动: $η=0.95~0.98$；斜齿、人字齿圆柱齿轮传动: $η=0.96~0.99$；直齿锥齿轮传动: $η=0.95~0.98$；弧齿锥齿轮传动: $η=0.96~0.98$	通常: $i≤10$；当直径不受限制时: $i_{max}=20$	取决于材料的接触和弯曲疲劳强度及抗磨损能力。当润滑良好时，寿命封闭可达数十年。经常换挡的变速器齿轮平均寿命一般为 10\,000~20\,000	机床、汽车，起重运输机械，采掘机械及仪器等
行星齿轮传动	传动比比较大；结构紧凑；工作可靠，安装制造精度要求高。其他特点同普通齿轮传动	渐开线行星齿轮传动: $P_{max}=750$；摆线针轮行星传动: $P_{max}=250$；谐波齿轮传动: $P_{max}=220$	通常 $v≤25$	渐开线齿轮行星传动: $η=0.91~0.98$；摆线针轮行星传动: $η=0.90~0.94$；谐波齿轮行星传动: $η=0.69~0.90$	渐开线齿轮行星传动: 2K-H $i≤9$(单级)；K-H-V $i≤100$(单级)；摆线针轮行星传动: $i=11~87$；谐波齿轮传动: $i=50~500$	取决于材料的接触和弯曲疲劳强度及抗磨损能力。当润滑良好时，寿命封闭可达数十年。经常换挡的变速器齿轮平均寿命一般为 10\,000~20\,000	冶金机械、运输起重机械，采掘机械及其他重型机械等

续表

类型	特点	功率/kW	速度/(m/s)	效率	单级传动比	寿命/h	应用
蜗杆传动	传动平稳无声,结构紧凑,传动比较大,可做成自锁蜗杆。自锁蜗杆传动效率很低;中高速传动的蜗轮齿圈需贵重的减摩材料(如青铜),制造精度要求高。刀具费用昂贵	通常:$P \leq 50$ 最大:$P_{max}=300$	受发热条件的限制。滑动速度:$v_s \leq 15$,个别可达 35	与螺旋导程角、滑动速度及制造精度有关。普通圆柱蜗杆传动:$\eta=0.4\sim0.45$(自锁) $\eta=0.7\sim0.75$(单头) $\eta=0.75\sim0.82$(双头) 新型环面蜗杆传动:$\eta=0.85\sim0.95$	通常:$8 \leq i \leq 100$ 分度机构:$i_{max}=1\,000$	当制造精度较高和润滑良好时,寿命较长。低速传动时磨损严重	机床、起重机械、建筑机械、小绞车、冶金矿山机械及分度机构等
螺旋传动	传动平稳无声;降速比大;可将转动变为直线移动;滑动螺旋可做成自锁螺旋机构;工作速度一般很低	小功率传动	低速传动	滑动螺旋传动:$\eta=0.3\sim0.6$ 滚珠螺旋传动:$\eta \geq 0.9$		滑动螺旋磨损较快;滚珠螺旋寿命较长	螺旋压力机、千斤顶、机床、汽车、拖拉机及矿山机械等

表 7-7 各种机械传动无级变速器的特点及应用

类型		特点	变速范围	功率/kW	效率	应用
摩擦式	环锥式	结构简单,传动平稳,维护方便,但转差率较大,效率较低	$R_b \leq 10$ $v \leq 15$ m/s	≤ 7.5	0.5~0.92	仪表、机床、外圆磨床、食品机械、纺织机械等
	钢球式	传动平稳,相对滑动较小,但结构复杂,制造困难	$R_b \leq 9$	0.2~11	0.8~0.9	机床、钟表机械及转速表等
	棱锥式	结构较简单,变速范围和传递功率较大,调速轻便,传动平稳,但棱锥支架制造精度较高	$R_b \leq 12~17$	≤ 88	0.8~0.93	化工机械、工程机械及机床等主传动系统
	多盘式	传递功率范围大,磨损小,寿命长,但变速范围较小,制造困难,多与齿轮或摆线针轮行星传动联用	单级:$R_b \leq 3~6$ 双级:$R_b \leq 10~12$	0.2~150	0.85	造纸机械及搅拌机械等
行星锥环式		体积小,变速范围大,传动平稳,基本属于恒转矩传动	$R_b \leq 38.5$	≤ 3	0.8~0.9	机床及变速电动机等
V带式		结构简单,传动平稳,制造精度较低,但尺寸较大,V带寿命较低	$R_b \leq 3~6$ $v \leq 25$ m/s	≤ 55	0.8~0.9	机床、印刷机械及轻工机械等
齿链式		靠齿链啮合传递运动和动力,工作可靠,效率较高,但变速范围较小,瞬时传动比不恒定	$R_b \leq 3~6$ $v \leq 5~9$ m/s	1~20	0.84~0.96	机床、化工机械及纺织机械等

的特点,但分析的精度不高。解析法是利用向量运算、复数运算等方法对机构运动参数进行数值分析的方法,可以求得机构各运动参数与机构尺寸间的解析关系及获得给定的轨迹方程式,可借助计算机求解,运算速度快,分析精度高,所以应用范围广。

7. 机构的强度、刚度校核

为了保证系统的工作安全、可靠和准确实现规定的功能,应对执行机构中主要构件作必要的强度和刚度的计算。

在作强度和刚度计算时需仔细进行受力分析,求得各构件所受的外力、惯性力及惯性力偶矩、运动副的支反力和应加于主动件上的平衡力或平衡力矩,然后在分析其失效形式的基础上确定相应的强度和刚度。

对于较为简单机构的强度、刚度和稳定性计算可采用材料力学的方法进行。对于较为复杂的系统,随着计算机技术和计算方法的发展,大型有限元分析软件的日趋成熟,可以采用有限元法并借助计算机得到满足工程要求的数值解。

此外,机械运动系统的构件还应满足耐磨损、振动稳定性等要求,在高温下工作时,还应考虑材料的热学性能和热应力的影响。

7.5 机械运动系统设计实例

本节将介绍冲压式蜂窝煤成形机的机械运动系统(主要指执行系统与传动系统)的设计。

7.5.1 冲压式蜂窝煤成形机的功能和设计要求

1. 功能

冲压式蜂窝煤成形机是我国蜂窝煤生产厂的主要生产设备,这种设备由于具有结构合理、质量可靠、成形性能好、经久耐用、维修方便等优点而被广泛采用。

冲压式蜂窝煤成形机的功能是将粉煤加入转盘的模筒内,经冲头冲压成蜂窝煤。

为了实现蜂窝煤冲压成形,冲压式蜂窝煤成形机必须完成五个动作:粉煤加料、冲头将粉煤压制成形、清除冲头和脱模盘积屑的扫屑运动、将在模筒内冲压后的蜂窝煤脱模、将冲压成形的蜂窝煤输出。

2. 设计要求和原始数据

① 蜂窝煤成形机的生产能力:30 次/min。

② 图7-44 表示冲头、脱模盘、扫屑刷、模筒转盘的相互位置情况。实际上,冲头与脱模盘都与上下移动的滑梁连成一体,当滑梁下冲时冲头将粉煤

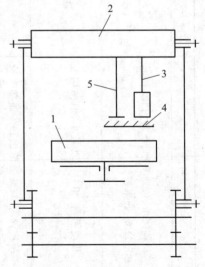

图 7-44 冲头、脱模盘、扫屑刷、模筒转盘位置示意图
1—模筒转盘;2—滑梁;3—冲头;4—扫屑刷;5—脱模盘

冲压成蜂窝煤,脱模盘将已压成的蜂窝煤脱模。在滑梁上升过程中扫屑刷将刷除冲头和脱模盘上粘着的粉煤。模筒转盘上均布了模筒,转盘的间歇运动使加料后的模筒进入冲压位置、成形后的模筒进入脱模位置、空的模筒进入加料位置。

③ 为了改善蜂窝煤冲压成形的质量,希望冲压机构在冲压后有一定的保压时间。

④ 由于同时冲两只煤饼时的冲头压力较大,最大可达 50 000 N,其压力变化近似认为在冲程的一半进入冲压,压力呈线性变化,由零值至最大值。因此,希望冲压机构具有增力功能,以减小机器的速度波动、减小动力机的功率。

⑤ 驱动电动机目前采用 Y180L-8,其功率 $P = 11$ kW,转速 $n = 730$ r/min。

⑥ 机械运动方案应力求简单。

7.5.2 工作原理和工艺动作分解

根据上述分析,冲压式蜂窝煤成形机要求完成的工艺动作有以下六个动作。

① 加料 这一动作可利用粉煤重力打开料斗自动加料。

② 冲压成形 要求冲头上下往复移动,在冲头行程的后半程进行冲压成形。

③ 脱模 要求脱模盘上下往复移动,将已冲压成形的蜂窝煤压下去而脱离模筒。一般可以将它与冲头一起固接在上下往复移动的滑梁上。

④ 扫屑 要求在冲头、脱模盘向上移动过程中用扫屑刷将粉煤扫除。

⑤ 模筒转盘间歇转动 以完成冲压、脱模、加料三个工位的转换。

⑥ 输送 将成形的蜂窝煤脱模后落在输送带上送出成品,以便装箱待用。

以上六个动作,加料和输送的动作比较简单,暂时不予考虑,冲压和脱模可以用一个机构来完成。因此,冲压式蜂窝煤成形机运动方案的设计需重点考虑冲压和脱模机构、扫屑机构和模筒转盘的间歇转动机构这三个机构的选型和设计问题。

7.5.3 根据工艺动作顺序和协调要求拟订运动循环图

对于冲压式蜂窝煤成形机运动循环图主要是确定冲压和脱模盘、扫屑刷、模筒转盘三个执行构件的先后顺序、相位,以利于对各执行机构的设计、装配和调试。

冲压式蜂窝煤成形机的冲压机构为主机构,以它的主动件的零位角为横坐标的起点,纵坐标表示各执行构件的位移起止位置。

图 7-45 表示冲压式蜂窝煤成形机三个执行构件的运动循环图。冲头和脱模盘都由工作行程和回程两部分组成。模筒转盘的工作行程在冲头的回程后半段和工作行程的前半段完成,使间歇转动在冲压以前完成。扫屑刷要求在冲头回程后半段至工作行程前半段完成扫屑动作。

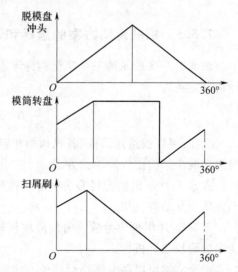

图 7-45 冲压式蜂窝煤成形机运动循环图

7.5.4 执行机构的选型

根据冲头和脱模盘、模筒转盘、扫屑刷这三个执行构件动作要求和结构特点,可以得到表 7-8 所示的形态学矩阵。

表 7-8 三执行构件的形态学矩阵

冲头和脱模盘	对心曲柄滑块机构	偏置曲柄滑块机构	六杆冲压机构
扫屑刷	附加滑块摇杆机构		固定凸轮移动从动件机构
模筒转盘	槽轮机构	不完全齿轮机构	凸轮式间歇运动机构

图 7-46a 表示附加滑块摇杆机构,利用滑梁 1 的上下移动使摇杆上的扫屑刷摆动扫除冲头 2 和脱模盘底上的粉煤屑。图 7-46b 表示固定凸轮利用滑梁上下移动使带有扫屑刷的移动从动件顶出而扫除冲头和脱模盘底的粉煤屑。

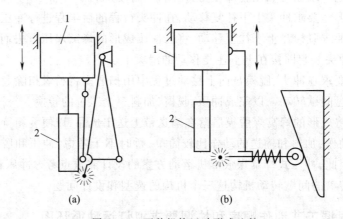

图 7-46 两种机构运动形式比较

7.5.5 机械运动方案的选择和评定

根据表 7-8 所示的三个执行构件形态学矩阵,可以求出冲压式蜂窝煤成形机的机械运动方案数为

$$N = 3 \times 2 \times 3 = 18$$

现在,可以按给定条件、各机构的相容性和尽量使机构简单等要求来选择方案。由此可选定两个结构比较简单的方案。

方案 1:冲压机构为对心曲柄滑块机构,模筒转盘机构为槽轮机构,扫屑机构为固定凸轮移动从动件机构。

方案 2:冲压机构为偏置曲柄滑块机构,模筒转盘机构为不完全齿轮机构,扫屑机构为附加滑块摇杆机构。

两个方案可以用模糊综合评价方法来进行评估选优,这里从略。最后选择方案 1 为冲压式蜂窝煤成形机的机械运动方案。

7.5.6 机械传动系统的速比和变速机构

根据选定的驱动电动机的转速和冲压式蜂窝煤成形机的生产能力,它们的机械传动系统的总速比为

$$i = \frac{n_M}{n_A} = \frac{730}{30} = 24.333$$

机械传动系统由带传动和齿轮传动两级构成,其中,第一级为带传动,传动比为 4.866;第二级为直齿圆柱齿轮传动,传动比为 5。

7.5.7 画出机械运动方案简图

按已选定的三个执行机构的形式及机械传动系统,画出冲压式蜂窝煤成形机的机械运动示意图。其中三个执行机构部分也可以称为机械运动方案简图。如图 7-47 所示,其中包括了机械传动系统、三个执行机构的组合。如果再加上加料机构和输送机构,那就可以完整地表示整台机器的机械运动方案图。

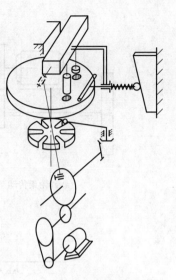

图 7-47 冲压式蜂窝煤成形机
运动方案简图
$P = 11$ kW $n = 730$ r/min
Y 180 L-8

7.5.8 尺寸综合及强度、刚度、动态性能计算

对于选定的机构进行尺寸综合,如带传动计算、齿轮传动计算、槽轮机构计算、曲柄滑块机构计算、扫屑凸轮机构计算等。

根据尺寸综合的结果进行初步设计,计算包括强度、刚度以及动态性能计算。具体计算略。

习题

7-1 图 7-48 所示为外圆磨床的传动系统简图,请结合该图对传动系统的功能和要求进行说明。

7-2 安全保护装置应如何布置?

7-3 什么是传动系统的转速图?它由哪几部分组成?

7-4 多轴齿轮传动系统设计的一般步骤是什么?应注意哪些问题?

7-5 简述滚珠丝杠传动的特点。

7-6 简述执行系统的功能。

7-7 执行系统有哪些类型?

7-8 什么是工作循环图?绘制工作循环图时应注意哪些问题?

7-9 微位移系统常用的驱动单元有哪些?

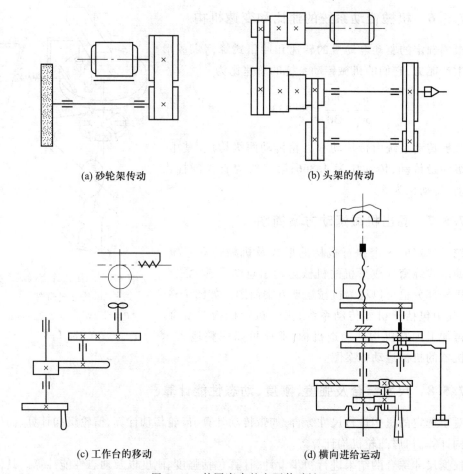

(a) 砂轮架传动　　　　　　　　(b) 头架的传动

(c) 工作台的移动　　　　　　　(d) 横向进给运动

图 7-48　外圆磨床的主要传动链

7-10　常用的微位移机构有哪些?

7-11　结合图 7-49 所示变速器换挡机构对操纵系统的功能、要求、组成及分类进行阐述。

7-12　什么是助力操纵系统?举例说明其特点。

7-13　图 7-50 所示为一圆盘印刷机的结构简图,已知其动作要求为:1)油墨先定量送至墨盘,墨盘作间歇转动,使墨辊蘸墨时能较均匀地得到供墨;2)墨辊沿墨盘面和铜锌板面上下运动,完成蘸墨和刷墨动作;3)放有白纸的压印板绕一固定点 A 来回摆动,其工作行程终点使白纸与涂有油墨的铜锌板压合,完成印刷工艺。当空回行程时便可取出成品。试画出其工作循环图(示意图)。

7-14　已知某设备所用电动机转速为 1 440 r/min,工作主轴转速 $n=60\sim190$ r/min,变速级数为 6 级,电动机与变速箱之间用一级带传动。

1) 计算公比 ϕ(已知公比 ϕ 标准系列:1.06,1.12,1.26,1.41,1.58,1.78,2);

2) 计算系统总级数 Z;

3) 拟订结构形式,画转速图。

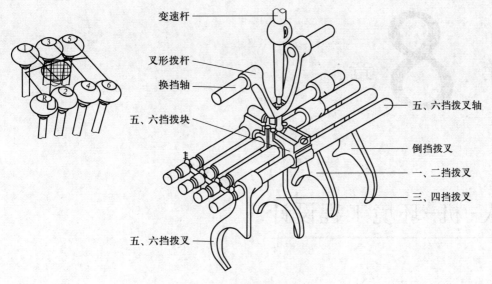

图 7-49 变速器操纵机构

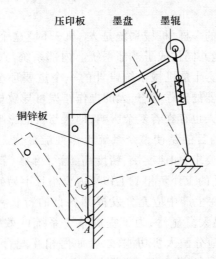

图 7-50 某圆盘印刷机的结构简图

第 **8** 章

人-机-环境工程设计

8.1 概述

正如第 1 章中所分析的一样,机械系统是人-机-环境这个更大系统的子系统,如称其为内部系统,则人与环境共同构成了外部系统。内部系统与外部系统之间是相互影响的,因而人-机-环境工程设计是机械系统设计的一个重要环节。在人-机系统中,一方面,人作为主体,决定了机器的工作状态,人的操作错误可导致机器的错误,甚至造成严重的后果;另一方面,机器对人也存在着复杂影响,即人与机的影响是相互的。

进行人-机系统设计的目的是使整个系统工作性能最优、工作效果最佳。这是指系统运行时实际达到的工作要求,如速度快、精度高、运行可靠、节能,以及人的工作负荷要小,即指人完成任务所承受的工作负担或工作压力要小且不易疲劳等。

人与机器各有特点,在生产中应充分发挥其各自的特长,合理地分配人机功能,这对系统效率的提高影响很大。显然,为了提高整个系统的效能,必须解决机器与人体相适应问题,即如何合理地分配人机功能,二者如何相互配合,以及人与机器之间又如何有效地交流信息等。值得指出的是,随着自动化的发展,人们必须解决高测量精度、快速反应及信息量大等有关问题。自动化不是从系统中把人排挤出去,而是把人摆到新的位置上。

机器与人的关系的另一方面表现在:机器与人(操作者)之间存在着信息交换,包括机器(显示装置)向人传递信息和机器(操纵件)接收人发出的信息。值得注意的是,本章所要解决的重点不是这些装置的工程技术的具体设计问题,而是从适合人使用的角度出发,向机械系统的设计人员提出具体要求,如怎样使用仪表能保证操作者看得清楚,并能迅速准确读数、怎样设计操纵件才能使人操作起来得心应手、方便快捷和安全可靠,怎样情况下不易使操作人员疲劳等。

上述即为人-机工程学的基本研究范畴,而除此之外,机器对人及环境的影响还有很多,如外观造型、振动及噪声等。

1. 外观造型

过去有人认为,机械产品只要性能好、能使用就行,不必考虑其美观性,即造型设计。但随着时代的进步,这种观点已被当前的市场竞争现实所否定,缺乏美感的机械产品早已不能适应市场的需求,人们已不满足于追求产品单纯的使用目的,产品也应具有美的欣赏价值,使人觉得亲切、悦目,同时,产品还应具有良好的舒适性和怡人性。

机械产品造型设计是通过技术与艺术紧密结合的创造性设计活动,使产品获得优良的外观质量,使产品与人的心理和生理机能相适应,以更好地满足人们对物质功能和精神功能的要求。它着眼于产品功能与形式的有机统一,着眼于创造人-机-环境的和谐系统。

2. 振动

各种机器都处在各种激励的作用下,不可避免地要发生各种各样的振动。严重的振动将对机器仪表设备本身、人员以及周围环境中的其他机械设备带来各种危害,概括起来表现在以下几个方面。

① 强烈而持续的振动会导致结构的疲劳破坏。1979 年,美一架 DC-10 大型客机曾因一枚螺栓疲劳断裂而导致机毁人亡;1973 年,日本大型汽轮发电机组曾因轴承振动疲劳而扩展至转子折断,转子块飞出几百米,造成严重破坏。在机器和设备的设计中,精心地进行振动计算,防止疲劳破坏的发生,预估使用寿命,确保设备的安全,避免人员受害,是一个非常迫切的问题。

② 强烈的振动会导致设备的失效。它会使仪器仪表的精度降低,元件损坏,甚至失灵。强烈或持续的振动会使机件松动,密封破坏,以致不能工作。振动环境对仪器设备的可靠性也造成严重的威胁。

③ 强烈的振动不仅损害机器、仪器和人体健康,它也是噪声的主要来源。

3. 噪声

噪声环境会严重影响到人的身心健康,人暴露在噪声环境中,特别是在强噪声环境中工作和生活,时间长了听觉能力下降,发生听觉疲劳和噪声烦恼,还会引起人体的神经系统、心血管系统、消化系统、内分泌系统等方面的疾病。如人在准备睡觉时,$30 \sim 40$ dB(A)的声音就会产生轻微的干扰。睡着的人仅在 $40 \sim 50$ dB 的噪声刺激下,脑电波就会出现觉醒反应。这就说明 $40 \sim 50$ dB(A)的噪声就已经影响了人的睡眠。有人曾用 800 Hz 和 2 000 Hz 的噪声试验,发现视觉功能发生一定的改变,视网膜锥体细胞光受性降低,视野也有变化。如对蓝色、绿色的光线视野增大,闪光融合频率降低;对全红色光线视野变小,闪光融合频率增大。$112 \sim 120$ dB 的稳态噪声能影响睫状肌而降低视物速度,130 dB 以上的噪声可引起眼球震颤及眩晕。长期暴露在强噪声环境中,可引起永久性视野变窄。上述结果,都会在一定条件下影响安全生产。

此外,噪声也会对仪器设备、建筑物产生影响。大功率的强噪声会妨碍仪器设备的正常运转,造成仪表读数不准、失灵,甚至使金属材料因声疲劳而破坏。180 dB 的噪声能使金属变软,190 dB 能使铆钉脱落。大型喷气式飞机以超声速低空掠过时,它所引发的大功率冲击波有时能使建筑物玻璃震裂,甚至房屋倒塌。

总之,人-机-环境工程设计就是在明确系统总体要求的前提下,着重分析和研究人、机、环境三大要素对系统总体性能的影响和各自所应具备的功能及相互关系,如系统中人和机的职能如何分工、如何配合;机器和环境如何适应人;机和人对环境又有何影响等问题。经过不断修改和完善人-机-环境系统的结构方式,最终确保系统最优组合方案的实现,即运用工程技术和系统工程等方法,利用三大要素之间的相关联系来寻求系统的最佳设计参数。图 8-1 是人-机-环境系统中三大要素相互关联的示意图。

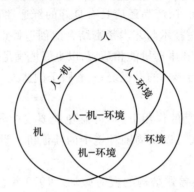

图 8-1　人-机-环境系统中三大要素相互关联的示意图

8.2　机械系统设计中的人机工程学及造型设计

如前所述,人-机-环境构成了一个完整的系统,它们之间是相互作用、相互配合、相互制约的关系,但起主导作用的始终是人。其组成、性质和特征可用图 8-2 所示的模式表示。

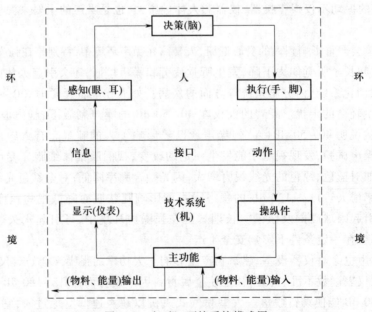

图 8-2　人-机-环境系统模式图

人-机工程设计的对象就是技术系统与操作者之间的"接口",同时也要考虑人、机之间的分工是否合理。

人-机工程学是运用生理学、心理学和其他有关学科知识,使机器与人相互适应,创造舒适和安全的环境条件,从而提高工效的学科。它的分析原则是:针对人的心理特点,设计最理想的机器和设备;通过结构设计方案的选择,能对人的能力的开发起到促进及刺激作用,以期唤起人们的活动乐趣;在人和机器的相互影响过程中能为操作者创造出保持正常情绪及最适当的生活紧张度的条件。

从图 8-2 可以看出,通过人-机"接口"传递的主要是"信息"和"动作",在技术系统(机器)中与此两者直接相关的分别是显示装置和操纵件。因此在机械系统设计时,可根据人-机工程学原则进行这两者的设计。

8.2.1 显示装置设计

在人-机系统中,显示装置是将设备的信息传递给操作者,使之能做出正确的判断和决策并进行合理操作的装置。人们根据显示信息了解和掌握设备的运行状况,从而控制和操纵设备正常运行。它的特征是能够把设备的有关信息以人能接收的形式显示给人。在人-机系统中,人与设备间的信息交流可用视觉、听觉和触觉等感觉器官。因此,显示装置的设计和选择也必须符合人的感觉通道传递信息的特点,以保证人利用显示装置迅速而准确地获得所需要的信息。显示装置的形状、大小、分度、标记、空间布局、颜色、照明等因素,都必须使人能很好地接收信息并进行处理,使人能迅速接收显示的信息,且信息要可靠并有高的分辨率。在进行显示装置的造型设计时,还必须从系统出发,既要考虑人的生理、心理特征,又要考虑系统整体的需要和美观。

按人接收信息的感觉器官的不同,可将显示装置分为触觉传递、听觉传示和视觉显示装置。触觉传递是利用人的皮肤受到触压刺激后产生感觉而向人们传递信息,一般很少使用。听觉传示利用了人对声信号的感知时间比对光信号的感知时间短的优势,所以听觉传示作为声音报警比视觉显示具有更大的优越性。但由于人的视觉能接收长的和复杂的信息,而且视觉信号比听觉信号容易记录和存储,所以它应用最为广泛。本小节将主要介绍视觉特征与仪表显示设计的有关问题。

1. 几种常见的视觉现象

（1）明暗适应

从明亮处突然进入黑暗处时,眼睛开始什么也看不清,经过 5~7 min 才渐渐看见物体,大约经过 30 min,眼睛才能完全适应。这种适应过程称为暗适应。与暗适应情况相反的过程是明适应。即由暗处进入明亮处时,前 30 s 视觉感受性先急剧下降后逐渐趋于缓慢,大约 1 min 后达到完全适应的水平。明暗适应见图 8-3。

另外,人眼还有色彩适应。当人第一眼观察到鲜艳的色彩时,感觉它艳丽夺目。但经过一段时间后,鲜艳感会逐渐减弱,说明已对这种色彩开始适应。

（2）眩光

所有耀眼和刺眼的强烈光线叫眩光。眩光干扰视线,使可见度降低,并使眼睛疲劳、不舒服等。眩光的产生多是因为物体表面过于光亮或亮度对比过大或直接强光照射。

眩光可使人的视力下降,注意力分散,产生不舒适的视觉感受,因而直接影响视觉辨认,不利于工作和学习。所以,在造型设计和作业空间布置中,应尽力限制和避免眩光。

微视频 8.1
视觉现象

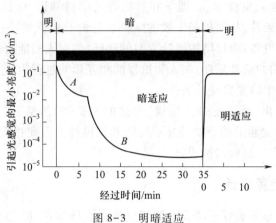

图 8-3　明暗适应

采取的主要措施有减小光源的亮度,调节光源的位置与角度,提高眩光光源周围空间的亮度,改变反射面的特性及戴上防护眼镜等。

（3）视错觉

视错觉是指人观察外界物体形状或图形所得的印象与实际形状或图形不一致的现象。这是视觉的正常现象。人们观察物体或图形时,由于物体或图形受到形、光、色的干扰,加上人的生理、心理原因,会产生与实际不符的判断性视觉误差。视错觉的现象很多,产生的原因也不一样,有的原因目前还不清楚。图 8-4 所示为常见的几种视错觉。

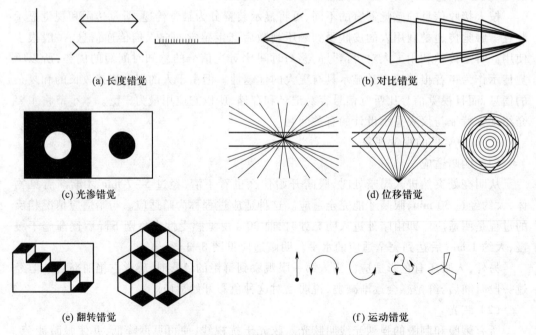

图 8-4　常见的几种视错觉

图 8-4a 中均为等长的线段,因方向不同或因附加物的影响,感觉竖线比横线长,上短下长,左长右短。

图 8-4b 中左边两个图的外角大小相等,因二者包含的角大小不等,感觉右边的角大于左边的角;五条垂线等长,因各线段所对的角度不等,感觉自左至右逐渐变长。

图 8-4c 中两圆直径相等,因光渗作用引起颜色上浅色大深色小的错觉,感觉到左圆大右圆小。

图 8-4d 中的水平线和正方形,由于其他线的干扰,感觉到发生弯曲。

图 8-4e 中,当眼睛注视的位置不同,图形可见虚实的翻转变化。

图 8-4f 中,由于线段末附加有箭头,使人感觉有图形方向感和运动感。

在人-机系统中,视错觉有可能造成观察、监测、判断和操作的失误,因此应尽可能地避免。

2. 视觉运动规律

视觉运动的主要规律如下。

① 眼睛的水平运动比竖直运动快,即先看到水平方向的物体,后看到竖直方向的物体。

② 视线习惯于从左到右和从上往下运动,看圆形内的物体总是沿顺时针方向看。

③ 眼睛竖直运动比水平运动更容易疲劳;对水平方向尺寸和比例的估计比竖直方向尺寸和比例估计要准确得多。

④ 当眼睛偏离视中心时,在偏离距离相等的情况下,人眼对四个象限的观察率依次为:左上最好,其次是右上,再者是左下,最差的是右下。

⑤ 眼睛是人的机体的一部分,具有一定的惰性。因此,对直线轮廓比对曲线轮廓更容易接受,看单纯的形态比看复杂的形态顺眼和舒适。

⑥ 两眼的运动是协调的、同步的,不可能一只眼转动而另一只眼不动,也不可能一只眼在看而另一只眼不看。

⑦ 颜色对比与人眼辨色能力有一定关系。当人从远处辨认前方不同颜色时,首先辨出红色,依次为绿、黄、白。所以,危险信号标志都采用红色。

3. 仪表显示设计

仪表是一种广泛应用的视觉显示装置,种类繁多。按认读特征可分为数字式显示仪表和刻度指针式仪表两大类。

(1)数字显示式仪表

它直接用数码来显示有关的参数或工作状态,如各种数码显示屏、机械和电子式数字计数器、数码管等。其特点是:显示简单、准确,可显示各种参数和状态的具体数值,对于需计数或读取数值的作业来说,这类显示装置有认读速度快,精度高,且不易产生视觉疲劳等优点。

(2)刻度指针式仪表

它用模拟量来显示机器的有关参数和状态。其特点是:显示的信息形象化、直观,使人对模拟值在全量程范围内所处的位置一目了然,并能给出偏差量,监控作业效果很好。

刻度指针式仪表按其功能可分为以下几种:

① 读数用仪表 其刻度指示各种状态和参数的具体数值,供操作者读出数值之用;

② 检查用仪表 使用时一般不读数值,而是为了检查仪表指针指示是否偏离正常

位置；

③ 警戒用仪表　主要目的是检查指示的状态是否处在正常范围之内；

④ 追踪用仪表　通过手动控制使机器系统按其要求的动态过程工作，或按照客观环境的某种动态过程工作，是动态控制系统中最常见的操纵方式之一；

⑤ 调节用仪表　用于指示操纵器的调节值，不指示机器系统的动态。

仪表显示设计涉及以下几个方面。

（1）仪表刻度盘形状的选择

主要根据显示方式和人的视觉特性选择仪表刻度盘形状。试验研究表明，开窗式、圆形式、半圆形式、水平直线式、竖直直线式等五种形式的刻度盘，其读数认读效果是不同的。开窗式认读范围小，视线集中，动眼扫描路线短，误读率最低，优于其他形式。圆形式和半圆形式误读率虽高于开窗式，但它给出了两维空间的位置刺激，动眼扫描路线也比直线短，且符合人们形成的观察仪表的习惯，因此圆形式和半圆形式优于直线式。由于人眼睛的运动规律为水平运动的速度比竖直运动的快，且准确，故水平直线式又优于竖直直线式，五种形式的刻度盘认读失误率见图 8-5。

（2）表盘设计

仪表刻度盘的大小对仪表的认读速度和精度有很大影响。一般人认为仪表的直径越大，认读速度和准确性就越高，但事实并非如此。研究表明，

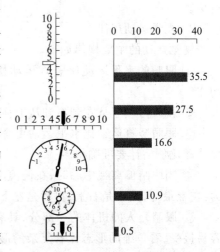

图 8-5　五种刻度盘认读失误率

直径为 35~70 mm 的刻度盘在认读准确性上没有本质差别，但直径减小到 17.5 mm 以下时，无错认读的速度大为降低。这是因为仪表盘直径过小时，刻度标记、数码等细小而密集，认读时难以辨认，从而影响认读速度和准确性。同样，过大的刻度盘，使人眼的中心视力分散，扫描路线变长，视敏度降低，也影响认读的速度和准确性，可见仪表刻度盘的大小有一适宜尺寸。

有人采用直径为 25 mm、44 mm、70 mm 的仪表，视距 500 mm，并在仪表板上配置 16 个仪表，来研究其可读性，从反应速度指标和错误认读率的比较中得出结论：最优直径为 44 mm，其试验结果见表 8-1。

表 8-1　圆形刻度盘直径大小与认读速度和准确性的关系

刻度盘的直径/mm	眼球注视的平均数	注视的平均时间/s	观察刻度盘的总时间/s	平均反应时间/s	错读率（相对回答总数的%）
25	2.8	0.29	0.82	0.76	6
44	2.6	0.26	0.72	0.72	4
70	2.9	0.26	0.75	0.73	12

从人认读仪表的视觉灵敏度来分析,决定认读效率的不是仪表直径本身,而是它与观察距离的比值,即视角大小。因此,仪表刻度盘的最佳直径应根据操作者观察的最佳视角来确定。根据有关试验结果,仪表的最优视角是 2.5°~5°。

在选择刻度盘的最小直径时,要考虑刻度盘上必需的刻度标记数量和观察的视距。研究得出在两个最常见的视距(500 mm 和 900 mm)上标记数量不同的仪表最小直径,结果见表 8-2。从表中看到,随着标记数量的增加,最小直径也增大。这种依存关系在不同的视距下略有不同。

表 8-2　刻度盘的最小直径与标记数量和视距的关系

刻度标记的数量	在两种视距下刻度盘的最小直径/mm	
	500	900
38	25.4	25.4
50	25.4	32.5
70	25.4	45.5
100	36.4	64.3
150	54.4	98.0
200	72.8	129.6
300	109.0	196.0

（3）刻度设计

刻度间距与人眼的分辨能力和视距有关。试验指出,仪表的读数效率随刻度间距的增大而增高,在达到一临界值后,读数效率不再增高,甚至反而有所下降,这个临界间距一般在视角为 10′附近。在视距为 750 mm 的条件下,大体上相当于间距 1~2.5 mm,在观察时间很短(如 0.25~0.5 s)的情况下,最好采用 2.3~3.8 mm 间距,而不宜过小。

表盘刻度一般分大、中、小三级刻度标记。其宽度一般以小刻度标记作为基准,宽度以占刻度间距的 1/20~1/5 为宜。当视距为 710 mm 时,普通刻度标记的宽度如图 8-6 所示。

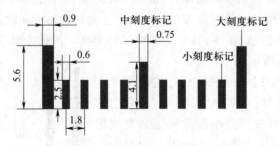

图 8-6　普通刻度标记的宽度

刻度标记的长度也是刻度设计的一个重要内容。小刻度标记的长度一般是刻度间距的 1.5~2 倍,大、中、小三级刻度标记的比例一般是 2∶1.5∶1 或 1.7∶1.3∶1。

（4）刻度的标数

仪表的刻度需标上相应的数字,使人更好地认读。刻度的标数原则是:

① 一般最小的刻度不标数,最大的刻度标数;

② 对于指针运动式仪表,标示的数码应呈竖直状,如图 8-7a 左边所示;

③ 对仪表面运动的仪表,数码则应沿径向布置,如图 8-7c 左边所示。

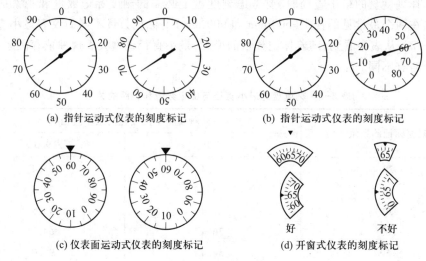

(a) 指针运动式仪表的刻度标记　　　(b) 指针运动式仪表的刻度标记

(c) 仪表面运动式仪表的刻度标记　　　(d) 开窗式仪表的刻度标记

图 8-7　刻度的标数

为了避免指针对标数的遮挡,在条件允许时,数码应放在刻度标记的外侧。若条件不允许即放在刻度标记的内侧,但刻度间距应适当增大,如图 8-7b 右图所示。对于指针在仪表面外侧的仪表,数码应一律设置在刻度的内侧,如图 8-7c 所示。开窗式仪表窗口的大小至少应足以显示被指示的数码及其前、后两侧的两个数码,以便看清指示运动的方向和趋势,数码的设置如图 8-7d 左图所示。

④ 对于圆形仪表,不论仪表面运动还是指针运动,刻度标数的顺序应按顺时针方向依次增大,0 位常设置在 12 点钟的位置上,以符合人的认读习惯。

(5) 指针设计

指针是指针式仪表的重要组成部分,指针的设计是否符合人的视觉特性将直接影响仪表认读的速度和准确性。设计仪表指针一般应注意如下几个问题。

① 指针的形状要简洁、明快,有明显的指示性形状。指针由针尖、针体和针尾构成,其常用形式如图 8-8 所示。

② 指针的宽度设计。一般来说,针尖的宽度应与刻度标记的宽度相同。如果大、中、小三级刻度标记的宽度不相等时,针尖应与小刻度标记的宽度相同。特别注意,针尖宽度不得小于小刻度标记宽度,否则,指针在仪表面上移动时不易看清。对于需要内插读数的刻度,指针尖部的宽度不能大于小刻度

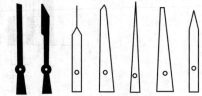

图 8-8　指针的常用形式

标记的宽度,否则,会降低内插读数的速度。如果是针体覆盖在刻度标记上的仪表,为避免针体的遮挡而影响读数,则针体的宽度不应大于刻度间距;非此种形式仪表的针体宽度一般不受限制,视结构因素而定。

③ 针尾主要是起平衡重量的作用,故其宽度由平衡要求而定。

④ 指针的长度和颜色的设计不可忽视。对于指针不应遮挡刻度标记的仪表,针尖应离开刻度标记 2 mm 左右;对于覆盖刻度标记的窄条形指针,其长度不应超过大刻度标记。指针的颜色应与刻度盘的颜色有明显的区别和对比,但指针与刻度标记、数码的颜色应尽可能协调。

⑤ 为保证认读精度,指针和刻度盘面应装配在相互靠近的平行平面内。

⑥ 指针宽度的设计还应考虑造型美观的要求。

（6）指针式仪表的颜色设计

指针式仪表的颜色设计主要是刻度盘面、刻度标记和数码、字符以及指针的颜色匹配问题,这对仪表的造型设计、仪表的认读有很大影响,是仪表设计中不可忽视的问题。经试验测定,最清晰的颜色搭配是黑与黄,最模糊的搭配是黑与蓝,其余的搭配都介于两者之间,使用时应认真选择。仪表的用色,还应注意醒目色的使用,因为醒目色是与周围色调特别不同的颜色,它能突出醒目色代表的含义,适于作为仪表警戒部分或危险（急）信号部分的颜色,但醒目色不能大面积使用,否则,会过分刺激人眼,引起视觉疲劳。

在实际工作中,由于黑、白两种颜色的明度对比最高,较符合仪表的习惯用色,因此常用这种搭配作为仪表盘和数字的颜色。一般,白天使用以白底黑字较好,夜间则以黑底白字较好,尤其是荧光字符和数码。

4. 仪表的布局与排列

如果一个控制室内有许多块仪表板（盘）,每一块板上又装有许多仪表时,仪表板和仪表的布局与排列是否合理,关系到认读效果、巡检时间和工作效率。因此,仪表板的总体布局、仪表板上仪表的排列以及最佳认读区域的选择等问题,必须适应人的生理和心理特征,以保证操作效率和减少人的疲劳。

（1）仪表板的形式

仪表板的设计应尽可能使仪表表面处于最佳观察范围内,并做到视距相等。为此,对不同数量的仪表和控制室的容量,可采用不同形式的仪表板。一般在仪表数量较少时,可采用结构简单的平面形仪表板;仪表数量较多时,可把仪表板设计成圆弧形或折弯形。当采用折弯形仪表板时,两侧板面与中央板面之间的夹角以 65° 为最佳;若双人操作时,可采用 45°~55° 的夹角为好,如图 8-9 所示。

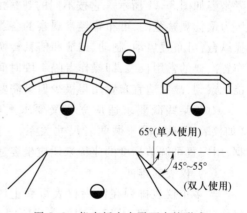

图 8-9　仪表板在水平面内的形式

（2）仪表板的布局

1）仪表在水平面上布局

仪表处在人眼的不同视野范围内,认读效果是不同的。试验表明,当视距为 800 mm 时,随着仪表从水平视野中心远离,认读的准确性下降,无错认读时间增加,而且在大约 24° 的水平视野范围中,无错认读时间为 1 s 左右;但超过 24° 时,无错认读时间急剧增加,最多可达 6 s,如图 8-10 所示。由此可见,水平视野为 24° 时的认读范围为最大有效范围。所以,仪表在水平面上布局的原则是:常用的重要的仪表应布置在视野24°范围内,对最常用、最重要的仪表应布置在视野中心3°范围内,这一视野范围内人的视觉工作效率最好;一般性的仪表可布置在24°~40°的视野范围内,这时认读该范围内的仪表需要转动头部和眼球,40°~60°范围内只允许布置不重要的仪表;60°以外的视野范围一般不布置或很少布置仪表。

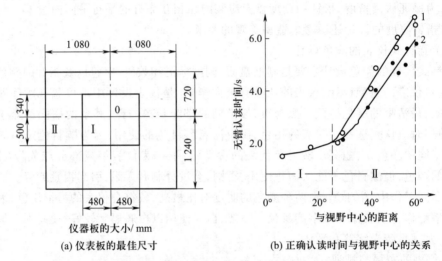

(a) 仪表板的最佳尺寸　　　　(b) 正确认读时间与视野中心的关系

图 8-10　仪表板的有效认读范围

0—视野中心点;1—仪表板左部仪表认读时间曲线;2—仪表板右部仪表认读时间曲线;
Ⅰ—水平视野24°时最大认读范围区;Ⅱ—24°以外的认读范围区

2) 仪表在竖直面上布局

仪表在竖直面上的布局,可按观察角的优劣选择,常用竖直分区中的仪表布置和操作者坐姿如图8-11所示。它按不同的观察角划分为四个区域,可布置不同性质的仪表。A区为最佳观察范围,可布置经常观察的各类显示仪表和记录仪表。B区为仪表板附带的操纵台,可布置启动、制动、调节和信息转换按钮等,也可布置次要的显示仪表。C区一般布置次要的常用仪表,即操作者隔一段时间要巡视工作状态的仪表。D区仪表需仰视才能观察到,故只适宜布置用得极少但又需要的仪表。

对于某些既要求适应立姿又要求适应坐姿操纵的产品(如仪表车床),需兼顾两者尺寸关系,一般以立姿为主要依据,用安置可调节高度的座椅来适应坐姿适宜尺度的要求。

(3) 仪表的排列

当多个仪表排列在同一仪表板面上时,应按仪表功能或操作顺序分区布置,并用不同线条或不同颜色、不同图案加以分隔,以利于辨认和操作。各仪表之间的排列还应注意:

① 仪表之间的距离不宜过大,以缩小搜索视野的范围,组合仪表和荧光屏的出现,为解决这一问题提供了条件。

② 仪表的排列顺序应与它在实际操作中的使用顺序相一

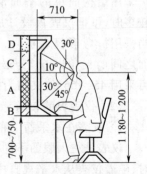

图 8-11　竖直分区中的
仪表布置和操作者坐姿

致;功能上有联系的仪表应划分区域排列或靠近排列。

③ 仪表的排列应适应视觉的运动规律和习惯。例如,视野中心的左上象限布置经常观察的仪表,右下象限布置不经常观察的仪表;在水平方向可多排列些仪表,使之呈水平方向的矩形;对于固定使用顺序的仪表,应按由左至右或由上往下排列。

④ 仪表的排列应与操作和控制它们的开关和按钮保持对应的关系,以利于控制与显示的协调,如图 8-12 所示。

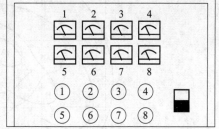

图 8-12 显示仪表与控制钮的对应关系

（4）指针式仪表的零点位置

指针式仪表的零点位置对仪表的认读有很大影响。指针零点位置的选择与其使用功能密切相关,同时还与人的认读习惯有关。一般都选择在时钟的 12 点和 9 点的位置,如表 8-3 所示。

表 8-3 指针的零点位置

仪表种类	指针零点
指针不动仪表面运动	时钟 12 点位置
追踪用仪表	时钟 9 点或 12 点位置
读数用圆形仪表	时钟 12 点位置或视需要安排
警戒用仪表	时钟 12 点位置或其附近（警戒区）

在大多数人-机系统中,很多仪表的指针位置都需要对允许和不允许的性能进行校验。在这种情况下,如果各种表盘上指针的允许指示位置对所有的表盘均相同,则便于快速认读和校验。因为在系统正常工作状态下,其指针差不多是保持不变的,只有在异常状态下,指针位置才发生变化。在多个仪表布置时,若水平直线排列,所有仪表零点位置以时钟 9 点为佳;若竖直排列,则所有仪表零点位置以时钟 12 点为好;若多个仪表按矩阵形排列,则所有仪表零点位置按水平直线排列,即所有仪表的零位都位于时钟 9 点位置。

8.2.2 操纵件设计

图 8-13 所示的是利用人体测量数据进行人手动作范围尺度研究的结果。其中,在 A 区域长时间活动不会感到疲劳,在 B 区域能自由活动,在 C 区域手臂要伸直才能操作,在 D 区域手臂要伸直且身体倾斜后才能用手指来操作。利用这种研究成果可以比较科学地设计机器操纵键、操纵杆的位置,以减少操纵者的疲劳。

1. 操纵件设计的人机工程学原则

（1）动作节约原则

分析人-机系统中人的动作,可以去除不合理的动作,以达到最佳操作效率。动作分析对于大量的反复动作有着非常重要的意义,即便是微小的改进,也能带来巨大的经济效

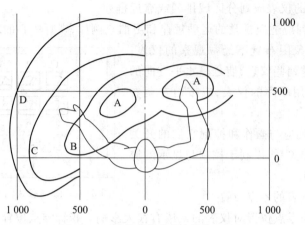

图 8-13　手的动作范围(单位:mm)

益。如某生产线,每件产品要装配 130 个元件,每装一个元件需要两个动作完成。如果将所有元件向装配工作台移近 150 mm,则每装配一个元件节约 0.004 min,每装配一台产品节约 0.52 min。若按每天生产 800 台,全年 250 个工作日计算,每年仅此项可节约 1 730 h。

研究动作节约原则的目的,在于寻求最短的操作时间、最小的操作用力、最高的工作效率的方法。动作节约原则又称动作经济原则,由身体使用原则、工作面安排原则和设备及工具设计的原则组成。

1) 身体使用原则

① 两只手应同时开始和完成动作。

② 除休息时间外,两只手不应同时空闲。

③ 两只手臂应当作相反的对称运动,并应同时进行。

④ 在满足工作的前提下,应尽量减少手的动作种类。

⑤ 尽可能使用动力帮助人工作,避免静态持续地用力。

⑥ 手的动作最好是平稳而连续地进行,不应是曲折形的动作或含有急剧改变方向的直线动作,否则既费时又增加作业者的疲劳。

⑦ 使动作尽可能符合人的运动特性,具有节奏感,肢体动作要有助于保持重心稳定。

2) 工作面安排原则

① 全部的工具和材料应有固定位置。操作者能迅速取、放,可节省体力和精力。

② 工具、材料和操纵件应安排在适于操作者工作的前方。

③ 应将材料自动运送到操作者使用的地点。

④ 尽可能采用下落式供料。

⑤ 工具材料应按最佳的工作顺序排列。

⑥ 应有良好的照明条件以利观察。

3) 设备、工具的设计原则

① 凡是利用夹具或脚操纵件能方便进行操作的,尽量不占用两手。

② 在可能的情况下,应设计多功能工具,使用少量工具完成多种动作。

③ 工具和材料尽可能放在工作位置最近处。

④ 当每个手指都参与工作时,要按每个手指的固有能力来分配任务。

⑤ 操纵件的位置应使操作者只需极少改变姿势便可很省力地进行操作。

⑥ 在需要时可配有能使人具有正确姿势的工作座椅,使工作中坐或站交替进行。

(2) 操纵件的选择原则

操纵件的选择与操作要求、环境和造价有关,但主要还是从功能和操作要求出发进行选择。当然还有人的操纵能力。正确选择操纵件的类型对于安全生产,提高工作效率极为重要。一般说来,选择的原则有以下几个方面:

① 快速而精细的操作主要采用手操纵件,当操纵力较大时则采用手臂及下肢控制;

② 手控件应安排在肘、肩高度之间,容易接触到的距离处,并要易于看到;

③ 手揿按钮、开关或旋钮适用于费力小、移动幅度不大及高精度的阶梯式或连续式调节;

④ 操纵杆、曲柄、手轮及脚操纵件适用于费力、低精度和幅度大的操作。

2. 旋转式操纵件设计

旋转式操纵件主要有旋钮、手轮、摇把、十字把以及手动工具中的扳手、螺丝刀等,如图 8-14 所示。后几种比较简单,以下介绍前三种操纵件。

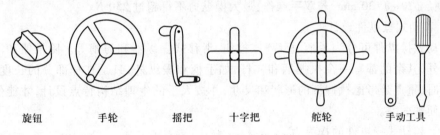

| 旋钮 | 手轮 | 摇把 | 十字把 | 舵轮 | 手动工具 |

图 8-14 旋转式操纵件式样

(1) 旋钮的设计

旋钮是各类操纵件中用得较多的一种,其外形特征由其功能决定。根据功能要求,旋钮一般可分为三类:第一类适合于进行 360°以上的旋转操作,这种旋钮偏转的角度位置并不具有重要的信息意义,其外形特征是圆柱、圆锥等;第二类适用于旋转调节的范围不超过 360°的情况,或者只有在极少数情况下调节超过 360°,这种旋钮偏转的角度位置也并不具有重要的信息意义,其外形特征是圆柱形或接近圆柱形的多边形;第三类是它的偏转位置具有重要的信息意义,如用来指示刻度或工作状态,这种旋钮的调节范围不宜超过 360°。

在保证功能的前提下,旋钮的外形应简洁、美观。旋钮的大小应根据操作时使用手指和手的不同部位而定,其直径以能保证动作的速度和准确性为前提。图 8-15 是用手的不同部位操纵时旋钮的最佳直径。

(2) 手轮、摇把设计

手轮和摇把均可自由作连续旋转,适用于作多圈操作的场合。根据用途的不同,手轮和摇把的大小差别很大,如机床上用的小手轮旋转直径只有 60 ~ 100 mm,而汽车的驾驶盘直径则有几百毫米。手轮的回转直径应根据需要而定,一般直径为 $\phi 80 \sim \phi 520$ mm,握

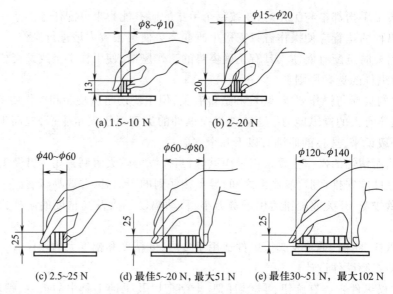

(a) 1.5~10 N　　(b) 2~20 N

(c) 2.5~25 N　(d) 最佳5~20 N, 最大51 N　(e) 最佳30~51 N, 最大102 N

图 8-15　旋钮的操纵力和适宜尺寸

把的直径 $\phi20 \sim \phi130$ mm,若双手操作,最大操纵力不得超过 250 N。

3. 移动式操纵件设计

移动式操纵件可分为手柄、操纵杆、推钮、滑移式操纵器和刀闸等。除推钮和滑移式操纵器外,其余的都有一个执握柄和杠杆,如手柄和操纵杆,只是杠杆部分的长度不同。在设计时,重点是考虑执握柄的形状和尺寸,并按人手的生理结构特点设计,才能保证使用的方便和效率。

(1) 移动式操纵件的操纵力

利用手柄操纵时,其操纵力的大小与手柄距地面的高度、操纵方向、使用的左右手不同等因素有关。

(2) 移动式操纵件设计

手柄一般供单手操作。对于手柄设计的要求是,手握舒适,施力方便,不产生滑动,同时还需控制它的动作,因此手柄的形状和尺寸应按手的结构特征设计。

当手执握手柄时,施力使手柄转动,都是依靠手的屈肌和伸肌来共同完成的。从手掌的解剖特征来看(图 8-16),掌心部分的肌肉最小,指骨间肌和手指部分是神经末梢满布的部位。指球肌和大、小鱼际肌是肌肉丰富的部位,是手部的天然减振器。在设计手柄时,要防止手柄形状丝毫不差地贴合于手的握持部分,尤其是不能紧贴掌心。手柄的着力方向和振动方向不能集中于掌心和指骨间肌,如果掌心长期受压受振,则会引起难以治愈的痉挛,至少易引起疲劳和操纵不准确。因此,手柄的形状设计应使操作者握住手柄时掌心处略有空隙,以减少压力和摩擦力的作用。图 8-16a、b、c 所示的三种手柄的形式较好,图 8-16d、e、f 所示的三种形式的手柄与掌心贴合面大,只适合作为短时和受力不大的操纵手柄。

为了减少手的运动,节省空间和减少操作的复杂性,采用多功能的复合操纵件有很大优点。例如,现代飞机上使用的复合型驾驶杆就是突出的例子。这种驾驶杆上附设有多

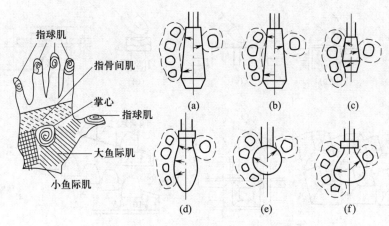

图 8-16 手柄的形式和着力方式比较

种常用的开关,飞行员的手可不必离开驾驶杆就能完成多种操作。现代汽车驾驶室转向柱上的组合开关也是典型的多功能复合操纵件。

4. 按压式操纵件设计

按其外形和使用情况,按压式操纵件大体可分为按钮和按键两类。它们一般只有"接通""断开"两种工作状态。

(1) 按钮

按钮外形常为圆形和矩形,有的还带有信号灯。按钮通常用作系统的启动和关停。其工作状态有单工位和双工位:单工位按钮是手按下按钮后,它处于工作状态,手指一离开按钮就自动脱离工作状态,回复原位;双工位的按钮是一经手指按下就一直处于工作状态,当手指再按一下时才回复原位。

按钮的尺寸主要按成人手指端的尺寸和操作要求而定。一般圆弧形按钮直径以 $\phi8 \sim \phi18$ mm 为宜,矩形按钮以 10 mm×10 mm、10 mm×15 mm 或 15 mm×20 mm 为宜,按钮应高出盘面 5~12 mm,行程为 3~6 mm,按钮间距一般为 12.5~25 mm,最小不得小于 6 mm。

(2) 按键

按键用途日益广泛,如计算机的键盘、打字机、传真机、电话机、家用电器等。各种形式的按键设计都应符合人的使用要求,设计时应考虑人手指按压键盘的力度、回弹时间及使用频度、手指移动距离,尺寸应按手指的尺寸和指端弧形设计,方能操作舒适。

图 8-17a 中为外凸弧形按键,操作时手的触感不适,只适用于小负荷且操作频率低的场合。按键的端面形式以图 8-17d 所示的中凹的为优,它可增强手指的触感,便于操作,这种按键适用于较大操作力的场合。按键应凸出面板一定的高度,过平不易感觉位置是否正确,见图 8-17b 所示;各按键之间应有一定的间距,否则易同时按着两个键,见图 8-17c 所示;按键适宜的尺寸可参考图 8-17e。对于排列密集的按键,宜做成图 8-17f 的形式,使手指端触面之间相互保持一定的距离;纵行的排列多采用图 8-17g 所示的阶梯式。

5. 脚动操纵件设计

一般的脚操纵件都采用坐姿操作,只有少数操纵力较小(小于 50 N)的才允许采用站姿操作。在坐姿时脚的操纵力远大于手。一般的脚蹬(或脚踏板)采用 14 N/cm² 的阻力

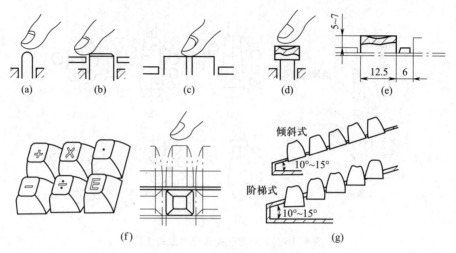

图 8-17 按键的形式和尺寸

为好。当脚蹬用力小于 227 N 时,腿的曲折角应以 107°为宜;当脚蹬用力大于 227 N 时,则腿的曲折角应以 130°为宜。用脚的前端进行操纵时,脚踏板上允许的力不超过 60 N;用脚和腿同时操作时可达 1 200 N;对于需快速动作的脚踏板,用力应减少到 20 N。

操纵过程中,人脚往往都是放在脚操纵件上,为防止脚操纵件被无意碰移或误操作,脚操纵件应有一个启动阻力,它至少应超过脚休息时脚操纵件的承受力。

为便于脚施力,脚踏板多采用矩形和椭圆形平面板,而脚踏钮有矩形、圆形,图 8-18 所示为几种常用脚踏板和脚踏钮的设计尺寸。脚踏板和脚踏钮的表面都应设计成齿纹状,以避免脚在用力时滑脱。

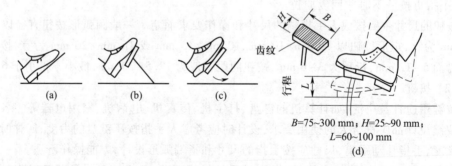

$B=75\sim300$ mm;$H=25\sim90$ mm;$L=60\sim100$ mm

图 8-18 脚踏板和脚踏钮的设计尺寸

6. 操纵件的空间位置设计

当有多个操纵件放在一起时,就要对其进行空间位置设计,这时可参考以下几点:

① 应选位置编码作为主要的编码方式,用以相互区分。以形状、颜色和符号编码作为辅助编码。

② 操纵件应当按照其操作程序和逻辑关系排列。在操作程序固定的情况下,应设计成前一个操作未完成前,后一个操纵件处于自锁的方式,这样可减少误操作。

③ 操纵件应首先考虑在人手(或脚)活动最灵敏、辨别力最好、反应最快、用力最强的

空间范围和合适的方位之内进行设计,亦即按操纵件的重要性和使用频率分别布置在最好、较好和较次的位置上。

④ 当按操纵件的功能进行分区时,各区之间用不同的位置、颜色、图案或形状。

⑤ 联系较多的操纵件应尽量相互靠近。

⑥ 操纵件和显示器应符合相合性原则。

⑦ 操纵件的排列和位置应适合于人的使用习惯。

⑧ 操纵件的空间位置和分布应尽可能做到在定位时具有良好的操纵效率。

为避免误操作,各操纵件之间需保持一定的距离。表 8-4 及图 8-19 列出了各种操纵件间的距离。

表 8-4　各种操纵件之间的间隔距离值　　　　　　　　　　mm

操纵件名称	操作方式	操纵件之间的距离	
		最小值	最佳值
手动按钮	一只手指随机操作	12.7	50.8
	一只手指顺序连续操作	6.4	25.4
	各手指顺序或随机操作	6.4	12.7
肘节开关	一只手指随机操作	19.2	50.8
	一只手指顺序连续操作	12.7	25.4
	各手指顺序或随机操作	15.5	19.2
踏板	单脚随机操作	$d_1 = 203.2$	254.0
		$d_2 = 101.6$	152.4
	单脚顺序连续操作	$d_1 = 152.4$	203.2
		$d_2 = 50.8$	101.6
旋钮	单手随机操作	25.4	50.8
	双手左右操作	76.2	127.0
曲柄	单手随机操作	50.8	101.6
操纵杆	双手左右操作	76.2	127.0

8.2.3　机械产品造型设计

造型设计是设计学科的一个组成部分。它着眼于物品的创造,这种创造要包含有使用价值的物质功能,又含有给人产生美感的精神功能,也就是说它具有物质与精神双重功能,这就是机械产品造型设计的特征。在机械产品造型设计的长期实践中,人们逐渐确立了它的基本原则:实用、经济、美观。

要掌握并运用好机械产品造型设计三原则,需具备市场学、管理学、生产制造工艺、价值工程、产品造型基础等多方面的专业知识,只有这样才能创造出满足市场需求的产品。

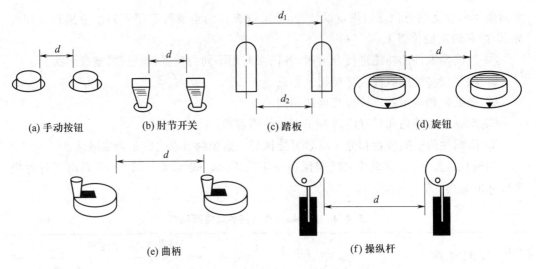

图 8-19 各种操纵装置间的距离

　　机械产品应具有明确的使用功能及与其相适应的造型,这两者都需由某种结构形式、材质和工艺方案来保证,才能创造出理想产品来。由此看出,机械产品造型设计具有三个要素,即功能基础、物质技术基础和美学基础。

　　1. 功能基础

　　功能就是产品的用途与性能,它既是产品的设计目的,又是产品赖以生存的根本条件。功能对产品的结构和造型起着主导的、决定性的作用,一般精密的加工机床、仪器仪表在造型上应表现出高级、雅致和细巧的艺术效果。大型、高强度、大容量的机器设备,应表现出庄重、坚固和稳定的艺术效果。

　　功能决定造型,造型表现功能,但造型不是简单的功能的组合,而是建立在研究人和机器的关系之上,即机器、设备的设计要考虑人-机系统的协调性,给人以亲近感,使人感到使用操作舒适、安全、省力、高效,从而更好地体现出功能特点和效用。

　　2. 物质技术基础

　　它是体现产品功能的保证,其中包括结构、材料、工艺、配件的选择,生产过程的管理以及采用合理的经济性条件。

　　产品的结构方式是体现功能的具体手段,是实现功能的核心因素,在考虑结构的同时需考虑所用的材料与加工工艺方法。不同的材料有不同的物理、化学、力学性能,以及与其性能相适应的成形工艺,并具有不同的外观质量、肌理效果。其他如生产管理好坏、经济上的合理性以及配件的选用等,也会直接影响产品的造型效果。

　　3. 美学基础

　　机械产品的审美功能要求产品的形象有优美的形态,给人以美的享受。设计者根据形式法则、时代特征、民族风格,通过点、线、面、空间、色彩、肌理等一系列的要素,构成形象,产生审美价值。人们的审美观在诸多因素影响下,总是在不断发展变化的,所以以机械产品造型设计要不断地总结经验,了解和掌握科学技术、文化艺术发展的趋向,寻求正确的审美观,灵活运用美学法则,深入研究形态构成、线型组织、色彩配置等造型理论、基本规律及方法,才能创造出有特色的产品形象。图 8-20 所示的两种不同时代的汽车造型就充分表明了这一点。

机械产品造型设计的三要素是互相影响、互相促进和互相制约的。一般地说,有什么样的功能,就要求有与其相适应的造型形式;反之,造型形式也可使功能得到更好的发挥。如仪器仪表的设计,因为需要读数、操作,故要求各类表头设计易读,计数器准确、可视性好;显示器的显示信号稳定、明确、清晰度高;各种操纵件的位置、方向、角度、排列、形状、大小等都要适合人的视觉和有关器官的活动特点和习惯。

功能基础是机械产品造型设计的主要因素,起着主导性和决定性的作用。但是,如果没有物质条件和工艺条件来保证,就很难体现良好的功能,如果单纯强调功能而忽视造型的美感,也就不能满足人们对产品的审美性要求,三者紧密结合才能创造出优质产品。

(a) 老式汽车

(b) 采用曲线造型的轿车

图 8-20　汽车的造型

机械产品种类繁多,其大小、用途和复杂程度相差很大。所以,各种产品的造型设计程序也不尽相同。但一般来说,大致可分为五个设计阶段,即设计规划阶段、设计构想阶段、方案设计阶段、深入设计阶段和施工设计阶段。当然,这种阶段的划分并不是绝对的,有时各个阶段会相互交错,有时需要重新返回上一阶段,反复循环进行,才能完成整个设计过程。目前,随着计算机的三维图形处理能力的不断增强,计算机辅助造型设计成为机械产品造型设计的主要手段。图 8-21 给出了计算机辅助造型设计涉及的内容。

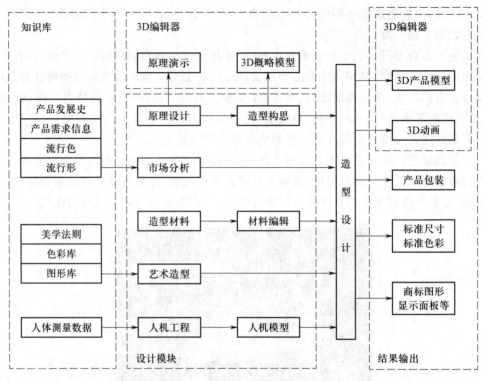

图 8-21　计算机辅助造型设计

8.3　机械系统噪声及其控制

噪声是当今世界三个主要污染之一,它不仅干扰人们的工作和休息,而且还会危害人身健康。因此,研究作业环境中噪声对人身和工作效率的影响,设计一个良好的声环境是人-机-环境工程设计中的一项重要任务。

8.3.1　噪声的基本概念

1. 噪声的物理量度

对噪声的量度,主要有强弱的量度和频谱的分析。

（1）声压与声压级

声压是声波通过传播媒质时产生的压强,以 p 表示,单位为 Pa。由于声压随时间迅速起伏变化,人耳感受到的实际效果只是迅速变化的声压在某一时间段的平均结果,叫有效声压。在实际测量中得到的声压为有效声压。

正常人耳刚刚能听到的声压(听阈声压)是 2×10^{-5} Pa。普通人们谈话声的声压一般为 $2 \times 10^{-2} \sim 7 \times 10^{-2}$ Pa。人耳产生疼痛的声音的声压(痛阈声压)是 20 Pa。从听阈声压到痛阈声压具有 $10^{-5} \sim 10$ Pa 的压力范围,即最强的到最弱的可听声压之比约为 10^6,相差百万倍。由于此范围太大,用声压来衡量声音的强弱是很不方便的,于是便引出一个成倍比

关系的对数量级,用它来表示声音的强弱,即声压级。声压级的单位是分贝(dB),它的数学表达式为

$$L_p = 20 \lg \frac{p}{p_0} \tag{8-1}$$

式中:L_p——声压级,dB;

   p——声压,Pa;

   p_0——基准声压,为 2×10^{-5} Pa,是 1 000 Hz 的听阈声压。

例如:在喷气式飞机喷口附近,声压为 630 Pa,声压级为 150 dB;在地铁里,声压为 0.63 Pa,声压级为 100 dB;轻声耳语的声压为 0.000 63 Pa,声压级为 30 dB。

(2) 声强与声强级

在垂直于声波传播方向上,单位时间内通过单位面积的声能量称为声强,以 I 表示,其单位为 W/m²。

听阈声强是 10^{-12} W/m²,痛阈声强是 1 W/m²。从听阈到痛阈的声强差为 10^{-12} W/m²,相差亿万倍。与声压一样,用声强级表示,其单位也是 dB。声强级的数学表达式为

$$L_I = 10\lg \frac{I}{I_0} \tag{8-2}$$

式中:L_I——声强级,dB;

   I——声强,W/m²;

   P_0——基准声强,为 10^{-12} W/m²。

(3) 声功率与声功率级

声源在单位时间内辐射的总声能量称为声功率,以 W 表示,单位是 W(1 N·m/s)。声功率的变化范围很广,听阈声功率是 10^{-12} W,痛阈声功率是 1 W,相差亿万倍。声功率级的数学表达式为

$$L_W = 10\lg \frac{W}{W_0} \tag{8-3}$$

式中:L_W——声功率级,dB;

   W——声功率,W;

   W_0——基准声功率,为 10^{-12}。

从式(8-3)可看出,对于同一声音,声功率级与声强级是相同的。

(4) 噪声频谱

各种机器的噪声都不是一个频率。它们是无数频率声音的组合,有低频也有高频。有的机器高频率声音多一些,听起来刺耳,如电锯、铆枪等;有的机器低频的声音多一些,听起来沉闷,如空气压缩机、内燃机以及小汽车的噪声。有的机器较为均匀地辐射从低频到高频的噪声,如纺织噪声,这种噪声称为宽带噪声。

2. 噪声的主观量度

人耳对声音的感觉不仅与声压有关,而且与频率有关,对高频声音感觉灵敏,对低频

声音感觉迟钝。声压级相同而频率不同的声音,听起来可能不一样。因此,噪声的物理量度并不能表征人身对声音的主观感觉。有必要研究噪声和对噪声环境进行评价,在一定程度上,对噪声的主观评价比对噪声的客观评价更为重要。

(1) 响度级与响度

1) 响度级

它是表示声音响度的量。它是把声压级和频率用一个单位统一起来,既考虑声音的物理效应,又考虑声音对人耳的生理效应,是人们对噪声的主观评价的基本量之一。以 1 000 Hz 的纯音作为标准参考纯音,其他频率的纯音和 1 000 Hz 纯音相比较,调整 1 000 Hz 纯音声压级,使它和所研究的纯音听起来一样响,则这个 1 000 Hz 纯音的声压级就是纯音的响度级,用 L_s 表示,单位为 phon(方)。假如一个声音听起来和声压级为 80 dB、频率为 1 000 Hz 的标准纯音一样响,则这个声音的响度级就是 80 phon。

利用与基准纯音比较的方法,可以得到整个可听频率范围内的纯音的响度级,这就是等响曲线,如图 8-22 所示。图中每一条曲线都是由不同声压级、不同频率,但具有相同响度级的声音对应点组成的连线。图中各等值曲线上的数字表示声音的响度级(phon)。图中最下面一条曲线是听阈曲线(0 phon),最上面一条曲线是痛阈曲线(120 phon)。

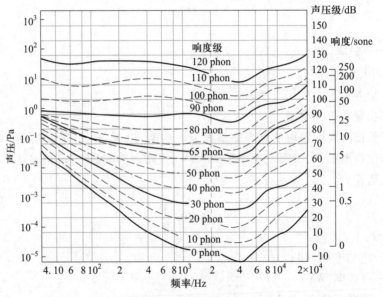

图 8-22   等响曲线

从等响曲线上可看出,人耳对 2 000 ~ 5 000 Hz 的声音最为敏感。例如,同样是 80 phon 的响度级,对于 1 000 Hz 的声音,其声压级为 80 dB,而对 3 000 ~ 4 000 Hz 的声音,其声压级是 70 dB,对于 20 Hz 的声音,其声压级要达到 113 dB 时才能同样响。

2) 响度

响度级是一个相对量,有时需要把它化为自然数,即用绝对值来表示。这就引出了响度的概念,用 N 表示,单位为 sone(宋)。40 phon 为 1 sone,50 phon 为 2 sone,60 phon 为 4 sone,70 phon 为 8 sone,……即响度级每改变 10 phon,响度相应地增大 1 倍,其计算式如下:

$$N = 2^{(L_S - 40)/10} \text{ 或 } L_S = 40 + 10\log_2 N$$

式中:N——响度,sone;

L_S——响度级,phon。

响度级与响度的关系见图 8-23。

（2）计权声级

人们对声音强弱的主观感受可用响度来描述,但其测量和计算都十分复杂。为了使测量的声压值能够直接近似地代表人耳对于声音响度的感觉,在等响曲线中选择了 40 phon、70 phon 和 100 phon 的三条曲线,分别代表低声压、中等声压和高声压的响度感觉。在声级计中相应设置了 A、B、C 三个计权网络,分别对应于倒置的 40 phon、70 phon 和 100 phon 等响曲线,如图 8-24 所示。

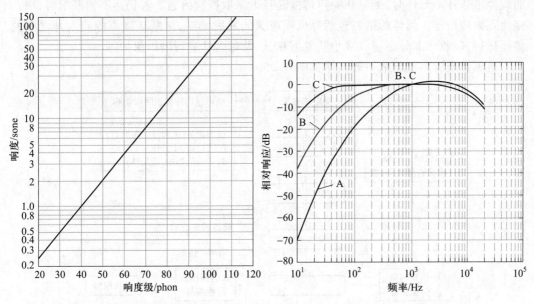

图 8-23 响度级与响度的关系图　　图 8-24 A、B、C 计权网络特性曲线

A 计权网络对高频敏感,对低频不敏感,这正与人耳对噪声的主观感觉一致。用 A 计权网络测得的噪声声级称为 A 声级,记为 dB(A)。由于 A 声级能较好地反映人耳对噪声响度的频率响应,因此在很多噪声评价中都采用 A 声级或以 A 声级为基础的噪声评价参数。若用 B 或 C 计权网络测量则分别用 dB(B) 或 dB(C) 来表示。

从图中可看出,C 计权网络在 50~5 000 Hz 范围内是平直的,所有在这频率范围内的噪声分量均可无衰减地进入仪器的读数中。因此,C 计权可代表总声压级 dB(C)。

（3）等效连续 A 声级

稳态噪声可用 A 声级评价。但当噪声的幅值随时间变化较大时,就要用统计分析来描述。等效连续 A 声级就是在声场中一定点位置上,用某一段时间内能量平均的方法,将间歇暴露的几个不同的 A 声级噪声,以一个 A 声级表示该段时间内的噪声大小。这个声级即为等效连续 A 声级,单位仍为 dB(A)。

一般由于实际测量的瞬时 A 声级 L_A[dB(A)] 是不连续的,可将测量的 L_A 值离散成

n 等份,则等效连续 A 声级 L_{eq} 可用下式近似计算:

$$L_{eq} = 10\lg\left(\frac{1}{T}\sum_{i=1}^{n}10^{0.1L_{Ai}}\Delta t_i\right) \tag{8-4}$$

式中:T——测量时间,$T = \sum \Delta t_i$;

$\quad\quad \Delta t_i$——每个 L_{Ai} 测量的时间间隔;

$\quad\quad L_{Ai}$——对应时间间隔 Δt_i 所测的 A 声级 $[dB(A)]$。

8.3.2 机械系统噪声控制

1. 噪声控制途径与原则

确定噪声控制措施时,应从以下三个环节考虑:先从声源根治噪声。如果技术上不可能或经济条件不允许时,则应从噪声传播途径上采取控制措施。若仍达不到要求时,则在接收点采取措施。具体的措施包括降低噪声源的发射声能,切断从噪声源到人耳之间的传播途径,吸收一部分声能以减小其发射量,以及对人耳进行隔声保护等。

机械系统噪声控制的一般程序见图 8-25。

微视频 8.2
噪声的控制途径和原则

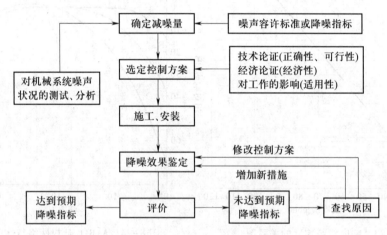

图 8-25 机械系统噪声控制的一般程序

机械系统噪声控制的一般原则见表 8-5。

表 8-5 机械系统噪声控制的一般原则

控制原则	措施举例	控制原则	措施举例
降低激振力	1. 用连续运动代替不连续运动。 2. 减小运动部件的质量或速度。 3. 提高机械和运动部件的平衡精度。 4. 控制运动零件间隙,减少冲击。 5. 改进力学性能参数	减小机械振动	1. 采用高阻尼材料或增加结构阻尼。 2. 增加动刚度,如合理加筋及合理设计零件截面形状和尺寸。 3. 改变零件尺寸,如增大壁厚,以改变固有频率。 4. 改善润滑条件。 5. 采用减振器、隔振器或缓冲器

续表

控制原则	措施举例	控制原则	措施举例
降低气体动力性噪声	1. 防止气流压力突变,消除湍流噪声、射流噪声和激波噪声。 2. 降低气体流速,减小气体压降和分散降压。 3. 设计高效消声器。 4. 改变气体频谱特性,向高频方向移动。 5. 降低气流管道噪声,如改变管道支持位置等	降低机械性噪声	1. 减小齿轮、轴承驱动电动机、液压系统等噪声。 2. 改进零件结构和材料,如采用新型齿轮等。 3. 合理设计罩壳、盖板等薄板零件,防止激振,减少噪声辐射。 4. 设计局部的隔声罩。 5. 采用电子干涉消声装置,降低窄频噪声

2. 从声源上根治噪声

从声源上根治噪声,这是一种最积极最有效的措施。根据噪声频率,通过分析找出产生噪声的原因,然后采取针对性的技术措施。其方法可归纳有以下几方面:

(1) 改进机械结构

工厂中噪声源很多,大体上可归纳为机械性、气流性和电磁性三大类。机械性噪声源一般是由高速旋转零件运转不平稳、往复运动时机械的冲击、轴承精度和安装不妥等造成的。这些可通过以下措施加以改善:

① 选用发声小的材料 一般金属材料(如钢、铜、铝等)的内阻尼、内摩擦较小,消耗振动能量小。因此,凡用这些材料做成的零件,在振动力作用下会发出较强的噪声。若用内耗大的高阻尼合金(亦称减振合金)或高分子材料(如尼龙等)就可获得降低噪声的效果。例如,锰-铜-锌合金与45钢试件比较,前者的内耗是后者的12~14倍,在同样力的作用下,前者发出的噪声要比后者低27 dB(A)。

② 改变传动方式 采用不同的传动方式,其噪声大小是不一样的。带传动比齿轮传动噪声低。在较好的情况下,用带传动代替齿轮传动,可降低噪声3~10 dB(A)。

在齿轮传动装置中,齿轮的线速度对噪声影响很大。选用合适的传动比减小齿轮的线速度,可取得较好的降低噪声的效果。另外,若选用非整数齿轮传动比,对降噪亦有利。

③ 改进设备结构 提高箱体或机壳的刚度或将大平面改成小平面,如加筋或采用阻尼减振措施来减弱机器表面的振动将为降低机械性噪声带来良好的效果。又如风机叶片的形式不同,其噪声大小也有很大差别。选择最佳叶片形状,能降低风机噪声。例如,将风机叶片由直片形式改为后弯形,可降低噪声10 dB(A)左右。若在允许的情况下,将冷却风机的叶片直径减小,亦可降低噪声6~7 dB(A)。

此外,共振能最有效传递振动和产生噪声,因此要特别注意调整机械设备及其主要零部件的固有频率,使其不与激振的干扰力频率一致或接近。

(2) 改进工艺和操作方法

如用焊接代替铆接,用液压机代替锤锻机等,均能显著降低噪声。发电厂等工业锅炉的高压蒸汽放空时产生很大的噪声,通过工艺改进,将所排空的蒸汽回收进入减温减压器,这样不仅消除了放空噪声,而且提高了经济效益。

（3）提高加工和装配精度

机械性噪声绝大部分由振动产生。减少机械零件的振动、撞击和摩擦,调整旋转部件的平衡,都可降低噪声。例如,提高齿轮的加工精度,可使运动平稳,这样就可降低噪声。当齿轮转速为 1 000 r/min 时,齿形误差从 17 μm 降为 5 μm,其噪声可降低 8 dB。

为减小振动和降低噪声,应尽量减小撞击件质量,降低撞击速度,对回转件进行静态与动态平衡以提高传动件的精度,减小接合处的间隙,尽量采用均匀的回转运动代替往复运动,合理安排润滑,降低运动表面粗糙度值,以减小摩擦力。

3. 在噪声传播途径上降低噪声

传播噪声的媒质有空气、液体和固体。在这些传播途径上降低噪声也有不少方法。

（1）利用吸声、隔声材料降噪

人在车间听到的噪声部分是由机器传来的直达声,还有部分是车间内各种表面的反射声。直达声和反射声叠加,加强了室内噪声的强度。如果在车间天花板和墙壁表面装饰吸声材料或制成吸声结构,在空间悬挂吸声体或设置吸声屏都可将部分声能吸收掉,使反射声能减弱。吸声效果与吸声材料的吸声系数有关。

把声音隔绝起来是控制噪声最有效的措施之一。隔绝声音的办法一般是将噪声大的设备全部密封起来,做成隔声间或隔声罩。隔声材料要求密实而厚重,如钢板、砖、混凝土、木板等。

（2）采用隔振与减振降噪

噪声除了通过空气传播外,还能通过地板、金属结构、墙、地基等固体传播。这时,降噪的基本措施是隔振和减振。对金属结构的传声,可采用高阻尼合金,或在金属表面涂阻尼材料减振。

隔振用隔振材料或隔振元件,常用的材料有弹簧、橡胶、软木和毡类。将隔振材料制成的隔振器安装在产生振动的机械基础上吸收振动,从而降低噪声（详见 8.4.3 节）。

表 8-6 列出了常用的噪声工学控制措施适用的场合及降噪效果。

表 8-6　噪声工学控制技术措施适用场合及降噪效果

现场噪声情况	合理的技术措施	降噪效果/dB
车间噪声设备多且分散	吸声处理	4~12
车间人多,噪声设备台数少	隔声罩	20~30
车间人少,噪声设备多	隔声间	20~40
进气、排气噪声	消声器	10~30
机器振动、影响近邻	隔振处理	5~25

8.4 机械系统的振动及基础设计

8.4.1 机械系统振动的一般概念

当一台机械设备安装到基础上后,就组成了一个实际的机械振动系统,如图 8-26 所示。它由三部分组成:振动源——机械设备本身,当其工作时就会引起系统发生振动;传递途径——振动源和接受体之间刚性或弹性连接的元件和结构;接受体——被研究的接受振动的物体或结构,它们所发生的运动就是由机械设备工作而引起的振动响应。

通常用来描述振动响应的三个参数是位移、速度和加速度。一般情况下,低频时的振动强度由位移值度量,中频时的振动强度由速度值度量,高频时的振动强度由加速度值度量。在实际测量中,可由所测得的振动频谱来确定采用的最佳测量参数。图 8-27 所示是机器振动的一种典型频谱,它用位移 d,速度 v、加速度 a 三种不同参数予以表示。

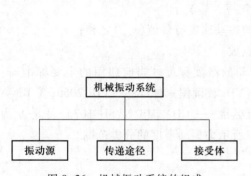

图 8-26 机械振动系统的组成

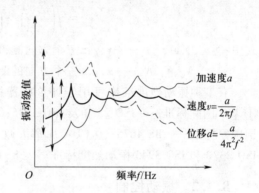

图 8-27 机器的一种典型振动频谱

参数的选用一般可以参照国际标准推荐的范围:

低频($\leqslant 10$ Hz)宜测位移;

中频($10 \sim 1\,000$ Hz)宜测速度;

高频($>1\,000$ Hz)宜测加速度。

振动大小的表示有绝对单位制和相对单位制两种,分别如表 8-7 和表 8-8 所示。

振动相对量级可按 ISO1683 标准规定,通常采用 dB(分贝)表示。

表 8-7 振动量绝对单位制

振动参数	符号	工程常用单位
位移	d	μm
速度	v	cm/s
加速度	a	cm/s^2

表 8-8 振动量相对单位制

振动量级	符号与公式	参考量值
振动力级	$L_F = 20\lg(F/F_0)$	$F_0 = 10^{-6}$ N
位移级	$L_d = 20\lg(d/d_0)$	$d_0 = 10^{-12}$ m
速度级	$L_v = 20\lg(v/v_0)$	$v_0 = 10^{-5}$ m/s
加速度级	$L_a = 20\lg(a/a_0)$	$a_0 = 10^{-6}$ m/s^2

为了衡量机械设备的振动,国际上通常采用 ISO 2372 和 ISO 3945 等机械振动评定标准。我国目前制定的有关行业的振动评定标准,其基本内容与国际 ISO 标准是一致的。简介如下:

(1) 适用范围

频率在 10~1 000 Hz 的机械振动。

(2) 量标选用

用振动烈度 V_m(mm/s)来表示,即:

$$V_m = \sqrt{\left(\frac{\sum v_x}{N_x}\right)^2 + \left(\frac{\sum v_y}{N_y}\right)^2 + \left(\frac{\sum v_z}{N_z}\right)^2} \tag{8-5}$$

式中:$\sum v_x$、$\sum v_y$、$\sum v_z$——x、y、z 三个方向测得的振动速度有效值(v_{rms})之和;

N_x、N_y、N_z——x、y、z 三个方向的测点数。

有多种振动烈度准则可用于评价机器振动的激烈程度。当前使用的主要标准有:① ISO 国际标准——ISO 2372 及 ISO 3945;② VDI 德国国家标准——VDI 2056;③ BS 英国国家标准——BS 4675;④ CDA 加拿大政府标准——CDA/MS/NVSH 107。表 8-9 为 ISO 2372 和 ISO 3945 振动烈度标准。表 8-10 所示为振动烈度的分类范围。

8.4.2 振动控制

1. 振动控制的基本方法

由机械振动系统的组成可知,其振动控制的基本方法有三个:① 控制振动源,以减小或消除其本身的振动;② 控制传递途径,以减弱至接受体的振动传输;③ 控制接受体,以降低接受体对振动敏感的程度,减弱它被激励的振动。

振动控制实施的技术途径如图 8-28 所示。由图可知,机械振动的控制研究内容包括三个组成部分的动力特性分析、控制原理、设计计算以及控制实施方法等。

根据有无外部输入能量的控制方式进行分类,振动控制可分为主动(有源)控制和被动(无源)控制两类,如图 8-29 所示。

2. 机械系统设计中的振动控制

设计制造振动小、噪声低的机械设备系统,使其满足相关机械设备的振动噪声标准,这是机械振动控制中一个治本的方法。因此,在设计新的机械设备系统时,必须考虑它的动态特性,进行振动计算。动态特性包括三个方面:固有特性、动力响应和动力稳定性。但有时常用动力响应表示机械设备的动态特性。

表 8-9 振动烈度标准

振动烈度		ISO 2372				ISO 3945		说明
范围	速度有效值/(mm/s)	Ⅰ级	Ⅱ级	Ⅲ级	Ⅳ级	刚性基础	柔软基础	
0.28	0.28	A	A	A	A	优	优	Ⅰ级为小型机械(例如 15 kW 以下电动机);Ⅱ级为中型机械(例如 15~75 kW 电动机和 300 kW 以下机械);Ⅲ级为大型机械(安装在坚固重型基础上,转速 600~12 000 r/min,振动测定范围 10~1 000 Hz);Ⅳ级为安装在较软基础上的大型机械。 A 级——不会使机械设备的正常运转发生危险的振级,通常标作"良好"; B 级——可验收允许的振级,标作"许可"; C 级——振动是允许的,但有问题,应设法降低,通常标作"可容忍"; D 级——振动太大,不能容忍,通常标作"不允许"
0.45	0.45							
0.71	0.71							
1.12	1.12	B	B	B	B	良	良	
1.8	1.8							
2.8	2.8	C	C	C	C	可	可	
4.5	4.5							
7.1	7.1							
11.2	11.2							
18	18	D	D	D	D	不可	不可	
28	28							
45	45							
71								

表 8-10 振动烈度的分类范围

分类范围	速度范围(振动速度的有效值)/(mm/s)
0.11	0.071~0.112
0.18	0.112~0.18
0.28	0.18~0.28
0.45	0.28~0.45
0.71	0.45~0.71
1.12	0.71~1.12
1.8	1.12~1.8
2.8	1.8~2.8
4.5	2.8~4.5
7.1	4.5~7.1
11.2	7.1~11.2
18	11.2~18
28	18~28
45	28~45
71	45~71

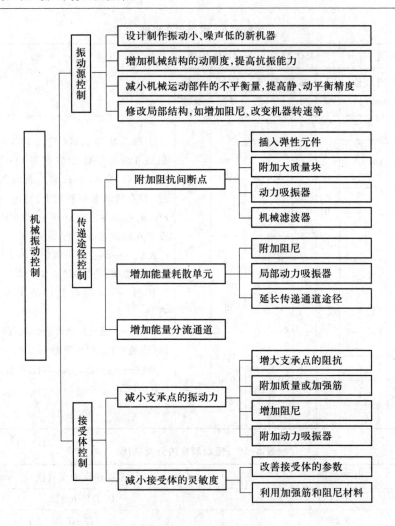

图 8-28　振动控制的技术途径

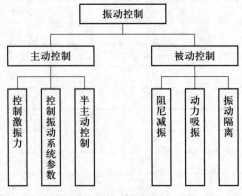

图 8-29　振动控制的分类

固有特性指机械设备系统的各阶固有频率、模态振型和阻尼。计算固有特性有两个目的:一是可以使机械设备工作时避开共振区,二是可用来进一步计算系统的其他特性。

机械设备系统工作时,会在激振力作用下产生受迫振动,其稳态响应称为系统动力响应,它会导致系统的疲劳破坏、运动失真、噪声等问题。

3. 动力稳定性

机械设备系统在一定的运动条件下也可能产生自激振动,这是一种与外部激励作用无关、完全由系统自身激发所产生的振动,如滑动轴承中的油膜振荡、高速旋转轴的弓状回转自振、机床切削自振、液压随动系统自振等。因此,在设计机械系统时应确定产生自激振动的临界条件,使机械设备运行时避开这些情况而保持稳定性。

有关齿轮传动、滚动轴承、曲轴、叶片、弹簧的振动,轴系和回转体的临界转速,转子的失稳问题等机械零部件的动态特性分析,都已有了比较成熟的分析设计方法。

对于新设计的机械设备系统的动态特性分析,可利用有限元计算软件,如 ANSYS、COSMOS/M、NASTRAN 等,以求得复杂机械零部件和整台机械设备的各阶固有频率、模态振型、动力响应等。如果计算得到的动力响应超过机械设备相关标准的允许值,则应修改设计直到计算结果达标为止。

4. 机械结构的动刚度

动刚度又称位移阻抗,是在简谐力激励时,力与其位移响应的复数比。动刚度越大,表示机械结构在一定的激振力作用下产生的位移响应越小,其抗振能力越好。因此,增加机械结构的动刚度,是提高其抗振能力、减小动力响应的有效方法。提高机械结构动刚度的方法有以下三种:

① 调整机械结构的固有频率以避开激振频率,从而防止共振发生。

② 提高结构的静刚度,这可通过合理地选择构件的壁厚、筋板的数量与位置、开孔的大小与位置、固定接合面的表面粗糙度等来实现。

合理设计结构的截面形状和尺寸。尽可能地只增加截面的轮廓尺寸而不增加壁厚,使其在质量相同情况下具有较高的静刚度和固有频率。

详细内容参见本书第 6 章相关部分。

③ 改善机械结构的阻尼特性以提高其动刚度,这常用增大结构接合面间的阻尼以及在结构上附加高阻尼材料的方法来实现。

不同的机械有不同的动刚度,表 8-11 列出了汽车车身及车架的动刚度。确定机械结构的动刚度一般有两种方法:理论计算方法(集中质量模型、分布质量模型及有限元法)和试验方法。

表 8-11　汽车车身和车架的动刚度

车型	振动系统及其振动	阻尼比 ξ	最低共振频率 f_0/Hz	动刚度 k_d/(kN/s)
载重汽车	车身的竖向弯曲、扭转、侧向弯曲振动	—	5~10	6.86~49[①]
	车架的弯曲和扭转振动	—	6~13	1.96[②]

续表

车型	振动系统及其振动	阻尼比 ξ	最低共振频率 f_0/Hz	动刚度 k_d/(kN/s)
轿车	车身的弯曲振动	0.009~0.018	35~60	58.8~117.6[①]
	车身的扭转振动	0.005~0.01	25~50	68.6~83.3[①]
	车架的弯曲和扭转振动	0.003~0.005	8~15	5.88~9.8[②]

① 传递动刚度,在前、后悬架或发动机后横梁上激振,在车厢前座中心线处测振。

② 作用点动刚度,在车架前端激振和测振。

8.4.3　机械基础的隔振设计

机械工作时的全部载荷(包括机械及其附属设备的自重和动力载荷)都由它下面的地面承受。受机械载荷影响的那一部分地面称为地基。为使地基受力均匀和减小振动,在较大的固定或动力机械和地基之间都要人为地增加一中间体,即基础,如图 8-30 所示。

不同机械因其动力特性、附属设备及周围环境对限制振动的要求等条件不同,对基础和地基的要求也不同,因此机械基础设计是一个很复杂的工程问题,涉及工程地质学、土力学、建筑施工、机械动力学等多门学科。以下是机械基础设计的一些基本知识。

1. 机械基础的结构形式

机械基础的结构形式主要有大块式、墙式和框架式三种,如图 8-31 所示。

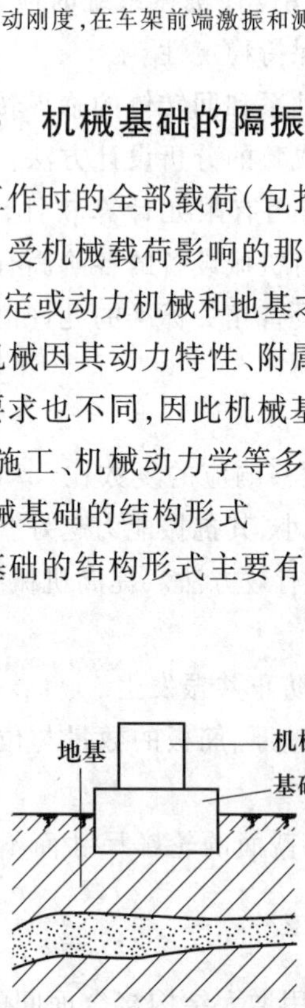

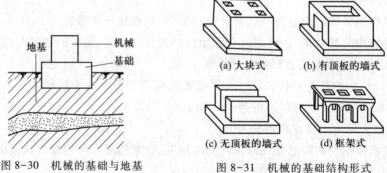

图 8-30　机械的基础与地基

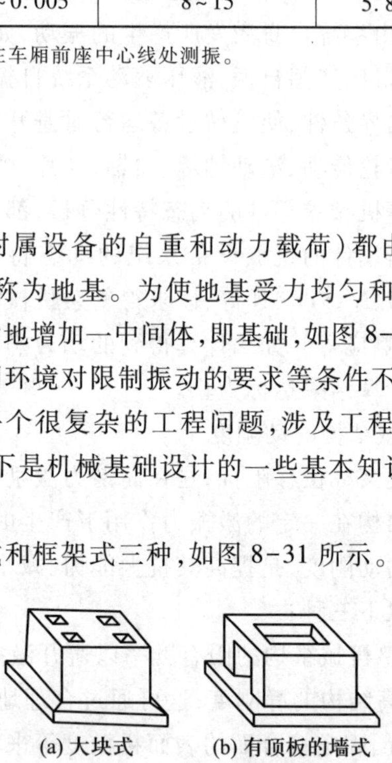

(a) 大块式　　(b) 有顶板的墙式

(c) 无顶板的墙式　　(d) 框架式

图 8-31　机械的基础结构形式

大块式基础常用钢筋混凝土做成整体。墙式基础是由顶板、纵墙、横墙和底板构成的基础。框架式基础是由顶层梁板、柱和底板构成的基础。大块式基础和墙式基础均需预留安装和操作机械所必需的沟槽和孔洞。大块式基础应用最广,其特点是基础刚度大,动力计算时可视基础本身为一刚体,即不考虑其变形。框架式基础的上部属弹性的框架结构,因此常用于工作转速较高的机械,动力计算时一般按多自由度空间力学模型计算。墙式基础的刚度介于两者之间,当机械要求安装在一定高度时常采用墙式基础。

2. 机械基础设计的一般规定

① 基础设计时应取得下列资料:机械的型号、转速、功率、规格及轮廓尺寸图等,机械自重及质心位置,机械底座外廓图、辅助设备、管道位置和坑、沟、孔洞尺寸以及灌浆层厚

度、地脚螺栓和预埋件的位置等,机械的扰力和扰力矩大小及其方向,基础的位置及其邻近建筑物的基础图,建筑场地的地质勘察资料及地基动力试验资料。

② 机械基础宜与建筑物的基础、上部结构以及混凝土地面分开。

③ 当管道与机械连接而产生较大振动时,管道与建筑物连接处应采取隔振措施。

④ 当基础的振动对邻近的人员、精密设备、仪器仪表、工厂生产及建筑物产生有害影响时应采取隔振措施。

⑤ 基础不得产生有害的不均匀沉降。

⑥ 重要的或对沉降有严格要求的机械,应在其基础上设置永久的沉降观测点,并应在设计图中注明要求。在基础施工、机械安装及运行过程中应定期观测沉降情况,并作记录。

3. 机械基础设计的一般步骤

机械基础设计的一般步骤如下:

① 了解和分析设计任务,并收集有关设计资料。

② 根据机械的工作特性、扰力和扰力矩状况、工艺要求及地质条件,初步确定基础的结构形式。

③ 根据机械及设备的底座尺寸,预留沟、坑、洞及地脚螺栓的位置及尺寸,机械扰力和抗力矩的大小和特性,以及现场地质资料,初步确定基础的几何尺寸和埋置深度。

④ 根据地基土壤性质和基组(基础、基础上的机械和附属设备以及基础上填土的总称)重力计算地基的静强度。

⑤ 根据初步确定的基础尺寸,计算基础的总质心位置,并力求使其与基础底面形心在同一垂直线上,其偏心率应控制在允许范围内。

⑥ 根据机械扰力和扰力矩的性质进行基组动力学计算,避免基组共振,并控制基础的最大振动线位移、速度或加速度不超过允许的极限值。

⑦ 根据基础的结构形式,按现行《混凝土结构设计规范》《钢结构设计规范》计算基础构件的强度和配置钢筋。

⑧ 绘制基础施工图。

4. 机械基础的隔振简介

1) 隔振的概念

为了减小或控制机器设备或结构的振动传递,在两个结构之间的传递通道上插入弹性元件(常称隔振器),从而使一个结构传至另一个结构的动力激励或运动激励得以降低,这就是振动隔离,简称隔振。按照振动激励方式的不同,分为动力隔振(也称积极隔振或主动隔振)和运动隔振两类(也称消极隔振或被动隔振)。表 8-12 列出了两类隔振的目的和适用范围。

动力隔振和运动隔振的概念虽然不同,但是实施方法相同,即在被隔离物体和基座之间安装隔振器(由刚度和阻尼组成的弹性元件)。其区别只是在动力隔振中使传递到基础上的振动力减小,周期性的激振力则由机器设备本身的惯性力部分地或绝大部分地抵消;而在运动隔振中,大部分的基础振动被隔振器吸收,被隔离物体凭借惯性保持基本静止。

表 8-12 动力隔振和运动隔振的目的和适用范围

分类	图示	目的	适用范围
动力隔振	机器	隔离或减小机械设备产生的振动,通过机脚、支座传递到基础,使周围环境或邻近结构不受机器设备振动的影响	动力机械、回转机械、锻压机械、冲床等各种设备
运动隔振	仪器	防止周围环境的振动通过支座、机脚传到需要防护的仪器设备、精密机械上	电子仪器、精密贵重设备、消声室、音响要求高的建筑、车载物品运输

隔振主要是控制机械振动系统中的三个基本参数:被隔离物体的质量、隔振器的刚度和阻尼。这三个基本参数各自的作用如下。

① 被隔离物体的质量 在固定激振力作用下,被隔离物体质量越大,其响应的振幅越小。

② 隔振器的刚度 刚度小,隔振效果好,反之隔振效果差。刚度决定了整个系统的隔振效率,同时又关系系统摇摆的程度。

③ 隔振器的阻尼 在共振区减小共振峰,抑制共振振幅;但在隔振区为系统提供了使弹簧短路的附加连接,从而提高了支承的刚度。因此对于阻尼,设计时需要仔细分析。

2)机械基础的隔振

机械基础隔振器常用材料有橡胶、钢制弹簧、泡沫塑料、聚苯乙烯板及木材等。其中橡胶制成的隔振器因具有良好的弹性、较大的阻尼、成形简单等优点而被广泛采用,运输胶带和橡胶板也常被用于制作橡胶隔振器。钢制弹簧隔振器则因有稳定的力学性能、使用寿命长、不怕油渍污染且可做得刚度很小等特点而被普遍采用,但因其阻尼很小,当用于可能有较大共振通过的场合时,为加快振动的衰减,使基础尽快越过共振区,常与用橡胶等有较大阻尼的材料制成的隔振器联合使用。钢制弹簧隔振器对低频振动的隔振效果较好,对高频振动的隔振效果较差。

隔振器有支承式和悬挂式两种布置形式。支承式隔振器的布置形式如图 8-32 所示,其中垂直支承式主要用于隔离垂直方向的振动;基础质心较高时,宜用高支点垂直支承式隔振器;扰力以水平方向为主时,宜用水平支承式隔振器。对于有冲击性扰力的锻锤等机械,其隔振器可以置于基础下方,也可以置于砧座与基础之间,后者不仅有显著的隔振效果,而且基础底面尺寸及埋深小,施工方便,具有较好的经济性。对于精密机床、数控机床等基础,可在基础四周粘贴泡沫塑料、聚苯乙烯等隔振材料,或在基础四周设置隔振沟。隔振沟的深度与基础深度相同,宽度为 100 mm,沟内可充填海绵、乳胶等材料或不充填任何填料。

悬挂式隔振器的布置形式如图 8-33 所示。根据隔振器受力不同分承拉式和承压式。悬挂式隔振器的各向水平刚度很小,对水平振动的隔振效果较好,常用于扰力频率较低的精密机械的隔振。

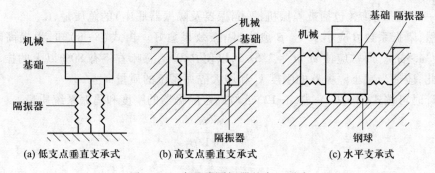

图 8-32 支承式隔振器的布置形式

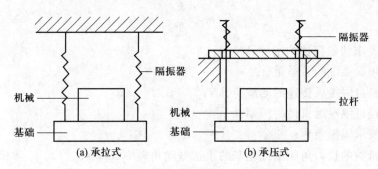

图 8-33 悬挂式隔振器的布置形式

　　隔振器应有良好的隔振效果,结构简单,性能稳定,易安装调整,经济性好。隔振器的隔振效果可用隔振系数来衡量。

　　对于动力隔振,其振源是机械本身,若隔振前机械传给地基的动载荷最大值为 F,隔振后减小为 F',则隔振系数可表示为

$$\beta = \frac{F'}{F} \tag{8-6}$$

　　对于运动隔振,其振源是其他机械传给地基的振动,若隔振前机械的振幅为 A,隔振后减小为 A',则隔振系数可表示为

$$\beta = \frac{A'}{A} \tag{8-7}$$

　　无论是动力隔振还是运动隔振,当振源是简谐振动时,若不计阻尼的影响,隔振系数均可近似由式(8-8)计算,即

$$\beta = \left| \frac{1}{\omega^2 / \omega_{ni}^2 - 1} \right| \tag{8-8}$$

$$\omega_{ni} = \sqrt{\frac{k_i}{m_i}} \tag{8-9}$$

式中:ω——机械的扰力角频率或地基的干扰振动角频率,rad/s;

　　ω_{ni}——隔振系统的固有角频率,rad/s;

　　k_i——隔振器的刚度,kN/m;

m_i——隔振系统(包括被隔振机械、隔振器及隔振器底座)的总质量,t。

显然,隔振系数 β 应小于 1。β 愈小,隔振效果愈好。由式(8-8)知,为提高隔振效果,应使 $\omega \gg \omega_{ni}$。通常应使 $\omega/\omega_{ni} = 2.5 \sim 5$,以使 $\beta < 0.2$,意味着将有 80% 以上的振动被隔离。为此,应适当减小隔振器的刚度 k_i 和增大隔振系统的质量 m_i。

设计时可按式(8-10)~式(8-12)近似确定隔振器的刚度和隔振系统质量。

$$k_i \leqslant \frac{\omega^2 m_i}{1 + 1/\beta} \tag{8-10}$$

$$k_i \leqslant \frac{F'}{A'} \tag{8-11}$$

$$m_i \geqslant \frac{k_i}{\omega_{ni}^2} \tag{8-12}$$

式中:k_i——要求的隔振器的刚度,kN/m;

　　　m_i——隔振系统的总质量,t;

　　　F'——经过隔振后传递的动载荷,kN;

　　　A'——经过隔振后机械的振幅,m;

　　　β——要求隔振系数;

　　　ω——机械的扰力角频率或地基的干扰振动角频率,rad/s;

　　　ω_{ni}——隔振系统的固有角频率。

一般情况下,常用隔振材料的阻尼比不大,设计隔振器时可不考虑阻尼的影响。但当隔振系统存在"通过共振"现象时,应设法增大隔振器的阻尼比,以减小机械在启动和停止过程中因扰力角频率通过共振区时出现的最大振幅,此时应采用如磁感应阻尼、空气阻尼、液体阻尼等隔振器。

8.5　绿色设计

随着科技的进步与工业的发达,各种工业产品为人类带来了极大的方便与福祉。但是,当人们在享受这些文明生活的同时,全球生态环境却逐渐遭到破坏。例如,臭氧层的破坏、全球温室效应、生态平衡的破坏、河川及海洋的污染及固态废弃物等,将严重影响人类的生活以及后代子孙的生存。所以,资源的滥用将造成地球贵重资源的枯竭。

8.5.1　绿色设计内涵

一项产品的设计与生产必须投入相当多的人力、物力、财力等资源,从保护自然环境生态的观念思考,倘若产品使用寿命不是很长,不仅仅大大地浪费了宝贵的资源,同时在生产制造与使用过程中,废弃物对环境又再次造成伤害。为了节省能源且避免材料的滥用,在设计上需要考虑延长产品的寿命,这就是绿色设计。

1. 绿色设计的内涵

绿色设计亦称为环保设计(design of environment)或生态设计(eco-design),它是一种在产品的全生命周期中将环境改善因素纳入考量的设计方法,即在产品整个生命周期内,着重考虑产品环境属性(可拆卸性、可回收性、可维护性、可重复利用性等),并将其作为设计目标,在满足环境目标要求的同时,保证产品应有的功能、使用寿命、质量等。

2.绿色产品设计原则

绿色产品设计原则如下:

1)长寿命设计;

2)模块化设计;

3)易维修设计;

4)多功能设计;

5)材料使用简化设计;

6)回收再生设计。

绿色生命周期的每一阶段皆有资源的输入或输出。产品设计师应在产品设计时考虑各阶段中的环保效应及影响,尽可能通过再利用、再制造或回收再生的方式,使废弃物质可以完全回收与再利用成为新产品,以降低有毒物质及稀少资源的使用,并增加能源利用效率。

8.5.2 绿色设计的内容

绿色设计的主要内容包括绿色产品设计的材料选择与管理、产品的可回收性设计、产品的可拆卸性设计。

1.绿色产品设计的材料选择与管理

一方面,不能把含有有害成分与无害成分的材料混放在一起;另一方面,对于达到寿命周期的产品,有用部分要充分回收利用,不可用部分要用一定的工艺方法进行处理,使其对环境的影响降到最低。

2.产品的可回收性设计

综合考虑材料的回收可能性、回收价值的大小、回收的处理方法等。

3.产品的可拆卸性设计

设计师要使所设计的产品结构易于拆卸,维护方便,并在产品报废后能够重新回收利用。

除此之外,还有绿色产品的成本分析、绿色产品设计数据库等。

8.5.3 绿色设计的方法

1.模块化设计

对一定范围内的不同功能或相同功能、不同性能、不同规格的产品进行功能分析的基础上,划分并设计一系列功能模块,通过模块的选择和组合可以构成不同的产品,满足不同的需求。

模块化设计既可以很好地解决产品品种规格、产品设计制造周期和生产成本之间的矛盾,又有利于产品的快速更新换代,提高产品的质量,方便维修,以及产品废弃后的拆卸、回收,为增强产品的竞争力提供必要条件。

2. 循环设计

循环设计即回收设计(design for recovering & recycling),就是实现广义回收所采用的手段或方法,即在进行产品设计时,充分考虑产品零部件及材料回收的可能性、回收价值的大小、回收处理方法、回收处理结构工艺性等与回收有关的一系列问题,以达到零部件及材料资源和能源的充分有效利用,环境污染最小的一种设计思想和方法。

除此之外,还有组合设计、可拆卸设计、绿色包装设计等,其基本的内涵也大致如上所述。

尽管绿色设计并不十分注重美学表现或狭义的设计语言,但绿色设计强调尽量减少无谓的材料消耗,重视再生材料使用的原则在产品的外观上也有所体现。在绿色设计中,"小就是美""少就是多"具有了新的含义。从 20 世纪 80 年代开始,一种追求极端简单的设计流派,将产品的造型简化到极致,这就是所谓的"简约主义"(minimalism)。

绿色设计在现代化的今天,不仅仅是一句时髦的口号,而是切切实实关系每一个人切身利益的事。这对子孙后代,对整个人类社会的贡献和影响都将是不可估量的。如果说 19 世纪末的设计师们是以对传统风格的扬弃和对新世纪的渴望与激情,用充满思辨生命活力的新艺术风格来迎接 20 世纪,那么 20 世纪末的设计师们则更多地是以冷静、理性的思辨来反省一个世纪以来工业设计的历史进程,展望新世纪的发展方向,而不只是追求形式上的创新。实际上,进入 20 世纪 90 年代,风格上的花样翻新似乎已经走到了尽头,后现代已成明日黄花,解构主义依旧是曲高和寡,工业设计需要理论上的突破。于是,不少设计师转向从深层次上探索工业设计与人类可持续发展的关系,力图通过设计活动,在人-社会-环境之间建立起一种协调发展的机制,这标志着工业设计发展的一次重大转变。绿色设计的概念应运而生,成了当今工业设计发展的主要趋势之一。

绿色设计源于人们对于现代技术所引起的环境及生态破坏的反思,体现了设计师的道德和社会责任心的回归。在很长一段时间内,工业设计在为人类创造了现代生活方式和生活环境的同时,也加速了资源、能源的消耗,并对地球的生态平衡造成了巨大的破坏。特别是工业设计的过度商业化,使设计成了鼓励人们无节制消费的重要途径,"有计划的商品废止制"就是这种现象的极端表现,因而招致了许多的批评和责难,设计师们不得不重新思考工业设计的职责与作用。

绿色设计着眼于人与自然的生态平衡关系,在设计过程的每一个决策中都充分考虑环境效益,尽量减少对环境的破坏。对工业设计而言,绿色设计的核心是"3R",即 reduce、recycle 和 reuse,不仅要尽量减少物质和能源的消耗,减少有害物质的排放,而且要使产品及零部件能够方便地分类回收并再生循环或重新利用。绿色设计不仅是一种技术层面的考量,更重要的是一种观念上的变革,要求设计师放弃那种过分强调产品在外观上标新立异的做法,而将重点放在真正意义上的创新上,以一种更为负责的方法去创造产品的形态,用更简洁、长久的造型使产品尽可能地延长其使用寿命。

在不少国家和地区,交通工具不仅是空气和噪声污染的主要来源,并且消耗了大量宝贵的能源和资源。因此,交通工具特别是汽车的绿色设计备受设计师们的关注。新技术、新能源和新工艺的不断出现,为设计出对环境友善的汽车开辟了崭新的道路。不少工业设计师在这方面进行了积极的探索,在努力解决环境问题的同时,也创造了新颖、独特的产品形象。绿色设计不仅成了企业塑造完美企业形象的一种公关策略,也迎合了消费者日益增强的环保意识。

减少污染排放是汽车绿色设计最主要的问题。以技术而言,减少尾气污染的方法主要有两个方面:一是提高效率从而减少排污量,二是采用新的清洁能源。另外,还需要从外观造型上加强整体性,减少风阻。美国通用汽车公司的 EV1 是最早的电动汽车,也是世界上节能效果最好的汽车。它采用全铝合金结构,流线造型,一次充电可行驶 112~114 km。进入 21 世纪,人类社会的可持续发展将是一项极为紧迫的课题,绿色设计必然会在重建人类良性的生态家园的过程中发挥关键性的作用。

8.5.4 绿色设计中的相关问题

绿色设计的特点是,在设计中,除考虑产品的功能、性能、寿命、成本等技术和经济属性外,还要重点考虑产品在生产、使用、废弃和回收的过程中对环境和资源的影响。其主要包括以下几个方面。

1. 产品结构设计

除了满足普通产品的基本要求外,主要考虑结构易于拆卸与回收处理。拆卸是废弃物回收的前提,回收则是废弃物再利用的保证,其研究内容包括:

1)产品拆卸设计方法研究;

2)拆卸评价指标体系的建立;

3)拆卸结构模块的划分及其结构设计;

4)回收工艺及方式的研究。

2. 产品环境性能设计

不同的产品有可能对环境有不同的影响,设计时应根据产品性能尽可能满足对环境的要求。如生产电冰箱要求不用氟类的制冷剂和发泡剂,减少或消除酸洗、磷化过程中产生的环境污染物,降低能耗,减少噪声等。

3. 产品资源性能设计

产品资源性能设计是为了使产品的资源得到合理利用和配置。其设计的主要内容有:

1)产品生命周期的资源消耗模型建立;

2)产品生产过程的资源消耗特性分析等。

4. 绿色材料的选择

材料是构成机械产品的基础,当前机械产品绿色化的一个重要发展方向是产品绿色材料的使用比重不断提高。绿色材料又称环境协调性材料或生态材料,是指那些具有良好使用性能或功能,并对资源和能源消耗少,对生态与环境污染小,有利于人类健康,再生利用率高或可降解循环利用,在制备、使用、废弃直到再生循环利用的整个过程中,与环境协调共存的一大类材料。传统的材料选择方法已不能适应绿色产品及绿色设计的要求,必须从更广泛的角度考虑材料的选择,不仅要考虑基本性能要求,更要着重考虑材料的环境属性。

绿色设计在选择材料时,应符合以下要求:

① 环境友好性；

② 废弃后能自然分解并为自然界吸收的材料；

③ 不加任何涂镀的原材料；

④ 减少所用的材料种类；

⑤ 低能耗、低成本、少污染的材料；

⑥ 易加工且加工过程中无污染或污染最小；

⑦ 易回收、易处理、可重用、可降解材料。

绿色设计材料选择应满足如下原则：

① 材料的技术性原则；

② 材料的环境协调性原则；

③ 材料的经济性原则。

图 8-34 所示为基于环境化的设计平台(绿色设计平台)构成。

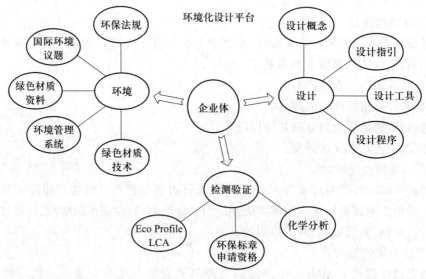

图 8-34　绿色设计平台

8.5.5　应用实例

案例 1：无氟冰箱

无氟冰箱是绿色设计的成功范例。由于氟利昂制冷剂破坏臭氧层，使人类的生存环境严重恶化，为了人类的生存和发展，设计无氟绿色冰箱的任务摆在人们面前。世界各国冰箱生产商家纷纷设计开发无氟冰箱，大量的无氟绿色冰箱已占据冰箱市场，这充分说明绿色设计不仅能改善人类的生存环境，还能带来可观的经济利益。

案例 2：墙壁板的绿色设计

从现有的墙壁板设计来看，其大部分"绿色"和"环保"标准存在缺陷，主要是墙壁板采用的材料、墙壁涂料、胶黏剂、混凝土外加剂等有害物质超标。随着经济的发展和人民生活水平的不断提高，人们开始追求安全、健康、舒适的建筑环境，因而关于墙壁板的绿色设计研究也随之产生。该实例采用基于燕尾槽形墙壁板的设计,如图 8-35 所示。它完全符合于循环经济的特点。

1. 墙壁板设计的材料选择

根据绿色设计材料选择的要求和原则,本案例中,墙壁板的设计中采用塑木型材料(wood-plastic composites,简称WPC),是一种逐步推广应用的新型材料。该材料是以农作物秸秆等废弃物(农作物秸秆、皮壳、竹木屑等)为主原料,应用废旧塑料填充改性和高分子界面化学等技术手段,将经过加工处理的废旧热塑性塑料和加工粉碎的农作物秸秆及天然木材废弃物的木质粉与增容剂、稳定剂、偶联剂、胶合剂、润滑剂一起熔融、捏和、混炼制成粒状或碎片状,为了配合顾客对产品颜色的特殊要求,有些产品还会含有少量的色粉,再经高温高压可

图 8-35 墙壁板立体
效果图

直接挤出冷却而流变成形为成品或把型材再装配成最终产品。原料中废弃物的利用比例可高达 95%,不仅可节省大量宝贵的木材资源,而且不产生二次污染,保护生态环境,是一种用途非常广泛,发展前景极为宽广的可逆循环利用的优质"代木"材料。

2. 墙壁板的可拆卸设计

墙壁板的拆卸设计与传统的设计相比具有如下优点:

① 使可回收的墙壁板和材料再次重复使用所需的工作量要大大减少;

② 墙壁板结构模块化、统一化,使其具有较大的预测能力;

③ 拆卸分离操作简单快捷;

④ 拆卸下的墙壁板易于手工或自动处理;

⑤ 回收材料及残余废物易于分类和后处理;

⑥ 减少了墙壁板在使用过程中的变化。

根据拆卸目的的不同,墙壁板的拆卸可分为破坏性拆卸、部分破坏性拆卸和非破坏性拆卸。根据墙壁板的拆卸设计准则,要先分析其拆卸的经济性。图 8-36 表示了考虑拆卸时的墙壁板处置的总成本。

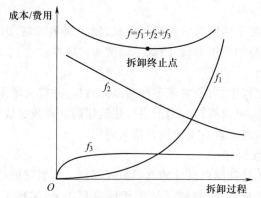

图 8-36 墙壁板拆卸终止点的确定
f_1—拆卸成本;f_2—处理成本;f_3—墙壁板回收成本;f—总回收成本

墙壁板拆卸的总费用可用下式表示:

$$C_{disa} = K_1 \sum_i (C_1 t_i / 60) + K_2 \sum_i C_2 S_i$$

式中:C_{disa}——总拆卸费用;

　　　K_1——劳动力成本系数;

　　　C_1——拆卸操作 i 的当前劳动力成本;

　　　K_2——工具费用系数;

　　　i——拆卸操作的次数;

　　　t_i——拆卸操作 i 所花费的时间;

　　　C_2——拆卸操作 i 的当前工具成本;

　　　S_i——拆卸操作 i 的工具利用率。

上述公式和图 8-36 主要用来判断拆卸应何时终止。

拆装墙壁板具有下列特点。

(1)设计的标准化、通用化、模块化

在设计时,把部件的标准化、通用化、模块化放在首位,简化墙壁板的规格、数量;还可以通过巧妙的燕尾槽形设计,使墙壁板易于拆装,如图 8-37 所示。

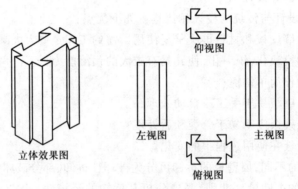

图 8-37　墙壁板视图

(2)简化墙壁板

在生产时,由于简化了墙壁板的规格和数量,便于质量控制,因此提高了加工精度和生产率,相应延长了设备的使用寿命,降低了墙壁板的成本。

(3)多功能的转换

在墙壁板的使用过程中,力争实现多种功能的转换,并持久耐用,例如,用燕尾形墙壁板作为电视背景墙之后,可以拆卸后用于室外建筑用的活动板房墙壁,之后还可以用于电话亭、报亭的墙壁板,实现了多功能转换和持久耐用。

3. 墙壁板的可回收设计

墙壁板的回收设计是其绿色设计的重要组成部分。在墙壁板的设计阶段充分考虑了其使用寿命结束后的处理问题,提高了墙壁板回收利用率,实现了墙壁板物料流闭环循环。通过这种设计手段,提高了墙壁板的再利用率,降低了墙壁板废弃后对环境的影响。具体的回收设计内容如下。

（1）墙壁板可回收材料分析

墙壁板在使用淘汰后，其材料能否回收，取决于墙壁板的原有性能的保持性及材料本身的性能。由于选用的塑木型材料是一种可逆循环的优质材料，所以根据墙壁板在使用过程中性能的退化程度来判断墙壁板的二次利用和再回收加工再利用。

（2）回收工艺及方法

墙壁板能否回收？如何回收？是回收设计必须考虑的问题。有些墙壁板在整个墙壁报废后，其性能完好如初，可直接回收利用；有的材料的性能变化甚小，可稍作加工用于其他用途的墙壁板；有些材料的性能变化很大，无法再用，需要采用前文在材料选择中提到的木塑复合材料的加工工艺和方法处理后回收再利用。

（3）回收的经济性

回收的经济性是墙壁板材料能否回收的决定性因素。在墙壁板设计中，根据墙壁板应用的类型、生产方式、材料的种类等，在设计实践中不断地摸索，收集整理有关数据，并且参考现行的成本预算方法，进行可回收经济性分析，如图 8-38 所示。

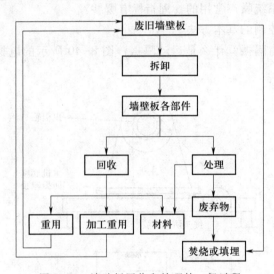

图 8-38　墙壁板回收和处理的一般过程

（4）回收墙壁板的结构工艺性

回收墙壁板的前提是能够方便、经济、无损害地拆卸下来，因此可回收墙壁板必须有良好的拆卸性能，墙壁板的新型结构设计充分考虑了这一点，所以保证回收的可行性和便利性。

习题

8-1　什么是机械产品造型设计？简述机械产品造型设计的三要素及其关系。

8-2　如何布置显示装置？

8-3　简述引起机械系统的噪声的原因。图 8-39 所示的某柴油发电机双重降噪系统属于哪种降低噪声的方式?

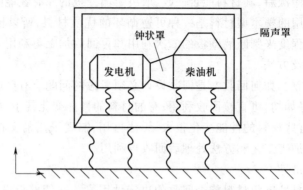

图 8-39 某柴油发电机双重降噪系统

8-4 简述机械系统噪声控制的途径、程序及一般原则。

8-5 衡量机械系统噪声常用的物理指标有哪些?

8-6 简述振动控制的基本方法。

8-7 什么是动力隔振?什么是运动隔振?图 8-40 所示的电梯系统隔振是哪种方式的隔振?

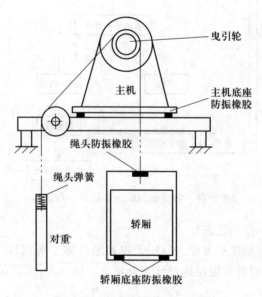

图 8-40 电梯系统隔振示意图

8-8 分析图 8-41 所示隔振装置的隔振原理。

8-9 隔振主要是控制振动系统的哪三个参数?三者各有什么作用?

8-10 常见的机械基础的结构形式有哪几种?各有什么特点?

8-11 基础常用隔振器有哪些布置形式?各有什么特点?

8-12 如何衡量隔振器的隔振效果?

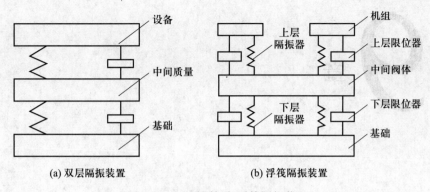

(a) 双层隔振装置　　　　(b) 浮筏隔振装置

图 8-41　双层隔振与浮筏隔振装置

第 **9** 章

机械系统设计的专家系统及仿真

9.1　概述

　　机械系统设计是对机械系统进行构思、计划并把设想变为现实的技术实践活动。过去的设计多数采用传统设计方法。首先,绘制工程图样,经过长时间的方案论证后,制造并试验物理样机,当发现结构和性能缺陷时,就修改设计方案;然后,改进物理样机并再次进行物理样机试验,通常,在试制出合格产品之前,要经过多次反复的过程。

　　这个过程既延长了产品的开发周期,又增大了开发成本,且机械系统的结构越复杂,这种情况就越严重。但随着计算机技术的飞速发展,这一情况已得到了很大的改善,计算机技术已被运用到机械系统设计的整个过程中,其中,专家系统与系统仿真技术在机械系统设计中起到了非常重要的作用。

9.1.1　设计技术与专家系统

　　从设计技术这个角度来看,机械系统设计应包括三个方面,如图 9-1 所示。

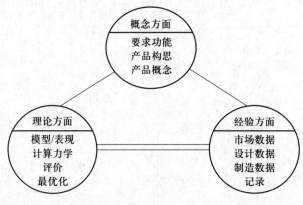

图 9-1　设计中的三个方面

在这三个方面中,理论方面和经验方面包含的多项内容可以以计算机为主体进行信息处理。随着计算机技术的发展,计算机在理论方面亦即科学计算方面的应用越来越广泛。在经验方面,随着信息网络技术的进步,数据库技术作为计算机辅助管理数据的方法,在设计中应用日益广泛。

概念方面是以设计者作为信息处理的主体部分,因而是最具有创造性的方面。狭义的设计技术可以定义为:充分利用计算机,进行技术计算以及设计中所必需的数据处理、生成记录等工作。将设计技术定义成设计人员和计算机共处的关系,如图 9-2 所示。

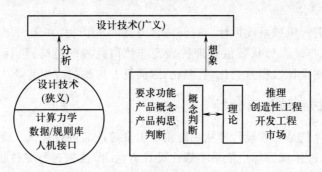

图 9-2 设计技术

因此,一个设计大多取决于设计者的知识、经验以及思考问题的方法。又由于设计问题与数学问题不同,它不存在所谓的"正解",而是往往有多个解,从而有必要从这些解中进行选择,而如何选择则与设计者的观点及见识有着密切的关系。

综上所述,设计者在一个设计中的地位是非常重要的。但是,设计者作为一个个体,他所掌握的知识、经验毕竟是有限的,不可能掌握与设计相关领域内的所有的知识,而且作为人,还会受心理、生理、环境等各方面的影响。因此,人们就一直在设计技术上寻求突破,以期使设计能够部分或全部摆脱设计者人为的因素。所以随着计算机技术的发展,专家系统也就应运而生了。

那么,什么是专家系统呢?

所谓专家系统,实际上是一个(或一组)能在某特定领域内,以人类专家水平去解决该领域中困难问题的计算机程序。例如,压力容器只有经国家认证的具有压力容器设计资格的单位里的有设计资格的人员即专家才能进行设计,但很多生产企业都不具备设计资格。压力容器设计专家系统就可以帮助解决这个问题,它将有关的设计计算的国家标准及人类专家的经验存入程序库或知识库中,构成专家系统,使一般稍具专业知识的设计人员就可借助它来进行设计,也可用来帮助有设计资格的人员(专家)减轻工作量。也就是说,专家系统是这样一个系统:

① 专家系统处理现实世界中提出的需要由专家来分析和判断的复杂问题;

② 专家系统利用专家推理方法的计算机模型来解决问题,并且可以得到和专家相同的结论。

由于专家系统的功能主要依赖于大量的知识,这些知识均存在知识库中,通过推理机按一定的推理策略去解决问题,所以它也被称为知识基础系统。

一个成功的专家系统的作用是：

① 减少设计人员的负担；

② 适用于常规方法和分析程序无能为力的地方；

③ 快速；

④ 防止设计人员出错及保存设计人员的知识和经验。

应用专家系统并不是要代替人类专家，而是使他们从沉重的设计过程的负担中解放出来，以便能集中精力决策。专家系统的主要作用是提高工程师的素质和作为工程师的助手。

把专家系统引入机械系统设计，在国外有30多年的历史，在国内则更短。这一计算机应用的新领域，将计算机从数值处理扩展到非数值处理的范畴，包括知识与经验的集成、推理和决策，使设计过程自动化、智能化，因而具有广阔的应用前景。

微视频 9.1
机械系统仿真
分析

9.1.2　机械系统仿真分析

机械系统设计就是要求设计师从系统角度出发对产品进行优化。而传统的设计流程中，物理样机的制造体现的却恰恰是零部件设计方法，即首先进行零件设计，再将零件组装成物理样机，并通过试验研究机械系统的运动，这种方法无疑周期长、成本高。此外，市场还迫切要求制造商不断改变设计方案以适应不同用户的要求，但由于无法在相互作用的零件中确定故障原因等问题，故选用的往往不是最优方案，经常以牺牲产品功能为代价，采取一些临时性补救措施，以保证产品投放市场的时间。

现代设计强调时效性，希望通过并行设计和并行工程来缩短设计时间和整个开发周期。机械系统仿真分析采用虚拟样机技术，可以在计算机平台上对机械系统进行建模和仿真，确定子系统和零件的技术要求，是实施并行工程的一项非常重要的技术。例如，零件加工过程仿真，模拟刀具与零件在加工过程中的运动关系，在实际加工之前就可对加工过程一清二楚，避免了诸如碰刀、过切、虚切之类可能发生的问题。

1. 现代虚拟样机仿真方法

虚拟样机是优化复杂机械系统的强有力工具。工程师们可以应用机械系统仿真软件在各种虚拟环境中真实地模拟机械系统的运动，完成无数次物理样机无法进行（成本、时间等不允许）的仿真试验，快速分析多种设计方案，直至获得最优设计方案。虚拟样机还可以帮助检查零件的运动干涉、评价系统振动水平、预测零件的变形、确定作用在零件上的载荷谱等。

2. 仿真分析的目的及优点

① 优化设计　对于机械系统尤其是大型复杂的机械系统，使用仿真分析，可以在建立系统之前能够预测系统的性能和参数，从而使所设计的系统达到最优指标。

② 缩短周期、降低成本　在计算机上建造虚拟样机，可以大大减少制造、试验物理样机的需求。用户可以使用所建立的虚拟样机，并在实际试验条件下进行仿真试验，然后，根据测量结果确定虚拟样机的性能。因为虚拟样机试验可以大大减少与制造物理样机、建立试验台、安装测试设备和测试仪表等有关的费用及周期，所以可节约大量经费和时间。

③ 安全性 对于某些系统,如压力容器、飞行器等,直接试验往往是危险的和不允许的,采用仿真分析可以避免不必要的事故发生。

④ 提高产品开发效率及产品设计质量 设计研究中,应用虚拟样机优化技术,可帮助工程师更好地理解不同的设计方案对产品性能的影响,并且可以更快地确定影响设计方案性能的敏感参数。利用机械系统仿真分析软件可进行设计、试验、优化、分析等工作,在优化过程中,有的仿真软件还可自动修改参数直至获得理想的产品性能。

以上优点,使系统仿真技术应用越来越广泛。当然,系统仿真方法应用与发展的外部条件,首先是计算机软硬件技术的发展与支持。

3. 机械系统仿真分析在机械系统设计中的作用

机械系统仿真分析在机械系统设计的各个阶段均可运用。

(1) 概念设计阶段

在概念设计阶段,工程师需应用设计自动化工具粗略地进行多种原始方案设计,并以某种形式表示,同时要求这种形式便于通信,容易检查、研究、处理以及改进。

在此阶段,机械系统仿真分析的实体建模器不仅可帮助用户生成整个机械系统的虚拟样机,而且能很快自动地形成相应的运动学、动力学方程,并对其求解,计算结果相当准确。相对而言,人工计算则需要很长的时间。

在人-机系统设计方面,仿真分析软件也有独到的优势,一般的专用仿真软件都能够帮助用户很方便地产生实体模型,满足设计需要。

(2) 设计细化阶段

一旦建成系统原始方案的虚拟样机,测试其简单的运动特性后,就可以不断地细化、改进系统及其零部件的设计。而一般的仿真分析软件与其他常用软件间均可进行数据通信或格式转换。此时就可以利用已建好的模型,经过适当的转换后,进行有限元分析,或进行线性特征值分析。改进设计时,可进行参数化设计仿真分析,在取定的设计变量的变化范围内进行一系列的仿真分析,以便比较参数变化对整个系统工作性能的影响,从而为设计细化提供依据。

(3) 方案验证阶段

在建造物理样机前,检查设计方案是重要的设计步骤。通过各种输入,能够有效地观察设计方案的一系列运动过程,可避免因重新设计而使工程预算增加或使工程延期等。设计人员利用仿真分析软件的图形显示功能,能够以交互对话形式有效地传递系统的设计思想。利用仿真分析,设计人员能够检查各种虚拟样机不同的工作性能,从不同的角度观察系统的工作情况,从而有效地进行方案验证。

(4) 试验规划阶段

通常,设计人员需要花费大量的时间与物力对设计进行试验验证。仿真分析能够在建造物理样机前,准确地告诉用户待测参数和工作特性,从而达到进行物理样机试验时的期望值。即用户利用高效的虚拟样机代替物理样机,进行模拟实测试验。虚拟样机生成速度快、成本低,并赋予用户巨大的设计创造性和灵活性。这样,在虚拟样机试验结果的指导下,就可以胸有成竹地进行物理样机试验方案的规划。

综上所述可知,采用专家系统进行机械系统设计,并在系统设计的各阶段恰到好处地辅以仿真分析,是一种全新的开发模式,能够真正满足机械系统设计的要求。

9.2　机械系统设计专家系统的原理及建造

9.2.1　专家系统原理

1. 专家系统的工作过程

一个专家系统的工作过程可大致描述如下:系统根据用户提出的目标,以环境模型为出发点,在控制策略的指导下,运用知识库中有关的知识,通过不断地探索以实现要求的目标。所以,专家系统的工作过程是求解问题的过程,是一个搜索的过程。

2. 专家系统的特点

专家系统可以被认为是一种先进的编程方式,与传统的编程方法相比,在以下各方面有着显著的特点。

(1) 系统的结构

专家系统的结构与常规软件类似,如图 9-3 所示。它的主要部分是知识库、推理机、用户接口(包括解释程序)和数据。常规程序的主要部分是数据(数据库)、程序码、编译程序和用户接口。专家系统能进行符号处理、推理和解释。

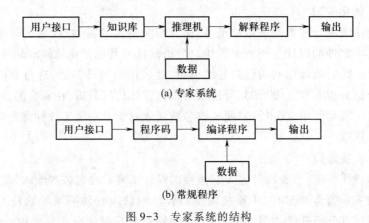

(a) 专家系统

(b) 常规程序

图 9-3　专家系统的结构

在传统编程方法中,对于一个待解决的任务,首先要根据它的内在规律,建立一个数学和物理的模型,最后以算法的形式输入计算机中,使计算机按预定的步骤完成数据的处理和计算,而程序的编制方法是告诉计算机每一步应该怎么干。

在专家系统中,解决问题所需的知识同使用知识的方法是相互独立的。计算机求解问题不是按预先确定的步骤进行,而是根据环境条件及要达到的目标,在控制策略的指导下,通过搜索来寻找问题的解答。程序没有明确告诉计算机每一步怎么干,它们隐含在计算机的知识库和控制策略中。

(2) 知识表示方法

传统程序中问题求解的全部知识隐含在整个程序中。专家系统中领域的知识显式地表示在系统的知识库中。

（3）适用范围

专家系统求解问题采用的是探索方法。它对给定信息的要求比较弱,可以是不完全的。知识本身可能是不严格的,经验的,人类尚未完全掌握的。而传统程序原则上只能解决那些已经形成科学体系、具有严格规律的问题。

（4）系统功能

① 灵活性 在专家系统中,知识同控制策略是分开的,系统将根据环境条件选择和调用有关的知识,通过推理求得问题的解,这一点比预先安排好的传统程序来得灵活。

② 学习能力 专家系统的知识库容易通过用户的教授或计算机本身予以修改,达到学习的目的。

从以上不难看出,专家系统非常适合于需要创造性思维的设计工作。

3. 知识库

知识库是领域知识的存储器。它存储专家经验、专门知识与常识性知识,是专家系统的核心部分。知识库可以由事实性知识和推理性知识组成。知识是决定一个专家系统性能的主要因素。一个知识库必须具备良好的可用性、确定性和完善性。要建立一个知识库,首先要从领域专家那里获取知识,然后将获得的知识编排成数据结构并存入计算机中,这就形成了知识库,可供系统推理判断之用。

编程员能使用三种形式的知识来建立专家系统的知识库:经验法则、事实及其关系、断言和提问。为在知识库中表达这些类型的知识,有以下几种方法可用。

规则:用来表达经验方法。

框架:用来表达客观事物所具有的属性或所处的状态以及它与其他事物之间的关系等。

逻辑:用来表达断言和查询。

语义网络:表达事实性的知识及其之间的联系。

（1）规则

规则是条件语句,一般由前项和后项两部分组成。前项表示前提条件,各个条件由逻辑连接词组成各种不同的组合。后项表示当前提条件为真时,应采取的行为或所得的结论。表达形式如下:

IF(前提)事实 p1,事实 p2,...

　　THEN(结论)事实 s1,事实 s2,...

例如,规则"移动的机械设备上,不适合使用电动机",可写成如下形式:

IF （设备是移动的）

　　THEN （动力系统不适合选用电动机）

（2）框架

框架也称为单元,是一种理想的数据结构,它包含对象的分层和可以被赋值对象的属性,这些可从另一个框架继承,或者通过计算机程序计算。它的顶层是固定的,表示某个固定的概念、对象或事件,其下层由一些称为槽(slot)的结构组成。每个槽可以按实际情况被一定类型的实例或数据所填充,所填写的内容称为槽值。每个槽值一般都有预先规定的赋值条件,还可规定不同槽的槽值之间应满足的条件。所以,框架是一种层次的数据结构,框架下层的槽可以看成是一种子框架,子框架本身还可以进一步分层次。

（3）逻辑

一阶谓词逻辑可以很直观、自然地表示"事实",即描述客观事物状态、属性值及事物之间的关系等。逻辑表达式由谓词和值组成,用来反映真实世界的事实。一个谓词是涉及一个对象的语句,例如:

kind-of(adjustable-frequency-AC-drive , ASD)

此对象可解释为一个可调频率交流驱动,它是一种 ASD（调速驱动）。此对象也可能是一个常量或是一个变量。谓词可有一个或多个描述对象的变元。

（4）语义网络

语义网络是一种表达能力很强而且灵活的知识表示方法。从图论的观点看,它其实就是"一个带标识的有向图",它由节点和连接节点的弧组成,其中节点表示领域中的物体、概念或势态,而弧则表示它们之间的关系,而且节点和弧都可以拥有标号。一般说,语义网络中的节点还可以是一个更细致的语义子网络。因此,可把它一层一层细化下去,直到最基本的原子对象为止。语义网络上的节点往往采用具有若干属性的单元或框架来表示,由节点引出的带标识的短线表示该单元的各个属性值。

4. 推理机

一旦建立起知识库,它需要一个推理机制来搜索求解问题的知识与控制策略。推理机是用来控制、协调整个系统的,它根据当前输入的数据即数据库中的信息,利用知识库中的知识,按一定的推理策略去解决当前的问题,并把结果送到用户接口。在专家系统中最普遍的推理方法是下述简单的逻辑规则的应用:

IF A 为真,并且 IF A THEN B 为真,则 B 为真

此简单规则隐含:

IF B 不为真,并且 IF A THEN B 为真,则 A 不为真

此简单规则的另一个含义如下:

给出　IF A THEN B　并且　IF B THEN C

结论　IF A THEN C

即,如果 A 为真,则推出 C 亦为真。

这三个简单的推理机制通过检测专家系统中的规则、事实和关系来求解问题。然而,要使推理时间最少,可用搜索控制方法决定当几种规则在同一点上相抵触时,应该从哪里开始替换过程和选择哪个规则进行下一次检测。搜索的两种主要方法是正向链接和反向链接,这两种链接的方法可能组合在同一个专家系统中以获得搜索机制的最大效率。

（1）正向链接

当规则翻译程序为正向链接时,如果前提子句匹配当前情况,结论子句就被断言。一旦这个规则被使用,即"被触发",在同一个搜索中将不再使用;然后,这个规则被触发后得出的事实将被加入知识库中。再寻找另一个可匹配的规则,触发后把结论加入知识库中,如此往复循环,直到没有可匹配的规则为止。

（2）反向链接

反向链接机制就是根据结论中确定的事实验证前提与当前情况的匹配性。

5. 知识的不确定性与知识获取

有时从人类专家处获得的规则是不确定的,则把这些规则描述成"或许""有时""经常"或"不一定"。因此,需要一些方法来处理这类语句,甚至像人类专家一样,专家系统可能不得不依据不完全的信息来进行推理。如果判断前提中需要的信息是临界的,即需要的信息是由 AND 连接的 IF 条件语句,这些信息可通过规则来分辨,当 IF 语句是由 OR 连接时,它们中缺少一个或多个将不影响规则的结果。

尽管要求把可靠的知识添加到知识库中,但对专家系统来说表达事实的能力不能保证 100% 的正确,这是非常重要的。

事实为真的可能性被称为事实的置信度(CF)。在大多数专家系统中,这个数在 $0\sim1$ 之间,0 表示事实不可信,1 表示对事实的有效性完全可信。

CF 是一个事实的组成部分,总是与事实一起显示给用户。例如:

　　"齿轮传动是一种传动方式"　[$CF=1$]

　　"齿轮传动优于带传动"　[$CF=0.5$]

事实的置信度可通过两种方式建立:第一,用户作为事实的来源,为事实提供一个置信度因子;第二,专家系统使用规则计算 CF 值,不标明 CF 的任何事实都假定其 CF 值为 1。知识获取部分为修改、扩充知识库中的知识提供手段。这里指的是计算机自动实现的知识获取。它对于一个专家系统的不断完善、提高起着重要的作用。通常,它应具备能删除知识库不需要的知识及把需要的新知识加入知识库中的功能。最好还具有能根据实践结果,发现知识库中不合适的知识以及能总结新知识的功能。知识获取实际上是一种学习功能。

6. 其他

(1) 数据库

数据库用于存储领域内的初始数据和推理过程中得到的各种信息。数据库中存放的内容是该系统当前要处理的对象的一些事实。

(2) 人机接口

人机接口是专家系统与用户通信的部分。它既可接收来自用户的信息,将其翻译成系统可接受的内部形式,又能把推理机从知识库中推出的有用知识传送给用户。

(3) 解释部分

解释部分能对推理给出必要的解释,它允许用户质疑并检查系统的推理过程,且能够产生易被计算机用户所理解的专家系统语言。这给用户了解推理过程,向系统学习和维护系统提供了方便。

9.2.2　机械系统设计专家系统的建造

1. 机械系统设计专家系统的结构

机械系统设计涉及材料质量、力学性能、设计水平、加工工艺等方面的大量知识,这些知识经过归纳整理,基本上可用"事实""规则"的形式存入知识库中。

动态数据库用于存储该领域内初始数据和推理过程中得到的各种中间信息,即存放已知的事实、用户回答的事实和推理得到的事实。

对于机械系统设计来说,动态数据库是必不可少的,因为它既要存放有关材料质量、力学性能、加工工艺、计算试验结果等已知的事实、用户回答的事实,又要存放在设计计算方面的初始数据和大量的中间计算结果。

除动态数据库和任何一个系统都不可缺少的人机接口外,对于机械系统设计来说,其体系结构中还至少必须包括静态数据库和程序库两个部分。

众所周知,机械工程设计是一类面向目标的决策活动,机械系统设计则是设计人员的经验、知识、思维方式和创造性的综合应用,设计过程中既包括思考、推理、判断、综合和分析,又要进行大量的数值计算,其突出的特点是逻辑推理和数值计算交织在一起,在数值计算过程中必然要用到有关材料、国家标准、计算分工等大量的数据和相应的程序,因此这就需要有一个静态数据库和一个程序库予以支持。

机械系统设计专家系统的体系结构如图9-4所示。

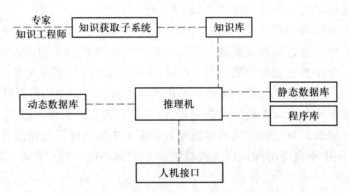

图9-4　机械系统设计专家系统的体系结构

2. 机械系统设计专家系统的控制策略

目前使用的专家系统推理机都是在一般问题的求解策略(弱法)的基础上,根据领域的知识、知识表示方法和专家求解思路加以综合改进,构成的问题求解器。下面分析几种适合于机械系统设计专家系统的控制策略。

① 正向推理和反向推理　这种推理方法是机械系统设计专家系统中应用最为广泛的控制策略,适合于各种具体子任务的求解,但应该和一些过程控制装置联合起来使用。

② 过程化推理　一般适合于进行子任务排序及执行性推理。

③ 手段-目标分析　这种方法与正、反向推理结合,可作为设计型专家系统的一种控制策略。其前提是设计问题能分解为形式化子问题,有一个特定的追求目标,有一组用于检测当前设计状态与目标设计状态差异的函数以及用来减少差异的规则。

④ 问题归纳　可以借助与/或图来描述一个复杂的设计问题,这对于求解巨大而复杂的设计问题是十分必要的。但其前提是子问题能分解,并且子问题之间的相互作用尽量小。这对于一个实际问题来说是很难做到的。

⑤ 规划—生成—测试　这是生成测试方法的一种改进方法,对于设计问题来说,是目前最为有效的总体控制策略。它体现在机械系统设计专家系统中,形成"设计—分析—评价—再设计"的控制方法:首先生成若干个可能解即设计方案,进而对设计方案进

行分析、评价和决策;如果分析评价结果不能满足要求,则进行再设计。

⑥ 回溯 在上述"生成—测试"过程中,进行再设计时,一般不必从头开始重新设计,而是根据测试信息,回溯到一定的层上进行再设计,这样可以大大提高设计效率。为了实现回溯,有必要记录以前设计过程中的各种状态。随着设计任务的增大和设计层次的加深,这种记录的信息量相当大。无论使用什么控制策略,回溯是必须具备的。

⑦ 约束满足搜索法 这是一种非常接近于设计问题的求解思路的控制方法。它适用于处理设计中各种规范性数据约束,需要研究专门处理的办法。

⑧ 日程表 这种表为过程型设计任务提供了一种有效的控制方法。当设计需要同时处理多个任务时,必须对各任务分配优先等级,以便按照优先等级顺序执行任务,即需要准备一个完成任务的日程表。对于一些复杂且其执行随环境改变的设计任务,日程表提供了一种灵活的控制方法。

应当指出,对于一个设计问题而言,单一地使用某种求解方法一般是不够的,需要根据具体设计问题的特点,将几种问题求解策略有机地结合起来,针对特定问题设计专家系统的推理机。

3. 机械系统设计专家系统的推理机设计

(1) 推理和结构

专家系统的最大特点是知识库与推理机的分离。推理机利用知识库中存储的专家知识和经验,巧妙地推理,解决人们难以解决的问题。大多数专家系统的建立往往注重于领域知识的搜集和组织,但对于机械系统设计而言,元知识是起核心作用的。为此,在机械系统设计专家系统时,知识应分为元知识和领域知识,而与这两种知识的划分相对应,推理机应采用元级推理和目标级推理。

元级推理是指将知识从获取的专家知识中分离出来构成元知识库,然后推理机利用元知识来指导目标推理机对问题求解。

图 9-5 所示为一个典型的两级推理结构,对于用户要求的一个设计目标,首先通过元推理机对元知识进行推理,推理完成后,得到一张由设计目标转换成的问题求解日程表,然后元推理机把该问题求解日程表交给目标推理机。目标推理机根据日程表依次求解子问题,直到所有子问题求解完为止。若在目标级推理中遇到新问题需要元级推理,这时可以启动元推理机进行求解,再一次对目标推理机进行指导。

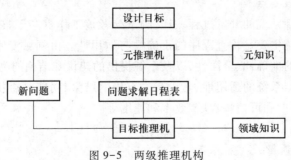

图 9-5 两级推理机构

问题求解日程表描述了需要目标级推理的各个子问题,是元级推理的结果。日程表的作用有两条：一是用于指导目标级推理有条不紊地逐步求解各个子问题；二是将一个复杂的设计目标分解成为若干个子目标，有利于目标级推理。由于各个子问题对应于各自的知识源，目标级推理求解各个子问题时只需要搜索有限的相关知识源，从而提高了推理机的搜索效率。

（2）控制策略与算法

推理机中的控制策略主要解决知识的选择与应用顺序的问题。在机械系统设计中通常采用正、反向推理以及混合推理方式。与控制策略相联系的是具体的搜索算法，一般地说，不同的搜索问题需用不同的搜索方法来解决。搜索方法是问题求解中必须研究的重要课题。基本的搜索方法很多，粗略地可分为"盲目搜索法""启发式搜索法"和"博弈搜索法"几大类，如：深度优先搜索法、广度优先搜索法属于典型的盲目搜索法，爬山搜索法属于典型的启发式搜索法。面向问题的专用搜索方法可由这些方法经适当改造或组合而成。

（3）冲突消解

解除冲突有两层含义：一是把新规则加入知识库时，与原先的规则产生矛盾，需找出它们之间的矛盾并加以解除；二是部分事实同时触发几条规则且得到几个不同的结论时，需从中选择出一条最合适的结论。第一种冲突由知识库维护系统来解决，解决第二种冲突的推理是研究的重点。

4. 机械系统设计专家系统的评价与决策

评价子系统的工作好坏，直接决定着最终方案的优劣，也直接影响着再设计中启发式搜索的质量。机械系统设计的特点决定了评价子系统在其专家系统中所起到的独特而关键的作用。

在机械系统设计专家系统的研制过程中，要考虑设计结果的可行性，在此前提下注意设计方案的有效性和合理性。针对工程设计复杂多解的特点，解决此类问题的步骤通常是"分析—综合—决策"，亦即在分析所设计产品的要求及约束条件的前提下，综合搜索多种解法，最后通过评价和决策过程筛选出符合目标要求的最佳解法。评价是对各方案的价值进行比较和评定。决策则是根据目标选定最佳方案。

关于评价体系的建立及评价方法可参见本书第 2 章的有关内容。

5. 机械系统设计专家系统的测试与考核

（1）测试与考核要点

同任何一个软件系统的开发过程一样，测试与考核工作贯穿于整个专家系统的建造过程。考核专家系统主要是检查程序的正确性与适用性。由领域专家做出考核评价，有助于确定输入知识的准确性、全面性，以及系统提供的建议和结论的吻合性。用户的试用和评价则有助于确定系统的适用性、是否产生有用的结果、功能是否扩充、人机对话是否舒适、结论的知识水准和可信赖程度、效率和速度等。

考核的要点是：

① 系统决策的质量；

② 所用推理技术的正确性；

③ 人-机对话的质量（包括内容和计算机两个方面）；

④ 系统的功能；

⑤ 经济效益。

(2) 对机械系统设计专家系统进行评价的方法

考核、评价一个专家系统与考核、评价一位专家一样，都是十分困难的工作。通常采用试验方法来完成这一过程。由于该方法强调用试验方法来评价专家系统在处理各种存储事例性能的优劣，因此必须规定某种严格的试验过程，以便把专家系统产生的解释与独立得到的已确认的对相同事例问题的解决方案进行比较。在具体使用这种方法时，常常会遇到严重的困难。在某些领域内要进行有充分根据的评价，需要收集足够多的、有代表性的事例，这一点就很困难。此外，为了分析得准确和有用，分析必须有肯定的结束点。这就是说，对每个存放在数据库中的事例，都必须有正确的结论，然后才能在绝对的尺度上判断系统的性能，即正确决定与错误决定的比例。

常用的评价一般都化为二元决定：正确或不正确。然而，并非所有的问题都有可以很容易地接受这种方式的分类，尤其是设计问题。在这种情况下，通常的做法是，让领域专家来评价与检查设计过程，同时提出评价意见。

机械系统设计是一个综合、复杂的过程，其每一步决策都不能简单地用正确与不正确来评价。这样，人们的评价就应该着眼于比较系统的运行过程与专家思路的近似性和优化性。

9.2.3 机械设计专家系统实例——汽车离合器设计专家系统

以下通过一个实例——汽车离合器设计专家系统，介绍专家系统建造的一般过程。

1. 确定总体结构

为了对设计状态空间进行简化，汽车离合器设计专家系统采用分层构造的方式，位于最顶层的是方案设计层，其次是主参数设计层，位于底层的是详细设计层（图 9-6）。

在方案设计阶段，需要推出各方案要素的取值，即确定形态学矩阵。对于汽车离合器设计专家系统来说，就是要确定所采用的摩擦盘数、压紧弹簧的形式和布置、压盘的驱动方式、分离杠杆和分离轴承的类型、散热通风结构的选择、从动盘摩擦片的材料选用、从动盘的连接形式、从动盘的轴向弹性、扭转减振的轴向弹性元件和阻尼元件的选择等。所有方案要素确定以后，方案设计告一段落，然后可以进行下一步，即主参数的设计。

主参数设计是由方案设计结果决定的。在此，主参数设计的任务是确定后备系数 β、单位压力 p_0、摩擦片尺寸；若方案设计选用螺旋弹簧作压紧装置，则应选择弹簧的数目、弹簧圈平均直径、弹簧线径、旋绕比等；如选择膜片弹簧，则应确定比值 H/h、膜片弹簧工作点位置、比值 R/r、自由状态时圆锥底角、弹簧钢板选材；减振器角刚度 C_t、减振器极限力矩 M_j、减振器摩擦力矩 M_μ、预紧力矩 M_n、极限转角 β_j；离合器操纵机构的自由行程、工作行程以及各段杠杆尺寸。

根据方案设计及参数设计的结果，就可以进行第三步——详细设计，这一步的目的是生成图样及技术文件，从而用于实际生产。本系统可以根据用户的需要，从上两层的设计数据出发，推理、匹配产生详细设计参数，最终生成图样和技术文件。

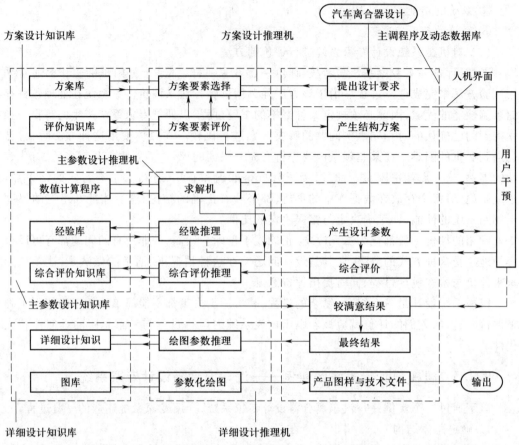

图 9-6 汽车离合器设计专家系统总体结构图

2. 知识库构建

系统设计的知识库由各个设计阶段的知识库构成,具体可参见图 9-6。

知识库构建中的关键问题是知识表达问题。由于该系统用面向对象的程序设计语言 Visual C++编制,为照顾运行效率而增加了程序设计的灵活性,没有采用规则的形式来进行知识表达,而是把不同的设计对象作为不同的类,把设计结果作为这些类的实例,在程序运行前,这些类的成员并没有取特定的值,经过程序的运行这些值被逐步给定,于是设计也逐步完成了。例如,汽车离合器方案设计知识用方案设计类来表示,结果如下:

```
clssCClutchProject:Cobject
{private:CCoreMemm-FrictionPlateNumber;//摩擦盘数
CCoreMemm-TypeofSpring;//压紧弹簧布置形式......
private://与散热通风有关的 4 个成员变量
BOOLm-bBlastRibbon;//压盘上设散热筋或鼓风筋
BOOLm-bWindow;//离合器盖上开较大通风口,在离合器外壳上设通风窗
BOOLm-bMiddleBlastGroove;//双片离合器中间压盘铸出通风槽
```

BOOLm-bVane;//将离合器和压杆制成特殊的叶轮形状

Public：

....

//成员函数 CClutchProject()；

//构造函数 virtual~CClutchProject()；//析构函数¦；

其中：CcoreMem 为自定义数据结构,表示不同的选项或不同的取值。

CClutchProject 为离合器方案类,其成员为方案要素,是需要通过设计给定的。

其他类型的知识表示,如参数设计中的弹簧参数类等,其设定方法可以以此类推。

3. 推理机的设计与评价体系

推理机是建造专家系统的技术关键之一,也是专家系统的核心。本系统所设计的推理机为分布式与集中式相结合,可以提高效率,它不仅有主推理机,还有嵌入到各对象内的子推理机。鉴于汽车离合器设计专家系统是分层建造的,而不同的层各有其特点,因此也相应地存在着不同类型的推理机。

(1) 方案设计的推理与评价体系

在方案设计阶段,因主要利用的是经验设计,故推理方式采用模糊逻辑推理(一种正向推理机制)与评价相结合的方式。对于评价方法,既可以采用评分法,也可以采用模糊评判法。汽车离合器设计专家系统是一类复杂的工程设计系统,而且往往具有不确定性。它具有一般工程设计所具有的特点,如多解性、创造性、近似性、综合性及经验性。为了提高推理效率,本系统主要采用模糊矩阵法。

1) 推理的模糊矩阵法

对于模糊规则：IF x is A THEN y is B

式中：A、B 分别是论域 U、V 上的模糊子集。表示 A、B 之间存在模糊的因果关系,设为 R。若已知模糊事实 A,通过 A 与 R 的合成可得到 B,即 $B=R \cdot A$。若某些设计参数之间存在着一定的模糊关系,则可由已知的参数计算出未知的参数。

比如,在汽车离合器设计专家系统的方案设计阶段确定摩擦盘数时有如下规则：如果是轿车,那么使用单盘、双盘、多盘的隶属度分别为 0.9、0.1、0;如果是中小型货车,那么使用单盘、双盘、多盘的隶属度分别为 0.7、0.3、0;如果是重型货车,发动机转矩小于 1 000 N·m,那么使用单盘、双盘、多盘的隶属度分别为 0.4、0.3、0.3;如果是重型货车,发动机转矩大于 1 000 N·m,那么使用单盘、双盘、多盘的隶属度分别为 0.2、0.5、0.3;如果是重型自卸车,那么使用单盘、双盘、多盘的隶属度分别为 0.1、0.5、0.4;如果是其他货车,那么使用单盘、双盘、多盘的隶属度分别为 0.1、0.4、0.5。

将上述规则转化为推理模糊矩阵形式：

$$R = \begin{bmatrix} 0.9 & 0.7 & 0.4 & 0.2 & 0.1 & 0.1 \\ 0.1 & 0.3 & 0.3 & 0.5 & 0.5 & 0.4 \\ 0 & 0 & 0.3 & 0.3 & 0.4 & 0.5 \end{bmatrix}$$

假设已知条件为设计轿车的离合器,则 $A = (1/1, 0/2, 0/3, 0/4, 0/5, 0/6)^T$,这实际上是一个特殊的模糊集——经典集,于是得到 $B = R \cdot A = (0.9/单盘, 0.1/双盘, 0/多盘)^T$,然后根据最大隶属度原则,取单盘作为方案要素。

2）方案设计中的评价策略

评价的过程与推理过程相类似，评价一方面可以起到辅助推理的作用，另一方面对产生的多个方案进行筛选。在方案设计阶段对方案要素进行评价，可以弥补推理过程中的知识不足或不确定。模糊评价方法与模糊推理所采用的数学模型是相似的，只是模糊推理适用的是从条件到结论的正方向，而评价则是假定各分支结论成立从而对各评价要素所产生的影响进行评价。在这里，是否进行评价有如下策略：一种策略是"无论如何都对推理结果进行评价"，另一种策略是"推理产生的结果隶属度比较接近时，再进行评价"。

（2）主参数设计阶段的广义推理体系

参数设计阶段包括主参数设计阶段和图形参数设计阶段（即详细设计阶段）。主参数设计阶段不仅要以方案设计的结果为前提进行推理，还要用到已经产生的中间参数进行推理，而且不断地尝试各种各样的数值计算方法，包括优化设计、有限元以及动态设计等。在本系统中，膜片弹簧的主要参数确定、压紧弹簧的主要参数确定都用到了优化设计；还包括关键部件如花键的强度校核等，用到了数值计算；经验系数的研究则大多依靠推理。参数设计阶段完成的可以是多方案的设计，因此还需要整个方案的综合评价体系，以确定哪组方案是最优的。

综上所述，该系统的推理体系是包含了逻辑推理、数值计算、优化设计、有限元以及综合评价体系这些过程的广义推理体系。

4. 图样及技术文件的生成

详细设计阶段，或称施工设计阶段。此阶段的任务是确定所有与施工图有关的直径、长度、倒角、极限与配合、表面粗糙度以及标注基准，为下一步工程图样的自动生成做准备。并且，在此阶段需要以前面的方案设计结果及主参数设计结果为前提，依靠包含详细设计规则的知识库，通过推理产生详细设计参数。一旦所有图样参数确定后，就能够很容易地通过参数化绘图技术将图表自动绘制出来，其程序结构可见有关文献。

9.3　机械系统仿真分析

9.3.1　系统仿真的基本原理

系统仿真就是建立系统的模型并在模型上进行试验。那么，它们之间是怎样一种关系呢？

1. 系统与模型、仿真的关系

为了研究、分析、设计和实现一个系统，需要进行试验。试验的方法基本上可分为两大类：一种是直接在真实系统上进行，另一种是先构造模型，通过对模型的试验来代替或部分代替对真实系统的试验。传统的试验大多采用第一种方法。随着科学技术的发展，尽管第一种方法在某些情况下仍然是必不可少的，但第二种方法日益成为人们更为常用的方法，因而建模技术也随之发展起来。模型可分为两大类：一类是物理模型，另一类是数学模型。

物理模型与系统之间具有相似的物理属性，它常常是一种专用仿真器。静态的物理模型最常见的是比例模型,如用于风洞试验中的比例模型及试验水槽中的船体比例模型。动态物理模型如飞行器姿态运动仿真中的三自由度飞行运动仿真器。在物理模型上进行试验称之为物理仿真。

数学模型是对研究系统的数学描述。简单的数学模型研究可以采用分析的方法。对于复杂的数学模型,则采用仿真的方法进行研究,即在计算机上构成计算机模型(仿真模型)进行试验。计算机为模型的建立和试验提供了巨大的灵活性和方便性。它实际上是一个"活的数学模型"。现代仿真技术均是在计算机支持下进行的,因此数学仿真又称计算机仿真。

综上所述可知,"系统、模型、仿真"三者之间有着密切的关系。系统是研究的对象,模型是系统的抽象,仿真通过对模型的试验以达到研究系统的目的。

计算机仿真的三个基本要素是系统、模型、计算机。联系它们的有三个基本活动:模型建立、仿真模型建立、仿真试验(运行),如图9-7所示。

2. 系统仿真的分类

以下介绍几种从不同的角度对系统仿真进行的分类。

(1)根据模型的种类分类

根据模型的种类不同,系统仿真可分为三种:物理仿真、数学仿真及数学-物理仿真。

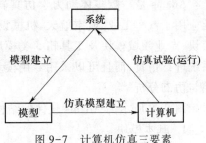

图9-7 计算机仿真三要素及它们之间的关系

在物理模型上进行试验的过程称为物理仿真。其优点是直观、形象;缺点是模型改变困难,试验限制多,投资较大。

对数学模型进行试验的过程称为数学仿真。其优点是方便、灵活、经济;缺点是数学模型不易建立。

将数学模型与物理模型(甚至实物)联合起来进行试验的过程称为数学-物理仿真。

(2)根据仿真时钟与实际时钟的比例关系分类

实际动态系统的时间基称为实际时钟,而系统仿真时模型所采用的时钟称为仿真时钟。根据仿真时钟 τ 与实时时钟 T 的比例关系,系统仿真分类如下。

1)实时仿真

当 $\frac{\tau}{T}=1$,即仿真时钟与实际时钟完全一致时,称为实时仿真。当被仿真系统中存在物理模型或实物时,必须进行实时仿真。

2)亚实时仿真

当 $\frac{\tau}{T}<1$ 时,即仿真时钟慢于实际时钟时,称为亚实时仿真。当对仿真速度要求不苛刻的情况下,均是亚实时仿真。

3)超实时仿真

当 $\frac{\tau}{T}>1$ 时,即仿真时钟快于实际时钟时,称为超实时仿真。

（3）根据系统模型的特性分类

仿真基于模型，模型的特性直接影响着仿真的实现。从仿真实现的角度来看，系统模型特性可分为两大类：连续系统与离散系统。相应地，系统仿真技术也分为连续系统仿真和离散系统仿真两大类。

1）连续系统仿真

连续系统是指系统状态随时间连续变化的系统。多数工程系统，如机电、机械、化工、电力等系统都属于这类系统。

2）离散系统仿真

离散系统是指系统状态在某些随机时间点上，即系统状态变化是离散的。多数非工程系统，如管理、交通、经济、物流系统都属于离散系统。

9.3.2 机械系统运动学与动力学分析仿真软件 Adams 简介

Adams 是一款多体动力学仿真软件，用于模拟和分析机械系统的运动行为。它被广泛应用于汽车工业、航空航天、机械设计等领域。Adams 软件由基本模块、扩展模块、接口模块、专业领域模块及工具箱 5 类模块组成。用户不仅可以采用通用模块对一般的机械系统进行仿真，而且可以采用专用模块针对特定工业应用领域的问题进行快速有效的建模与仿真分析。

图 9-8 所示为 Adams 软件的结构。

1. 基本模块

该模块包括 Adams View（用户界面模块）、Adams Solver（求解器模块）、Adams/Postprocessor（后处理模块）。

（1）Adams View

Adams View 提供了一个直接面向用户的基本操作对话环境和虚拟样机分析的前处理功能。它支持三维图形显示，可以方便地采用人机交互的方式建立模型中的相关对象，如定义运动部件、定义部件之间的约束关系或力的连接关系、施加强制驱动或外部载荷激励。其支持命令输入窗口直接输入 Adams/View 的命令，同时提供快速建立参数化模型的能力，便于改进设计。

（2）Adams/Solver

Adams /Solver 是 Adams 产品系列中处于核心地位的仿真器。该模块自动生成机械系统模型的动力学方程，可以对刚体和弹性体进行仿真研究，提供静力学、运动学和动力学的解算结果。

（3）Adams/Postprocessor

Adams/Postprocessor 是显示 Adams 软件仿真结果的可视化图形界面。后处理中既可以显示为动画，也可以显示为数据曲线，还可以显示报告文档。其具有丰富的数据后处理功能，例如数学函数运算、FFT 变换、滤波、伯德图等，也可以显示柔性体的变形、应力、应变的彩色云图。

2. 扩展模块

该模块包括 Adams/Controls（控制模块）、Adams/Durability（耐久性分析模块）、

Adams/Insight(试验设计与分析模块)、Adams/Linear(线性化分析模块)、Adams/Flex(柔性化分析模块)。

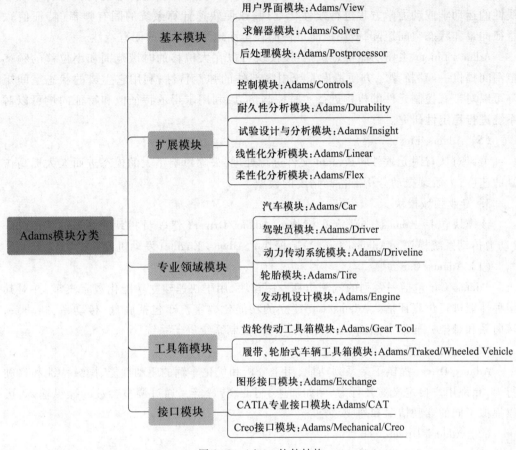

图 9-8 Adams 软件结构

（1）Adams/Controls

Adams/Controls 可以将控制系统与机械系统集成在一起，以实现一体化仿真。主要集成方式有两种：一种是将 Adams 软件建立的机械系统模型集成到控制系统仿真环境中，组成机、电、气、液耦合系统进行联合仿真；另一种方式是将控制软件中建立的控制系统导出到 Adams 模型中，利用 Adams 求解器进行仿真分析。

（2）Adams/Durability

Adams/Durability 是一个用于多体动力学仿真和耐久性分析的软件模块。它通过结合多体动力学仿真和耐久性评估技术，提供了对复杂机械系统的振动、应力、寿命等方面的分析和评估能力，帮助优化设计并提高系统的可靠性和寿命。

（3）Adams/Insight

Adams/Insight 可以规划和完成一系列仿真优化试验，从而精确地预测所设计的复杂机械系统在各种工作条件下的性能，并提供了对试验结果进行各种专业化的统计分析工具,通过实验方案设计可以更好地理解和掌握复杂机械系统的性能。

（4）Adams/Linear

Adams/Linear 是 Adams 软件的一个集成可选模块,可以在进行系统仿真时将系统非线性的运动学或动力学方程进行线性化处理,以便快速计算系统的固有频率（特征值）、特征向量和状态空间矩阵,使用户能更快而较全面地了解系统的固有特性。

Adams/Linear 主要功能特点包括:该模块可以在大位移的时域范围和小位移的频率范围间提供一座"桥梁",方便考虑系统中零部件的弹性特性;利用它生成的状态空间矩阵可以对带有控制元件的机构进行实时控制仿真;利用求得的特征值和特征向量可以对系统进行稳定性研究。

（5）Adams/Flex

可以对从有限元软件转成.mnf 文件进行处理,去除影响不大的模态进而大大提高仿真的速度,为后续振动分析准备高精度的模型。

3. 专业领域模块

该模块包括 Adams/Car（汽车模块）、Adams/Driver（驾驶员模块）、Adams/Driveline（动力传动系统模块）、Adams/Tire（轮胎模块）、Adams/Engine（发动机设计模块）。

（1）Adams/Car

Adams/Car 包括一系列的汽车仿真专用模块,用于快速建立功能化数字汽车,并对其多种性能进行仿真评估。Adams/Car 建立的功能化数字汽车包括底盘（传动系、制动系、转向系和悬架）、轮胎和路面、动力总成、车身、控制系统等子系统。

（2）Adams/Driver

Adams/Driver 提供了一系列功能,用于分析和优化车辆的驱动性能、操纵特性和驾驶行为,允许用户自定义驾驶行为,例如加速、制动、转弯等。通过调整参数和操纵输入,可以模拟不同的驾驶情况和驾驶风格。

（3）Adams/Driveline

Adams/Driveline 模块是 Adams 软件中专注于车辆传动系统建模和仿真的工具。它提供了全面的功能,包括建模、动力传递、耦合仿真、性能评估和优化等,帮助用户分析和改进传动系统的性能、效率和可靠性。

（4）Adams/Tire

Adams/Tire 模块是 ADAMS 软件中用于轮胎建模和动力学分析的重要工具。它提供了轮胎模型建立、轮胎与地面的相互作用分析、车辆操纵性评估和优化设计等功能,帮助用户分析和改进车辆轮胎的动力学特性和操纵性能。

（5）Adams/Engine

Adams/Engine 模块是 ADAMS 软件中用于内燃机建模和分析的重要工具。它提供了内燃机模型建立、燃烧过程模拟、振动分析、相互作用分析以及性能评估和优化等功能,帮助用户分析和改进内燃机的动力学特性和工作过程。

4. 工具箱模块

该模块包括 Adams/Gear Tool（齿轮传动工具箱）、Adams/Tracked/Wheeled Vehicle（履带、轮胎式车辆工具箱模块）。

（1）Adams/Gear Tool

Adams/Gear Tool 模块是 Adams 软件中用于齿轮系统建模和分析的重要工具。它提供了齿轮模型建立、齿面接触分析、动力学分析、振动分析以及相互作用分析等功能，帮助用户分析和改进齿轮传动系统的性能和工作特性。

（2）Adams/Tracked/wheeled Vehicle

Adams/Tracked/Wheeled Vehicle 模块是 Adams 软件中用于轮式车辆建模和分析的重要工具。它提供了车辆建模、路面建模、悬挂系统分析、车辆动力学分析以及跟踪和进退变道分析等功能，帮助用户分析和改进轮式车辆的运动特性和操纵性能。

5. 接口模块

该模块包括 Adams/Exchange（图形接口模块）、Adams/CAT（CATIA 专业接口模块）、Adams/Mechanical/Creo（Creo 接口模块）。

Adams 还提供了丰富的数据接口模块，可以导入、导出多种格式的数据。

9.3.3　机械系统仿真实例——汽车整车性能仿真试验

传统的汽车设计过程是零部件设计方法。工程师首先进行零部件设计，然后将零部件组装成物理样机，并通过试验研究系统的运动，这样一款新车的开发常常需要若干年，耗资也十分巨大。而采用机械系统仿真技术，工程师在物理样机试验之前就可以进行有关乘坐舒适性、操纵稳定性等方面的计算机仿真，研究虚拟样机在各种操纵工况下的性能，在汽车早期开发阶段就完成整车的优化设计工作，避免代价昂贵的失误。

以下为合肥工业大学机械工程学院采用 Adams 软件对江淮汽车集团开发的 AL6700DH 轻型客车所进行的性能仿真试验。实践表明，应用仿真技术，可以明显提高设计成功率，缩短设计周期，降低设计成本。

1. 整车模型的建立

汽车是一个极其复杂的机械系统，根据研究目的的不同，可以建立不同形式的汽车模型。

由于着重考察的是在悬架结构形式不变的前提下，不同刚度-阻尼的悬架系统对汽车整车性能的影响，因此考察汽车行驶平顺性时，主要考虑汽车在行驶过程中的运动状态，如速度、加速度、角加速度等。这时，转向系统的运动状态等对于问题的分析结果的影响很小，可以不予以考虑。

基于上述考虑，在对汽车行驶过程动特性进行仿真分析之前，先对汽车整车的结构进行如下的简化处理。

根据分析问题的需要，将汽车分为几个模块——车身，座椅（包括驾驶员座椅及乘员座椅），车架，动力总成，前、后车轴，悬架系统，轮胎，然后分别进行讨论。

（1）车身

从车身的实际结构来讲，车身蒙皮在各种激励作用下的变形比较大，应该看作柔性体。但是，从所关心的问题的角度来看，重点考察的是对驾驶员座椅、乘员座椅以及地板上一些特征点的垂直方向的影响，这种情况下，车身蒙皮的影响是微乎其微。因此，为了分析问题的方便，将车身看作刚体。

在 Adams 软件中,对于一个刚体,在定义过程中要求输入质量、质心位置、转动惯量等一些参数。对于有参考样品的情况,采用试验技术可以准确地测定这些数据。但是,在产品的设计阶段,用试验手段显然是不符合实际情况的。要得到较为准确的参数,可以借助以下两种方法进行。

① 手工解析计算　对于结构简单且可分解成具有近似规则几何形状的几部分的情况,可以应用有关的力学知识进行手工解析计算。

② 借助几何实体造型软件计算　目前常用的一些几何实体造型软件,如 NX、Creo、Mechanical Desktop 等都能够在构造几何实体的同时非常精确地计算出这些几何实体的质量、质心坐标、转动惯量等。这项功能对于那些几何形状极其复杂,根本无法用手工计算来完成这项工作的物体来讲是极为方便的。并且,由于在 Adams 软件中与 NX、Creo 等都有专门的接口,可以直接利用这些软件来构造这些较复杂的物体的模型。这样,一方面可以大大减少 Adams 建模的工作量,另一方面可以将物体的质量、质心坐标、转动惯量等力学信息一并以文件传输的方式带到模型中。

（2）座椅

汽车座椅一般有海绵或弹簧坐垫,简单地将其视为一个刚体是不恰当的。为了得到较为准确的结果,应当将其看作置于弹性基础上的刚体,即以弹簧与车架联系的刚体。

弹性基础的弹性系数用一般的试验手段很难得到,在实际建模的时候,一般是参考相近类型的座椅的相关参数。

另外,在进行整车仿真分析时,通常要对空载和满载情况分别进行分析。满载质量的变化就反映在座椅的质量变化上。除了驾驶员座椅的质量应该保持不变外,乘员座椅在满载时的质量应该为空载时的质量加上一个乘员的平均质量。

（3）车架

车架碰到的问题与车身有类似之处,但是车架的刚性要较车身的刚性大得多,所以通常也将车架视为刚体。至于车架的质量、质心位置、转动惯量等也可以参照车身的计算方法。

（4）动力总成

汽车的动力总成包括发动机、离合器、变速箱等总成。在行驶过程中,由于一些不平衡质量的高速回转,发动机、变速箱也会发生剧烈抖动,这些激振源的存在,严重地恶化了汽车的行驶平顺性。

由于研究的重点是悬架系统对整车产生的影响,因此假定动力总成在行驶过程中本身不产生振动,只是一个刚体。在这个假设基础上可以将动力总成与车架看作一个刚体。

（5）轮胎

轮胎模型是汽车建模中比较复杂的一个部分,在 Adams 软件中有一个专门进行轮胎建模的模块——Adams/Tire。Adams 软件中采用的理论分析模型是得到国际认可的 Fiala 弹性圆环模型。Adams 软件中轮胎模型需要输入的参数主要有以下几项:

① 轮胎类型,如 Fiala、Smither、Uatire;

② 自由半径;

③ 宽度;

④ 径向刚度;

⑤ 纵向滑移刚度;

⑥ 侧偏刚度;

⑦ 外倾刚度;

⑧ 径向相对阻尼系数;

⑨ 滚动阻力系数;

⑩ 滚动阻力矩;

⑪ 静摩擦系数;

⑫ 动摩擦系数。

（6）前、后车轴

前、后车轴一般是壁结构,特别是后桥结构更为复杂。但前、后车轴是非悬置质量,由于主要研究对象是座椅、地板的振动,所以从简化问题的角度出发,将前、后车轴看作刚性的圆柱体。

（7）整车模型的建立

有了以上所建的各部分的多刚体动力学模型,下面可以将它们组合成一个完整的整车模型,其结构框图如图 9-9 所示,整车模型如图 9-10 所示。

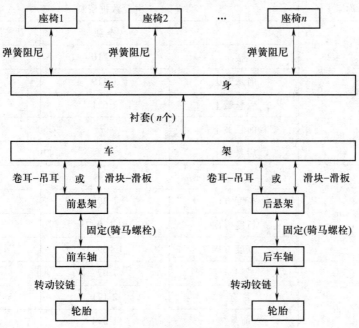

图 9-9 整车模型的结构框图

① 座椅与车身之间用弹簧阻尼联系起来。

② 车身通常是用橡胶垫悬置于车架上,在 Adams 软件中橡胶垫可以看作一个无质量的衬套。衬套在三维空间的三个方向都具有线性的刚度和阻尼特性。

③ 车架与悬架（以钢板弹簧作为弹性元件）的连接方式为卷耳-吊耳或滑块-滑板形式。

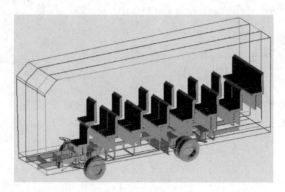

图 9-10 整车模型

④ 悬架与车轴是用骑马螺栓固定在一起的。

⑤ 车轴与轮胎的连接是用以车轴中心轴线为转动轴的转动铰链。

2. 仿真模型所用的原始数据

仿真模型的主要数据资料如表 9-1 所示。

表 9-1 仿真模型所用的数据资料

数据名称	主要数据资料		
质量/kg		空载	满载
	整车	4 710	5 870
	前悬簧上	1 419	1 694
	后悬簧上	2 621	3 506
	前悬簧下	250	
	后悬簧下	420	
质心位置/mm		实测	技术条件
	高度方向	1 200	1 100
	长度方向	2 130.7	2 207
	宽度方向	1 169.3	1 093
外形尺寸/mm	长	7 077	6 990
	宽	2 171	2 110
	前悬架	1 594	1 550
	后悬架	2 177	2 140
车轮半径/mm		391	
轴距/mm		3 300	
轮距/mm		前:1 665 后:1 485	
悬架刚度/(N/mm)		前:135 后:257	

续表

数据名称	主要数据资料			
前悬架阻尼系数	1.54(伸张行程)		6.73(压缩行程)	
后悬架阻尼系数	1.92(伸张行程)		8.65(压缩行程)	
轮胎	型号	7.50R16		
	转动惯量/(kg·m²)	轮胎		2.137
		轮胎+前制动鼓		3.722
		轮胎+后制动鼓		3.744
车身内部尺寸/mm	宽	2 007		
	高	1 855(1 845)		
	过道离地高度	740		
	客座离地高度	890		
	共6排乘客座椅,最后一排5座			
钢板弹簧尺寸/mm		宽度	(主片)伸直长度	
	前钢板弹簧	76	1 300	
	后钢板弹簧	76	1 400	

3. 偏频仿真模型描述

进行测定偏频的仿真试验时,完全模拟实车试验时采用的试验规范。

测定前悬架固有频率时,将汽车两个前轮静置于高 120 mm 的台阶上,然后用人力将汽车轻轻地推下台阶。测定后悬架固有频率时的方法与测定前悬架的操作规程相同。

在 Adams 软件中,路面是由一系列三角形平面单元组合成的一个三维表面,如图 9-11 所示,它是由 A、B、C、D 四个三角形单元拼成的。对每一块三角形单元都可以定义不同的路面属性,如附着系数等。

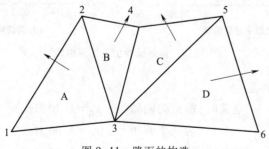

图 9-11 路面的构造

测定前、后悬架偏频时构造的路面的三维示意图如图 9-12 所示。

台阶高度为 120 mm,进行试验仿真时,将前轮(测前悬架固有频率)或后轮(测后悬架固有频率)初始位置置于由 5、6 两个单元组成的台阶平面上。分析过程中需要记录时间历程响应的特征点有以下几个:

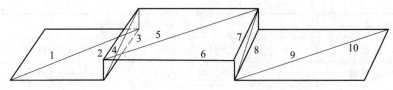

图 9-12　测定前、后悬架偏频时构造的路面

① 车轴中心；

② 前、后车轴正上方地板处的点。

因为 Adams 软件中提供了一个非常有效的、定义特征点的概念，即 Mark（标记），它使我们可以在任意位置进行定义。在仿真分析之前先对这些特征点定义相应的要求。最后可以得到这些标记特征点的时间历程响应，从响应曲线中可以得到前、后悬架偏频。

4. 偏频仿真结果

仿真分析的结果曲线如图 9-13 所示。

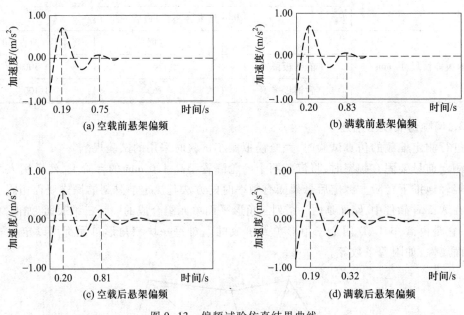

图 9-13　偏频试验仿真结果曲线

从图中可以得出：

$$
\begin{aligned}
&\text{空载时，前悬架偏频}\quad & p_{前} &= 1.70\ \text{Hz}\\
&\qquad\quad\ \text{后悬架偏频}\quad & p_{后} &= 1.66\ \text{Hz}\\
&\text{满载时，前悬架偏频}\quad & p_{前} &= 1.59\ \text{Hz}\\
&\qquad\quad\ \text{后悬架偏频}\quad & p_{后} &= 1.58\ \text{Hz}
\end{aligned}
$$

实车试验测试的结果为：

$$
\begin{aligned}
&\text{空载时，前悬架偏频}\quad & p_{前} &= 1.72\ \text{Hz}\\
&\qquad\quad\ \text{后悬架偏频}\quad & p_{后} &= 1.67\ \text{Hz}
\end{aligned}
$$

满载时,前悬架偏频　　$p_{前} = 1.63$ Hz

后悬架偏频　　$p_{后} = 1.59$ Hz

由此可以看出,仿真结果是很准确的。

另外还进行了行驶平顺性试验仿真分析和操纵稳定性仿真分析等,此处不再赘述。

9.4 数字孪生技术概述

微视频 9.2
数字孪生概述

9.4.1 数字孪生发展背景

"孪生"的概念起源于美国国家航空航天局的"阿波罗计划",即构建两个相同的航天飞行器,其中一个发射到太空执行任务,另一个留在地球上用于反映太空中航天器在任务期间的工作状态,从而辅助工程师分析处理太空中出现的紧急事件。当然,这里的两个航天器都是真实存在的物理实体。

2003 年前后,关于数字孪生(digital twin)的设想首次出现于美国密歇根大学 M. Grieves 教授讲授的产品全生命周期管理课程上。但是,当时"digital twin"一词还没有被正式提出,M. Grieves 将这一设想称为"conceptual ideal for PLM(product lifecycle management)",如图 9-14 所示。尽管如此,在该设想中数字孪生的基本思想已经有所体现,即在虚拟空间构建的数字模型与物理实体交互映射,忠实地描述物理实体全生命周期的运行轨迹。

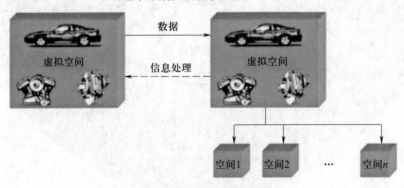

图 9-14　数字孪生的早期名称

直到 2010 年,"digital twin"一词在美国国家航空航天局的技术报告中被正式提出,并被定义为"集成了多物理量、多尺度、多概率的系统或飞行器仿真过程"。2011 年,美国空军探索了数字孪生在飞行器健康管理中的应用,并详细探讨了实施数字孪生的技术挑战。2012 年,美国国家航空航天局与美国空军联合发表了关于数字孪生的论文,指出数字孪生是驱动未来飞行器发展的关键技术之一。在接下来的几年中,越来越多的研究将数字孪生应用于航空航天领域,包括飞行器维护与维修、飞行器能力评估、飞行器故障预测等。

近年来,得益于物联网、大数据、云计算、人工智能等新一代信息技术的发展,数字孪生的实施已逐渐成为可能。现阶段,除了航空航天领域,数字孪生还被应用于电力、船舶航运、城市管理、农业、建筑、铁路运输、石油天然气、健康医疗、环境保护等行业,如图 9-15 所示。特别是在智能制造领域,数字孪生被认为是一种实现制造信息与物理世界交互融合的有效手段。许多著名企业(如空中客车、洛克希德·马丁、西门子等)与组织(如美国高德纳、德勤,中国科协智能制造协会)对数字孪生给予了高度重视,并且开始探索基于数字孪生的智能生产新模式。

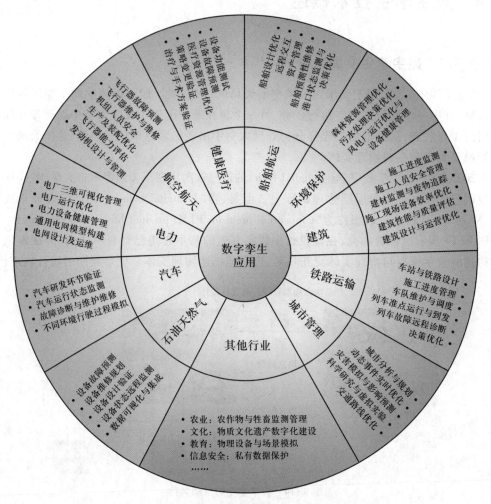

图 9-15 数字孪生行业应用

9.4.2 数字孪生的定义及典型特征

国际标准化组织的定义:数字孪生是具有数据连接的特定物理实体或过程的数字化表达,该数据连接可以保证物理状态和虚拟状态之间的同速率收敛,并提供物理实体或过程的整个生命周期的集成视图,有助于优化整体性能。

学术界的定义:数字孪生是以数字化方式创建物理实体的数字模型,借助历史数据、实时数据以及算法模型等,模拟、验证、预测、控制物理实体全生命周期过程的技术手段。

企业的定义:数字孪生是资产和流程的软件表示,用于理解、预测和优化绩效以改善业务成果。数字孪生由三部分组成:数字模型、数据采集与仿真分析。

从数字孪生的定义可以看出,数字孪生具有以下几个典型特点:

(1)互操作性　数字孪生中的物理对象和数字空间能够双向映射、动态交互和实时连接,因此数字孪生具备以多样的数字模型映射物理实体的能力,具有能够在不同数字模型之间转换、合并和建立"表达"的等同性。

(2)可扩展性　数字孪生技术具备集成、添加和替换数字模型的能力,能够针对多尺度、多物理属性、多层级的模型内容进行扩展。

(3)实时性　数字孪生技术要求数字化,即以一种计算机可识别和处理的方式管理数据以对随时间轴变化的物理实体进行表征。表征的对象包括外观、状态、属性、内在机理,形成物理实体实时状态的数字模型映射。

(4)保真性　数字孪生的保真性是指描述数字模型和物理实体的接近性。要求模型和实体不仅要保持几何结构的高度仿真,在状态、相态和时态上也要仿真。值得一提的是,在不同的数字孪生场景下,同一物理实体的数字模型的仿真程度可能不同。例如工况场景中可能只要求描述模型的物理性质,并不需要关注化学结构细节。

(5)闭环性　数字孪生中的数字模型,用于描述物理实体的可视化模型和内在机理,以便于对物理实体的状态数据进行监视、分析推理、优化工艺参数和运行参数,实现决策功能,即赋予数字虚体和物理实体一个大脑。因此数字孪生具有闭环性。

9.4.3　数字孪生与其他技术的区别

1. 数字孪生与仿真的区别

仿真技术是应用仿真硬件和仿真软件通过仿真实验,借助某些数值计算和问题求解,反映系统行为或过程的模型技术,是将包含了确定性规律和完整机理的模型转化成软件的方式来模拟物理实体的方法,目的是依靠正确的模型和完整的信息、环境数据,反映物理实体的特性和参数。仿真技术仅仅能以离线的方式模拟物理实体,不具备分析、优化功能,因此不具备数字孪生的实时性、闭环性等特征。

数字孪生需要依靠包括仿真、实测、数据分析在内的手段对物理实体状态进行感知、诊断和预测,进而优化物理实体,同时进化自身的数字模型。仿真技术作为创建和运行数字孪生的核心技术,是数字孪生实现数据交互与融合的基础。在此基础之上,数字孪生必须依托并集成其他新技术,与传感器共同在线以保证其保真性、实时性与闭环性。

2. 数字孪生与信息物理系统(CPS)的区别

数字孪生与CPS都是利用数字化手段构建系统为现实服务的。其中,CPS属于系统实现,而数字孪生侧重于模型的构建等技术实现。CPS是通过集成先进的感知、计算、通信和控制等信息技术和自动控制技术,构建物理空间与虚拟空间中人、机、物、环境和信息等要素相互映射、适时交互、高效协同的复杂系统,实现系统内资源配置和运行的按需响应、快速迭代和动态优化。

相较于综合了计算机、网络、物理环境的多维复杂CPS,数字孪生作为建设CPS技术基础,是 CPS 具体的物化体现。数字孪生的应用既有产品,也有产线、工厂和车间,直接对应 CPS 所面对的产品、装备和系统等对象。数字孪生在创立之初就明确了以数据、模型为主要元素构建基于模型的系统工程,更适合采用人工智能或大数据等新的计算能力进行数据处理。

3. 数字孪生与数字主线的区别

数字主线(digital thread)被认为是产品模型在各阶段演化利用的沟通渠道,是贯穿于产品全生命周期的业务系统,涵盖产品构思、设计、供应链、制造、售后服务等各个环节。在整个产品的生命周期中,数字主线通过提供访问、整合以及将不同或分散的数据转换为可操作性信息的方式来通知决策制定者。

数字主线也是一个可连接数据流的通信框架,并提供一个包含生命周期各阶段功能的集成视图。数字主线为产品数字孪生提供访问、整合和转换数据的能力,其目标是贯通产品生命周期和价值链,实现全面追溯、信息交互和价值链协同。由此可见,产品数字孪生的要素是对象、模型和数据,而数字主线的要素是方法、通道、链接和接口。

简单地说,在数字孪生的广义模型之中,存在着彼此关联的小模型。数字主线可以明确这些小模型之间的关联关系并提供支持。因此,从全生命周期这个广义的角度来说,数字主线是数字孪生的基础。

4. 数字孪生和资产管理壳的区别

出自工业 4.0 的资产管理壳(asset administration shell),是德国自工业 4.0 提出以来,发展起来的一套描述语言和建模工具,从而使得设备、部件等企业的每一项资产之间可以完成互联互通与互操作。借助其建模语言、工具和通信协议,企业在组成生产线的时候,可具备通用的接口,即实现"即插即用"性,大幅度降低工程组态的时间,更好地实现系统之间的互操作性。

自数字孪生和资产管理壳的问世以来,更多的观点是视二者为美国和德国的工业文化不同的体现。实际上,相较于资产管理壳这样一个起到管控和支撑作用的"管家",数字孪生如同一个"执行者",从设计、模型和数据入手,感知并优化物理实体,同时推动传感器、设计软件、物联网等新技术的更新迭代。但是,基于这两者在技术实现层次上比较相近,德国目前也正努力在把资产管理壳转变为支撑数字孪生的基础技术。

9.4.4　数字孪生在智能制造领域的应用场景

数字孪生在智能制造领域的主要应用场景有产品研发、设备维护与故障预测以及工艺规划和生产过程管理等,如图 9-16 所示。

下面着重介绍数字孪生在工艺规划和生产过程管理中的应用。

随着产品制造过程越来越复杂,多品种、小批量生产的需求越来越强,企业对生产制造过程规划、排期的精准性和灵活性,以及对产品质量追溯的要求越来越高。大部分企业信息系统之间数据未打通,依赖人工进行排期和协调。数字孪生可以应用于生产制造过程从设备层、产线层到车间层、工厂层等不同的层级,贯穿于生产制造的设计、工艺管理和优化、资源配置、参数调整、质量管理和追溯、能效管理、生产排期等各个环节,对生产过程进行仿真、评估和优化,系统地规划生产工艺、设备、资源,并能利用数字孪生实时监控生

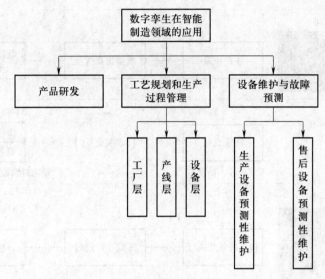

图 9-16 数字孪生在智能制造领域的应用

产工况,及时发现和应对生产过程中的各种异常和不稳定性,实现降本、增效、保质的目标和满足环保的要求。离散行业中,数字孪生在工艺规划方面的应用着重于生产制造环节与设计环节的协同;流程行业中,数字孪生对流程进行梳理或建模。图 9-17 所示为流程工业自动化的实体结构,数字孪生通过将物理实体流程上的耦合转化为各个数字孪生参数间的耦合,实现整个流程的协同优化。

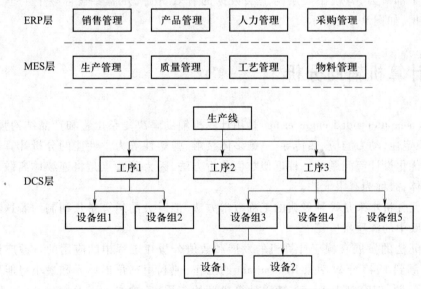

图 9-17 流程工业自动化的总体结构

长期以来,使用虚拟模型来优化流程、产品或服务的想法并不新鲜。但随着具有更复杂的仿真和建模能力、更好的互操作性的数字化仿真平台和物联网传感器等工具的广泛使用,创建更精细、更具动态感的数字化仿真模型成为可能。目前,越来越多的企业,特别

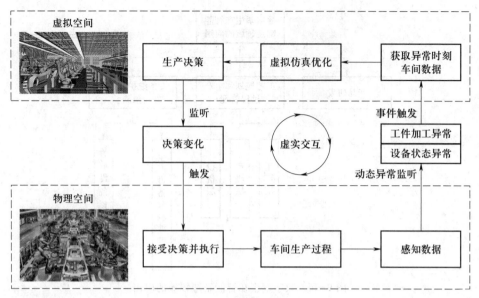

图 9-18　应用层级及生态

是从产品销售向"产品+服务"转变的企业,正在广泛应用数字孪生技术。数字孪生的大规模应用场景还比较有限,涉及的行业也有待继续拓展,仍然面临企业内、行业内数据采集能力参差不齐,底层关键数据无法得到有效感知等问题。已采集的数据闲置度高,缺乏数据关联和深度集成应用,难以发挥数据潜在价值。从长远来看,要释放数字孪生技术的全部潜力,有赖于底层与上层数据的有效贯通,并需要整合整个生态系统中的所有数据,如图 9-18 所示。

9.5　计算机辅助分析

CAE(computer aided engineering)是用计算机辅助解决复杂工程和产品结构强度、刚度、屈曲稳定性、动力响应、热传导、三维多体接触、弹塑性等力学性能的分析计算以及结构性能的优化设计等问题的一种近似数值分析方法,因为其特点是将连续体离散化为有限个单元体,故称为有限元法。

有限元分析本来是一种经典的工程数学方法,但巨大的运算量长期制约着这种方法在工程实践中的深层次应用。

有限元法的发展有赖于计算机的发展和数值分析在工程中的应用的日益广泛。其思想可追溯到 1943 年数学家 R. Courant 的工作,他利用三角形单元和最小势能原理研究了扭转问题,但直到 1956 年,随着计算机开始应用,美国 H. C. Martin、L. J. Topp 等人才将这一思想发展为矩阵位移法。1960 年,加利福尼亚大学伯克利分校的 R. W. Clough 把这个新的工程计算方法正式命名为 finite element method(有限单元法,简称 FEM)。

有限元分析技术在现代机械设计中占据着十分重要的地位,有限元法是一种获得工程问题近似解的数值计算方法。实际的工程结构多数为非常复杂的结构形式,有时无法用经典的弹性力学理论通过求解微分方程而得到解析解,而有限元方法避免了求解微分方程,因此有限元法可以求解复杂形状、结构、复杂边界条件的工程问题。它与 CAD 系统结合,使设计者可以在计算机中进行结构的刚度、强度,疲劳寿命等各种性能分析,从而取代了传统设计方法中"设计—验证—设计"的循环。整个设计过程只需要在最后阶段进行必要的验证性试验,极大地提高了工作效率,缩短了设计周期,降低了设计成本。

9.5.1 有限元法基本原理

有限元的基本思想是把连续体分割成数量有限的小块体(即单元),单元间只在数量有限的节点上相铰接,用有限个单元组成的集合体代替原来的连续体,在节点上引入等效力来代替实际作用在单元上的外力,对每一个单元则根据分块近似的思想,选择一个简单的函数来近似地表示单元上的位移分量的分布规律,并按弹性理论中的变分原理建立单元节点力和位移之间的关系,最后把所有单元的这种特性关系集合起来,就得到一组以节点位移为未知量的代数方程组,由这个方程组就可以求出物体上有限个离散节点的位移分量,从数学角度来说,有限元方法是从变分原理出发,通过区域剖分和分片插值,把二次泛函的极值问题化为普通多元二次函数的极值问题,后者等价于一组多元线性代数方程组的求解。

把物理结构分割成不同大小、不同类型的区域,这些就称为单元。根据不同的分析学科,推导出每一个单元的作用力方程,组合成整个结构的系统方程,最后求解该系统方程,就是有限元法。

简单地说,有限元法是一种离散化的数值方法。离散后的单元与单元间只通过节点相联系,所有力和位移都通过节点进行计算。对于每个单元,选取适当的插值函数,使得该函数在子域内部、子域分界面(内部边界)上都满足一定的条件。然后把所有单元的方程组合起来,就得到了整个结构的方程。求解该方程,就可以得到结构的近似解。

离散化是有限元法的基础。必须依据结构的实际情况,决定单元的类型、数量、形状、大小以及排列方式。这样做的目的是:将结构分割成足够小的单元,使得简单位移模型能足够近似地表示精确解。同时,又不能太小,否则计算量很大。

选取的函数通常是多项式,最简单的情况是位移的线性函数。这些函数应当满足一定条件,该条件就是平衡方程,它通常是通过变分原理得到的。例如,力学中的变分原理之一就是最小势能原理,势能指的是弹性体由于变形存储起来的内能和外载荷施加的能量之和,如果物体处于平衡状态,则势能将处于极小值。所以对势能求导数,并令该导数为零,就得到平衡方程。

在数学上,其理论基础是变分法。应用到结构上时,就是能量原理。根据所用方法的不同,得到的方程组中所含未知数的性质分为以下 3 种情况:

① 当以最小势能原理为基础的位移法求解时,未知量为位移。

② 当以最小势能原理为基础的应力法求解时,未知量是应力。

③ 以这两种方法混合求解时,则未知量为位移和应力的组合。

在广义上,有限元的未知量称为场变量,比如结构分析中的位移。场变量模型或模式,是一个假设函数,用它来近似表示有限单元上场变量的分布或变化。因此,有限元法得到的解是近似的,原则上,随着网格的加密或近似函数阶次的提高,有限元的工程数值解将收敛到精确解。

9.5.2　有限元求解问题的基本步骤

对于不同物理性质和数学模型的问题,有限元求解法的基本步骤是相同的,只是具体公式推导和运算求解不同。有限元求解问题的基本步骤通常如下。

第一步,问题及求解域定义。根据实际问题划分确定求解域的物理性质和几何区域。

第二步,求解域离散化。将求解域近似为具有不同有限大小和形状且彼此相连的有限个单元组成的离散域,习惯上称为有限元网络划分。显然单元越小(网络越细),则离散域的近似程度越好,计算结果也越精确,但计算量及误差都将增大,因此求解域的离散化是有限元法的核心技术之一。

第三步,确定状态变量及控制方法。一个具体的物理问题通常可以用一组包含问题状态变量边界条件的微分方程式表示,为适合有限元求解,通常将微分方程化为等价的泛函形式。

第四步,单元推导。对单元构造一个适合的近似解,即推导有限单元的列式,其中包括选择合理的单元坐标系,建立单元式函数,以某种方法给出单元各状态变量的离散关系,从而形成单元矩阵(结构力学中称刚度阵或柔度阵)。

为保证问题求解的收敛性,单元推导有许多原则要遵循。对工程应用而言,重要的是应注意每一种单元的解题性能与约束。例如,单元形状应以规则的为好,如果为畸形不仅精度低,而且有缺秩的危险,将导致无法求解。

第五步,总装求解。将单元总装形成离散域的总矩阵方程(联合方程组),反映对近似求解域的离散域的要求,即单元函数的连续性要满足一定的连续条件。总装是在相邻单元节点上进行的,状态变量及其导数(可能的话)的连续性建立在节点处。

第六步,联立方程组求解和结果解释。联立方程组求解可用直接法、迭代法和随机法。求解结果是单元节点处状态变量的近似值。对于计算结果的质量,将通过与设计准则提供的允许值比较来评价并确定是否需要重复计算。

与之相对应,使用软件进行有限元分析,也可分成三个阶段:前处理、处理和后处理。前处理阶段建立有限元模型,完成单元网格划分;后处理阶段则采集处理分析结果,使用户能简便提取信息,了解计算结果。

9.5.3　常用有限元软件简介

对于有限元方法,从 20 世纪 60 年代中期以来,进行了大量的理论研究,不但拓展了有限元法的应用领域,还开发了许多通用或专用的有限元分析软件。

目前应用较多的通用有限元软件如表 9-2 所示。

表9-2 常用有限元分析软件

软件名称	简介
MSC/Nastran	著名结构分析程序,最初由 NASA 研制
MSC/Dytran	动力学分析程序
MSC/Marc	非线性分析软件
ANSYS	通用结构分析软件
ADINA	非线性分析软件
ABAQUS	非线性分析软件

ANSYS 是集结构、流体、电场、磁场、声场等多物理场分析于一体的大型通用有限元仿真分析软件。ANSYS 软件的模块数量很多,在使用前有必要了解各模块的功能,以便根据需要选择合适的模块。

1. Discovery

Discovery 模块具有友好、直观的图形用户界面,使得建模和后处理变得简单和直观。用户可以通过拖放操作创建几何模型,进行参数化设计,并在实时 3D 环境中进行交互式设计。Discovery 模块提供了实时仿真功能,可以在设计过程中即时获得反馈。用户可以在设计阶段通过实时模拟来评估设计选择的性能和可行性,快速找到最佳解决方案。Discovery 模块支持直接从 CAD 文件导入几何模型,并可以自动生成适当的网格。这样,用户可以更轻松地进行几何建模和分析。Discovery 模块可以同时考虑多个物理现象的相互作用,如结构力学、流体力学、电磁场等。用户可以进行耦合分析,从而更全面地评估设计的性能和可靠性。Discovery 模块提供了高级的设计优化工具,以自动搜索设计空间并找到最佳设计。用户可以设置设计目标和约束条件,然后使用优化算法自动调整设计参数,以实现最佳性能。Discovery 模块提供了丰富的结果可视化功能,包括平面剖面、动画效果、图表和云图等。此外,用户可以轻松生成专业的仿真报告,用于与团队或客户共享设计结果和分析。

综上,Discovery 模块旨在将仿真设计变得更加易用和直观,并帮助用户在设计过程中更快地做出准确的决策。它适用于各种行业和应用领域,如航空航天、汽车、电子、能源等。通过使用 Discovery 模块,工程师和设计师可以加快创新过程,降低产品开发成本,并提高设计的质量和可靠性。

2. Explicit Dynamics

ANSYS 软件中的 Explicit Dynamics(显式动力学)模块是一种专门用于模拟高速、瞬态和非线性行为的仿真工具。该模块适用于各种工程领域,如汽车碰撞、爆炸、冲击、金属成形等需要考虑大变形、断裂和接触的应用场景。

3. Fluid Dynamics

Fluid Dynamics(流体动力学)仿真模块是一种用于模拟和分析流体流动和传热问题的工具。该模块提供了广泛的功能和工具,用于解决各种应用领域的流体力学问题,包括空气动力学、流体力学、传热和多相流等。其中较为知名的就有 Fluent、CFX、CFD 后处理软件等,此外还包括了 Chemkin(化学动力学分析模块)、Model Fuel Library(Encrypted)(模型燃料库,是 Chemkin 模块的扩展,提供了超过 65 种燃料的反应机理)、Energico(流场后处理模块)、EnSight(仿真数据可视化软件)、FENSAP-ICE(积冰仿真)、Reaction Workbench(化学反应工作台)、Forte(includes EnSight)(压缩机和发动机仿真,内燃机仿真)、Polyflow(includes CFD-Post)(聚合物、黏弹性材料流动仿真)、TurboGrid(涡轮机械叶片网格划分)。

4. Offshore

Offshore 作为船舶与海洋工程系统解决方案模块,其功能涵盖船舶与海洋工程设计分析的全局,具备一阶、二阶波浪力计算与输出,耐波性、稳定性分析、系泊分析,下水分析,碰撞分析,气隙分析,缆索动力学分析等分析能力。结构计算模块分析功能广泛涵盖船舶与海洋工程结构在各种海洋环境载荷作用下的强度计算(线性、非线性)、稳定性计算、动力学计算(谐响应、谱分析)、疲劳耐久分析、断裂力学计算,可以对结果进行行业规范校核。

5. Structural Mechanics

ANSYS 软件中的 Structural Mechanics(结构力学)模块是用于模拟和分析结构行为的工具。该模块用于解决各种应用领域的结构力学问题,包括静力学、动力学、疲劳和断裂等。无论是航空航天、汽车、建筑还是机械制造等领域,该模块都为用户提供了强大的功能和工具,以实现更准确、高效的结构仿真和分析。它有助于工程师和设计师进行结构优化、可靠性评估、疲劳寿命预测等工作,从而提高产品的性能和安全性。

6. Electronics Reliability

ANSYS 软件中的 Electronics Reliability(电子可靠性)模块是用于评估电子设备在实际使用中的可靠性和寿命的工具。该模块提供了一系列功能和工具,能够帮助工程师预测和分析电子产品在不同环境条件下的可靠性,从而优化设计并提高产品质量。

7. Ansys Additional Tools

其他工具模块包括 DCS(distributed compute services,分布式计算服务)模块、lcepak(includes CFD-Post)(电子设备热设计)模块、Acoustics(声学)模块、Ansys Geometry interfaces(几何接口)模块。

此外,ANSYS 软件还具有一些其他的模块,如 Optical(光学模块),可以进行光学设计仿真及高性能计算等;ICEM CFD 模块,ANSYS 自带的一个前处理软件模块,可用于建模、网格划分;AEDT 电磁桌面,可以进行电场磁场的仿真计算、优化设计等。

9.5.4 应用实例

压铸机是机械行业推广少、无切屑加工的重要机械设备,是汽车工业、电工电子工业的重要装备。我国生产的压铸机在性能指标、产品质量、自动化程度、大型化及精密性等方面与国际先进水平的差距较大。采用现代设计方法,对现有压铸机进行改进设计,制造出高品质的压铸设备,增强市场竞争力是一件意义重大的工作。图 9-19 所示为其实物图。

图 9-19 压铸机实物图

压铸机合型机构是三板四杠(静模板、动模板和合型缸座及四根大杠)串连起来的一个复杂结构件,应力和位移只能用有限元法计算。利用 ANSYS 软件建立的有限元分析网格模型如图 9-20 所示。

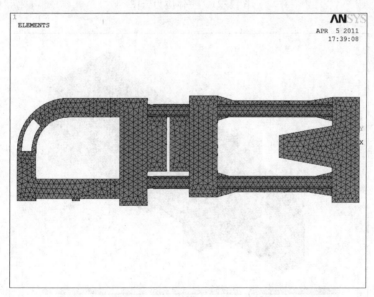

图 9-20 压铸机有限元分析模型

本例中,采用空间四面体四节点单元,共划分 39 511 个单元,节点总数为 12 733,根据该型压铸机的工作载荷施加载荷 6 300 kN。

分析得:最大综合应力的节点号为 12 731,最大应力值为 257.40 MPa,图 9-21 所示为其应力云图;最大位移的节点号为 4 988,最大位移值为 2.65 mm,图 9-22 所示为其位移云图。

有限元分析结果表明:现行结构整体的应力水平不高,特别是最大拉应力不大,有进一步优化的空间。具体优化的过程与结果本书略去。

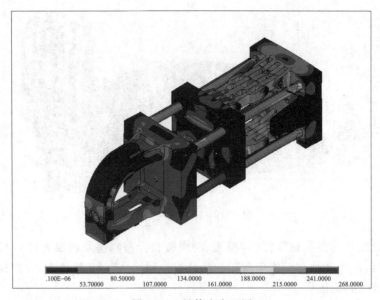

图 9-21　整体应力云图

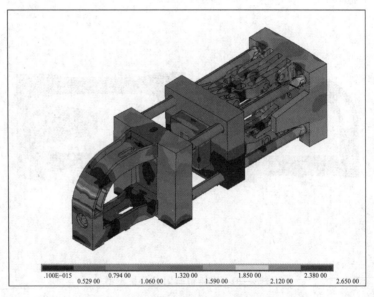

图 9-22　整体位移云图

习题

9-1　什么是专家系统? 图 9-23 所示为一双驴头抽油机的虚拟样机示例,底部的曲柄摇杆机构通过绳索带动驴头往复摆动,前驴头通过绳索带动抽油杆上下滑动,完成抽油作业。结合下图说明专家系统的作用。

图 9-23　双驴头抽油机虚拟样机

9-2 以图 9-24 为例,说明专家系统的结构组成。

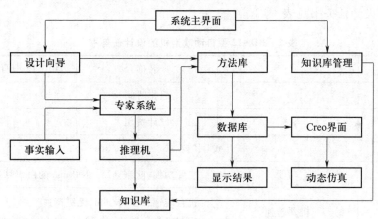

图 9-24　Creo 软件的专家系统

9-3 常用的知识的表达方法有哪些?

9-4 对于不确定性(或具有模糊性)的知识,专家系统如何进行处理?

9-5 简述机械系统设计专家系统的控制策略。

9-6 简述专家系统的两级推理结构。

9-7 简述机械系统、模型、仿真三者之间的关系。

9-8 从不同的角度出发,系统仿真如何分类?

9-9 什么是数字孪生?

9-10 数字孪生与系统仿真的区别是什么?

附　　录

附录一　机械系统设计实例

一、设计任务简介

由于白炽灯泡的光色比较接近太阳光,为广大人民所喜爱,因此无论工业化国家或者发展中国家,白炽灯泡的生产都保持着顽强的生命力。

BD 型自动吹泡机是生产白炽灯泡的关键设备,有不同的规格以适应不同尺寸、形状灯泡的生产,设计任务书见表 1。

表 1　BD-12 型自动吹泡机的设计任务书

编号		名称	BD-12 型自动吹泡机
设计单位		起止时间	
主要设计人员		设计费用	
设计要求			
1	功能	主要功能:吹制 $\phi25 \sim \phi90$ mm 的白炽灯泡	
2	机器转速	机台转速:1~4 r/min,无级调速 吹制管自转转速:约 23 转/机台每转	
3	机台转动方向	机台为顺时针方向转动,必要时,可手动反方向转动,以排除故障	
4	供气及配气方式	供气压力可调,冷却风和吹风同一压力	
5	批量	小批量生产,中型机械厂承制	
6	工位	12 工位	
7	操作人员	本机 2~3 人操作	
8	安全性	当电压过高、过低或过载时,对系统均应有保护措施	
9	其他	单滴 C 型供料机供料 壁厚均匀且小于 0.8 mm,无合缝线	

二、功能描述

根据设计任务书,抽象设计任务,如图 1 所示。

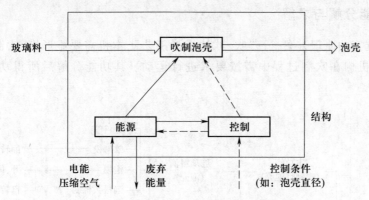

图 1　自动吹泡机的设计任务及功能构成

三、原理方案分析

灯泡主要构件之一——泡壳是由玻璃制成的。玻璃是一种容易加工成形的材料,它的成形过程主要取决于黏度,而玻璃的黏度在很大程度上取决于温度。所以,泡壳的成形过程只要控制在某温度范围内进行吹制就能实现。从图 2 玻璃黏度与温度关系曲线中可知,玻璃的成形黏度为 $10^7 \sim 10^{12}$ mPa·s。此黏度范围相应的玻璃的温度为 t_1 和 t_2。只要越过温度危险区,在 $t_1 \sim t_2$ 的温度范围内进行,便能完成制品的成形过程。玻璃的成形方法很多,可以根据制品的形状、用途采用不同的成形方法。对于薄壁空心玻璃制品,目前常用压-吹法或吹-吹法成形工艺。本产品属于小口空心薄壁玻璃制品设备,可选用吹-吹法成形工艺。

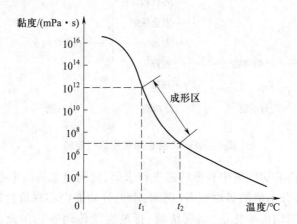

图 2　玻璃黏度与温度关系曲线

所谓吹-吹法成形工艺,就是将玻璃料滴吹成雏形,然后再将雏形吹成制品。为保证"壁厚均匀且小于 0.8 mm,无合缝线"的要求,泡壳在成形过程中必须有一段时间无模具吹塑发泡,在最终成形阶段料泡与模具之间还必须有相对运动。

四、功能分解与求解

根据所选定的原理方案——"吹-吹法成形工艺",本机需要雏形模、吹制管、泡模等机构,同时各机构在吹制过程中需按要求进行运动。其功能分解后所得功能树如图 3 所示。

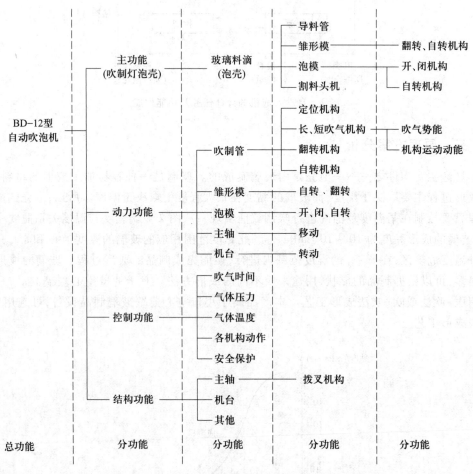

图 3 BD-12 型自动吹泡机功能树

对图 3 分解所得的功能树中各分功能进行求解,可列出总解的形态学矩阵,由于本机的分功能较多,且各分功能的解也较多(例如,动力分功能中实现机台转动分功能的机械传动方案就可以有定轴齿轮传动、蜗杆传动、行星齿轮传动等),因此这儿不再给出具体的形态学矩阵。

最终所选定的方案参见以下各部分的具体说明。

五、方案评价(略)

六、总体布局设计

根据所选定的方案,该机型共有 10 大部件。总体布置原则是,各部件以落料中心 0°
为基准进行布置,故机器装在轨道上也以落料中心 0°为基准。按设计任务书规定采用单
滴 C 型供料机供料,可根据 C 型供料机剪刀凸轮轴的位置及工艺原理确定各部件位置。
所得总体布置图如图 4 所示。

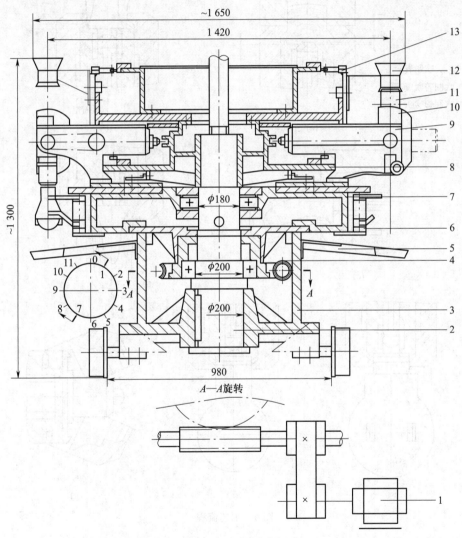

图 4 总体布局图

1—电动机;2—分配轴;3—机座;4—传动系统;5—水盘;6—泡模;7—机台;
8—凸轮架;9—左右臂;10—翻转架;11—吹制管;12—漏斗;13—配气阀

七、物料流系统及工艺流程分析、执行机构运动循环图的确定

1. 工艺流程分析

根据原理方案部分所选定的"吹-吹法成形工艺"原理,结合设计任务书中的要求,制定具体工艺流程(图 5)如下:

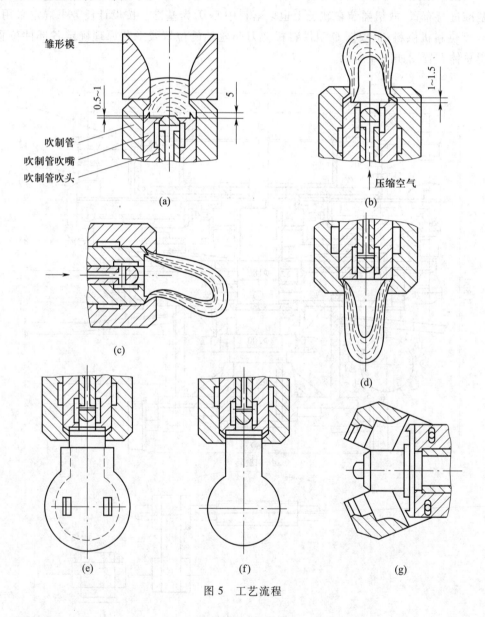

图 5　工艺流程

(1) 受料(图 5a)

在受料位置吹制管的口钳朝上,雏形模(料斗)落在吹制管的口钳上,由供料机剪刀剪断的玻璃料滴经导料管垂直落在雏形模上。

（2）吹雏形——吹小泡（无模具吹塑）（图5b）

吹制管吹料的同时吹头往下退使料滴正中造成一气穴。此时雏形模往上摆开，短促气流经气穴将料滴吹成小泡。小泡暴露在空气中（无模具吹塑）。几次短促吹气使玻璃料滴完全铺开。短促吹气延续的时间及每次间隔时间必须能调整。依据人工吹泡的动作，在短促吹气的同时小泡必须转动，即吹制管必须能自转，目的是为了小泡壁厚均匀，同时加快小泡冷却。

（3）继续吹雏形和雏形翻转（图5c、d）

依据任务书规定翻转式吹-吹法成形，雏形翻转180°。这一动作既是模仿人工甩料，也是为了便于下一步完成终形吹制。从人工吹制得到启示，雏形翻转90°后必须保持瞬间水平，然后再继续往下翻转90°，在翻转的同时吹制管必须继续保持自转和短促吹气。

（4）垂直延伸（图5d）

雏形翻转180°后，泡口已朝上。这时，雏形因自重的作用向下延伸并继续短促吹气，使雏形继续吹涨。由于雏形的温度继续下降，黏度继续增大，虽然其流动性已很小，但其形状还不能完全固定。为了适应下一步在泡模里吹制，同时又不致延伸过长，可适当控制冷却风，使雏形的黏度不致过大或过小，适于泡模关合前所要求的形状。由于玻璃料滴和成品大小不同，雏形延伸时间必须可调，以适应不同情况下的生产。

（5）雏形重热，在泡模里吹成泡壳（图5e）

雏形边自转边延伸一定长度以后，泡模缓缓地关合。为了提高泡壳的质量，雏形必须有重热的机会。所谓重热，是指使雏形温度重新趋于分布均匀，避免出现泡壳壁厚不均和冷斑等缺陷。

雏形重热以后，长吹气气路接通，雏形被吹成泡模内腔形状——泡壳。为了适应吹制不同规格的泡壳，长吹气的延续时间和气压必须能调整。

（6）泡壳冷却（图5f）

雏形在泡模里连续吹气，其黏度增大到10^9 Pa·s以上，玻璃完全失去流动性时，停止吹气和自转并将泡模打开。被吹成的泡壳暴露在空气中，适当调节冷却风的参数进行冷却。为了避免泡壳可能出现变形，泡模打开之前一瞬，由吹气气路将泡壳内的残气排空，使泡壳内、外压力平衡。

（7）吐泡和吹制管冷却（图5g）

为了便于吐泡，吹制管往上翻转40°~45°，然后将吹制管的口钳张开，泡壳因自重落在割料头机上进行下一工序加工。

2. 物料流系统分析

本例中的物料为玻璃原料，根据以上工艺路线，分析本机器中物料流，如图6所示。

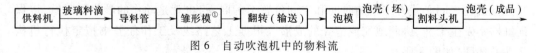

图6　自动吹泡机中的物料流

---

① 一种特制多功能料斗。

雏形模为一种特制料斗(结合了工艺动作第一步的功能),而"玻璃"材料的输送分成两步:第一步是在随同雏形模翻转180°由向上转变成向下状态,是通过翻转机构实现的;第二步从雏形模→泡模→割料头机的输送是依靠自重实现的。加工时的物料定位则完全依靠泡模,吹制管(连同雏形模)翻转需要定位,另外割料头时也需一个定位及固定机构。下面介绍一下吹制管翻转定位机构的设计,其他机构不再一一介绍。

3. 吹制管翻转定位机构设计

吹制管在进行竖直向上受料及翻转180°后竖直向下雏形延伸和最终成形等工艺动作时必须固定不动。由于吹制管装在翻转架上,只要固定翻转架的定位板便能使吹制管固定不动。固定时由定位销插入定位板的锥形孔。为了定位时机构安全可靠,保证定位销的锥部与定位板上的锥孔完全吻合并保持一定推力,采用弹簧定位凸轮拨销。若反过来用凸轮定位无疑会增加机器安装和构件加工的难度,并且提高了各构件的加工精度和安装精度的要求。否则有可能由于齿条行程过小、定位销不能完全插入锥孔、定位销与锥孔之间仍有间隙而达不到固定的目的,或有可能由于齿条行程过大、定位销已完全插入锥孔后由于齿条行程还不到位而损坏机构。

当吹制管的工艺动作不需要固定时,定位凸轮推动定位齿条带动定位齿轮转动,齿轮使定位销往左移动,定位销退回不定位,此时定位弹簧受压。当凸轮与齿条脱离接触时,定位销在弹簧力作用下往右移动插入定位板上的锥孔,并保持一定的插紧力。

设计完成的吹制管翻转的定位机构如图7所示。

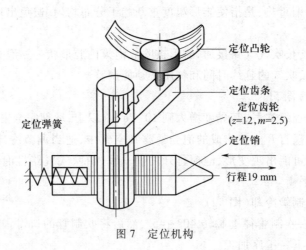

图 7　定位机构

4. 执行机构运动循环图

前面已确定泡壳成形的工艺循环,完成这一工艺循环要由若干执行机构来实现。这些执行机构之间必须有严格的时间和空间位置上的联系,也就是动作的顺序及延续,以保证机构不发生干涉,协调地完成泡壳的成形。根据工艺路线及工作任务书拟定执行机构运动循环图,如图8所示。

执行机构的设计见机械运动系统设计部分。

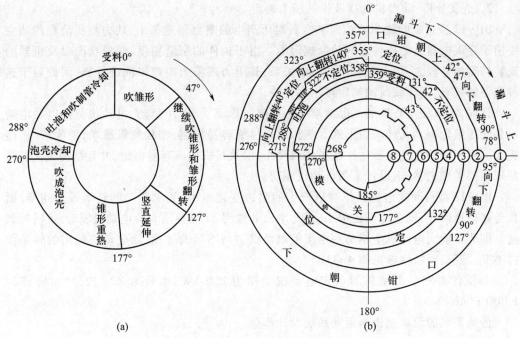

图 8 BD-12 型自动吹泡机泡壳成形工艺循环图

1—锥形模动作;2—吹制管翻转动作;3—定位机构动作;4—受料吹泡机构动作;
5—吹制管自转;6—泡模开闭机构;7—短吹气机构;8—长吹气机构

八、能量流系统设计

1. 确定能量流系统的配置

BD-12 型自动吹泡机的能量流由两大部分组成:其一是提供各机构运动所需的能量;其二是吹制用气的势能及热能。由于供气温度可能会随着外界环境的变化有一定的变化,而玻璃成形温度是有一定范围的,故在必要时,应设有辅助加热措施。另外,吹制管是整个机器中经常保持在高温下工作的部件,因此它自身的温度较高,在连续生产中若未给以足够的冷却,就会在工作一定时间后,出现口钳粘料现象,使生产难以连续进行下去。所以,吹制管在其运转一周的过程中,必须留出一定时间进行冷却。但是在一个工艺循环的时间内,若冷却的时间过长,相应地就缩短了工作时间,因而降低生产率。为了尽量缩短这项非工作时间,可采用强制冷却。据此,确定能量流系统的布局形式应为并联关系,如图 9 所示。

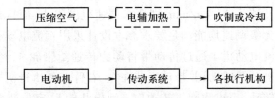

图 9 BD-12 型自动吹泡机能量流的系统布局

2. 负载分析、动力机选择及供气压力确定

BD-12型自动吹泡机吹泡时和空转时所产生的阻力相差很小,动力机所消耗的功主要用于克服机器运动构件之间的摩擦阻力。由于构件的制造精度、润滑状况以及机器的安装精度相差较大,加上较复杂的运动关系,其阻力或阻力矩难以准确计算,因此对于这种类型的机器,工作载荷的确定可用类比法。

目前,小口径空心玻璃制品成形机一般有气压驱动、液压驱动、电动机驱动以及电动机和气压组合驱动几种动力形式。气压驱动尽管容易控制,结构比较简单,但噪声大,能耗大。液压驱动与气压驱动比较虽然噪声小,但执行机构不容易密封,并且结构庞大。参照现有同类型机器,本设计采用电动机驱动。

BD-12型自动吹泡机工作时所产生的阻力变化很小,要求驱动的转矩较为均衡,而且是超低速回转,调速范围也很小,因此本设计选用Z2型他励直流电动机驱动,恒转矩调速。即改变输入电动机电枢的端电压使电动机达到不同的转速,而电动机输出的转矩保持不变。其机械特性参见图4-11b。

本设计参照同类型机器确定电动机功率为2.2 kW,型号为Z2-32,输出转速为1 000 r/min。

传动系统的设计见机械运动系统设计部分。

同样,压缩空气的作用主要在于将玻璃料滴吹制成形,其工作阻力难以准确计算,也可采用类比法确定。

由于设计要求供气压力可调,按类比法确定供气压力为39.3~49 kPa。

九、机械运动系统设计

1. 机械运动系统方案确定(略)

2. 执行机构设计

本机中执行机构较多,主要有翻转机构、拨叉机构、定位机构、自转机构、泡模开闭机构、锥形模升降机构、长短吹气机构等。下面主要介绍一下翻转机构的设计,其他不再一一介绍。

所设计的翻转机构如图10所示,它装在右臂上,翻转齿条上装有滚子,当滚子沿翻转凸轮槽滚动时,翻转齿条作往复移动,推动翻转齿轮作顺时针或逆时针方向转动,因而带动装在翻转架上的吹制管向上或向下翻转。

3. 传动机构设计

依据任务书规定机台转速为1~4 r/min,吹制管自转速度约为23转/机台每转,初步拟定其传动方案如图11所示。

任务书规定机台转速为1~4 r/min,即要求调速范围很小,而且是超低速回转。采用机械无级调速和电气无级调速均能满足要求。本设计采用直流电动机电气无级调速。

如图11所示,直流电动机1通过传动带将动力传递给带轮4,经安全离合器3,驱动蜗杆6使蜗轮5带动机台7转动,并带动安装在左、右臂上各执行机构和直接安装在机台上的泡模机构绕立轴转动,完成吹泡工艺动作。泡模凸轮8、定位凸轮9、自转凸轮10、拨叉凸轮11、翻转凸轮12、锥形模凸轮13、长短吹气凸轮14以及自转大锥齿轮(齿数 $z=$

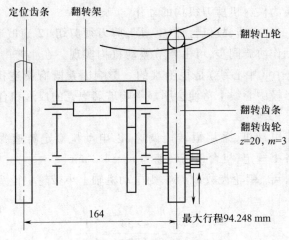

图 10 翻转机构示意图

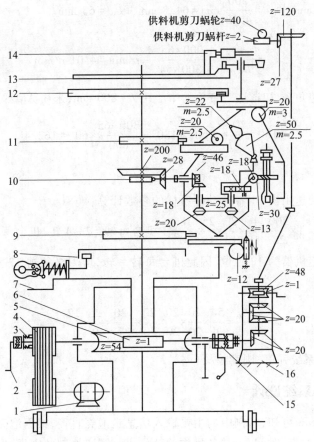

图 11 BD-12 型自动吹泡机传动示意图

200)都固定在立轴(分配轴)上不转动。

蜗杆 6 的一端装有手把 2,便于机械调整试车或使机器反转,在排除故障时使用。蜗杆 6 的另一端通过离合器 15、传动轴、联轴节将动力传递给差动箱 16,从而把驱动供料机的蜗杆蜗轮转动转换为供料机剪刀机构的动作。

由于要求为 12 工位机器,故机台每转一周,剪刀须剪切 12 滴玻璃料,二者的传动比必须严格不变。其动作协调同步,可由调节差动机构实现。在生产中要使每滴玻璃料都准确落入雏形模的正中(中心线)是很困难的。影响因素既有制造精度也有安装精度。玻璃料滴若偏离雏形模中心线下落便会明显影响玻璃泡壳的成形和合格率。

4. 计算传动比

按已确定的直流电动机,采用恒转矩调速,以电动机额定转速为最高转速,即 $n_M = 1\,000$ r/min。按任务书规定,机台最高转速为 $n_P = 4$ r/min。

初选蜗杆头数 $z_1 = 1$,蜗轮齿数 $z_2 = 54$,则电动机轴上小带轮中径 d 和蜗杆上大带轮中径 D 之比为

$$\frac{d}{D} = \frac{n_P z_2}{n_M z_1} = \frac{4 \times 54}{1\,000 \times 1} = \frac{1}{4.63}$$

初选 $D = 300$ mm,则 $d = \frac{300}{4.63}$ mm $= 64.8$ mm,取 $d = 65$ mm。

$$n_P = \frac{n_M d z_1}{D z_2} = \frac{1\,000 \times 65 \times 1}{300 \times 54}\ \text{r/min} = 4.01\ \text{r/min}$$

校核小带轮包角 α,初选这对带轮的中心距 $L = 800$ mm,采用 A 型 V 带。

$$\alpha = 180° - \frac{D-d}{L} \times 60° = 180° - \frac{300-65}{800} \times 60° = 162.4°$$

$\alpha > 120°$,α 和 L 合理。

吹制管自转转速由图 11 各传动件所标的参数计算:

$$n_T = 1 \times \frac{200}{28} \times \frac{46}{18} \times \frac{20}{13} \times \frac{25}{18} \times \frac{18}{30}\ \text{转/机台每转} = 23.4\ \text{转/机台每转}$$

按任务书规定机器为 12 工位,因此机台每转一转,剪刀必须剪 12 滴玻璃料,其传动比为

$$\frac{n_S}{n_P} = \frac{54}{1} \times \frac{20}{20} \times \frac{20}{20} \times \frac{20}{20} \times \frac{120}{27} \times \frac{2}{40} = \frac{12}{1}$$

5. 机械运动系统强度、刚度校核(略)

十、信息流系统设计

根据图 1 及图 3 可知,本例中的主要输入信息是泡壳直径,根据泡壳直径的不同需要调整吹气的压力、温度、时间,另外各机构的动作也是需要控制的因素,但动作周期与泡壳直径无关。从而得表 2。

以下分别以吹制管的翻转动作控制、吹气温度的控制及整机的电气控制为代表进行具体分析。

表 2　信息流系统结构

输入信息	控制因素	执行机构	拟采用控制方式
泡壳直径	机构动作	吹制管（翻转）	开环（凸轮控制）
		锥形模（自转、翻转）	
		泡模（开、闭）	
	吹气时间	长、短吹气机构	
	吹气温度	热风枪	闭环（传感器）
	吹气压力	配气阀	闭环（传感器）
电压（小于额定值 80%）	安全保护	电动机（停转）	开环（接触器控制）
电压（高于额定值 120%）	安全保护	电动机（整流部分）	
载荷	过载保护	电动机	开环（热继电器控制）

1. 吹制管的翻转动作控制

吹制管为实现吹泡壳功能的一个重要零件，在一个工艺周期中分别要完成吹锥形、吹泡壳以及泡壳冷却等功能，根据工艺流程及物料流系统分析可知，这些动作需要在吹转过程中完成，因此需对其翻转动作进行准确的控制。

根据 BD-12 型自动吹泡机泡壳成形工艺循环图（图 8）中的吹制管翻转曲线 2 可知吹制管的翻转过程是：自吹锥形后期开始，吹制管必须向下翻转 90°，保持瞬间水平后继续向下翻转 90°；吐泡时，向上翻转 40°；受料前再继续向上翻转 140°。

由于工艺上要求锥形翻转时吹制管必须作等加速等减速运动（模仿人工甩料），因此要求翻转凸轮轮廓曲线必须使翻转齿条作等加速等减速移动。

翻转齿条行程计算：

齿轮的主要参数是齿数 $z = 20$，模数 $m = 3$ mm。

吹制管向下翻转 90°时，翻转齿条行程 l_1 为

$$l_1 = \frac{\pi m z \times 90°}{360°} = \frac{\pi \times 3 \times 20 \times 90°}{360°} \text{ mm} = 47.124 \text{ mm}$$

同样可求得吹制管再向下翻转 90°、向上翻转 40°及向上翻转 140°时的翻转齿条行程 l_2、l_3、l_4 分别为 94.248 mm、20.994 mm、73.304 mm。

翻转凸轮的基圆 $r_0 \geqslant \dfrac{2e}{\tan \alpha}$

已知偏心距 $e = 82$ mm，取压力角 $\alpha = 23°$，则

$$r_0 \geqslant \frac{2e}{\tan \alpha} = \frac{2 \times 82}{\tan 23°} \text{ mm} = 386.4 \text{ mm}$$

取 $r_0 = 388$ mm。

当吹制管向下翻转 90°时凸轮的半径 r_1（图 12）为

$$r_1 = \left[82^2 + (47.124 + \sqrt{388^2 - 82^2})^2 \right]^{\frac{1}{2}} \text{ mm} = 434.17 \text{ mm}$$

因翻转凸轮槽向下,所以翻转齿条逆时针方向移动,根据工艺动作循环图可知:

① $\angle XOA_1 = 47°$, $\angle A_1OA_2 = 31°$, $A'_1A'_2$ 部分对应齿条按等加速等减速运动规律移动。

② $\angle XOB_1 = 95°$, $\angle B_1OB_2 = 32°$, $B'_1B'_2$ 部分对应齿条按等加速等减速运动规律移动。

③ $\angle XOC_1 = 276°$, $\angle C_1OC_2 = 12°$, $C'_1C'_2$ 部分对应齿条按等速运动规律移动。

④ $\angle XOD_1 = 323°$, $\angle D_1OD_2 = 32°$, $D'_1D'_2$ 部分对应齿条按等速运动规律移动。

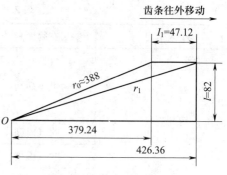

图 12　翻转齿条向外移动

同样可求出当吹制管向下翻转到 180° 及向上翻转到 40° 时凸轮的半径 R_2 及 R_3 分别为 480.53 mm、459.91 mm。

当吹制管继续向上(返回)再翻转 140° 时,齿条返回原始位置,凸轮的半径等于基圆的半径 $r_0 = 388$ mm。

根据已确定的工艺动作循环图以及前面对翻转机构的分析,向下翻转时为等加速等减速运动,向上翻转时为等速运动。其凸轮曲线见图 13。

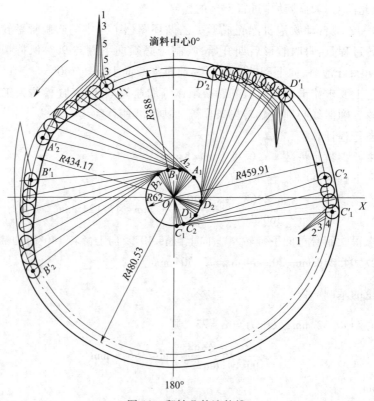

图 13　翻转凸轮滚轮槽

2. 吹气温度的控制

根据图 2 可知,玻璃成形温度应在 t_1 与 t_2 之间,而供气温度以及环境温度的变化等均可影响吹气温度,因此应能对进入吹制管的气体温度进行实时控制:当该温度低于 t_1 时,根据传感器所检测到的温度 t 与 $(t_1+t_2)/2$ 的差决定接通辅助加热的电阻数目;而当温度高于 t_2 时,则根据所检测到的温度 t 与 $(t_1+t_2)/2$ 的差决定应接通冷风的流量。据此,可画出控制框图如图 14 所示。

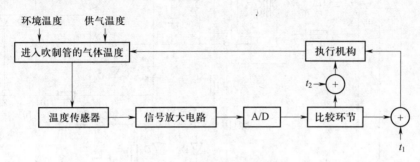

图 14 吹气温度的控制框图

此外,可选用价格低廉的热电偶作为温度检测传感器,热电偶具有一定的精度,易于控制。温度传感器输出的信号经信号放大、模数转换(A/D),(根据控制精度可选用 ADC0809、AD574 等模数转换器),进入到控制系统的比较环节,与给定的温度 t_1、t_2 和 $(t_1+t_2)/2$ 进行比较,通过执行机构确定应接通辅助加热元件或接入的冷风流量,从而使吹制管的气体温度满足要求。

3. 电动机的过载保护

电动机的过载保护主要靠强电电路保证,如热继电器、熔断器等(参见图 15)。

4. 电气控制部分说明

本设计采用单独电气箱集中控制,用组合开关 KZ 作为总电源开关,由 380V/220V 交流电源供电,辅助电动机用 380 V 交流电源,直流电动机用 220 V 交流电源经二极管、桥式整流供电。为防止交流电源电压波动影响转速稳定,采用 CZ-632 kV·A 磁饱和稳压器 BW 稳压。调压器 BT 用于降压启动及无级调速。线路中装有热继电器 $JR_1 \sim JR_4$ 用于电动机过载保护,螺旋熔断器用于短路保护。同时,直流电动机整流部分还设有阻容电路用于过压保护。另外,当电源电压下降至额定值的 80% 左右,接触器 $1CJ \sim 4CJ$ 均自动释放,电动机全部停止转动。其电气原理图见图 15。

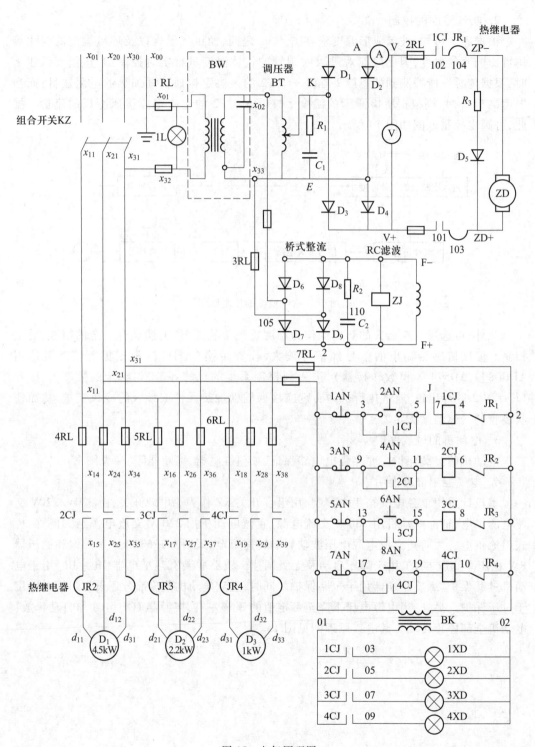

图 15　电气原理图

附录二 常用定位方法与元件

表 1 工件的平面定位

类别与定义		图例	应用场合	特点
固定支承：支承点位置固定不变的定位元件	A 型支承钉		用于支承工件上已加工过的基准平面	平头
	B 型支承钉		主要用于工件上未经加工的粗糙平面的定位	球头
	C 型支承钉		常用于要求摩擦力大的工件侧平面或顶面定位	网纹顶面、可增大夹紧面的摩擦力,但排屑困难
	A 型支承板		多用于已加工过的侧平面定位	结构简单、制造方便,沉头螺钉处积屑不易清除
	B 型支承板		已加工过的表面	易于清除切屑

类别与定义		图例	应用场合	特点
可调支承：支承点的位置可调节的定位元件	A型：球头螺钉		一般适用于重量轻的小型工件	直接用手或扳杆拧动球头螺钉进行调节
	B型：调节螺母		适用于较重的工件	通过扳手进行调节
	C型：调节螺杆		设置在工件侧面进行支承点位置的调节用	
自位支承：支承点的位置在工件定位过程中，随工件定位基准面位置变化而自动与之适应的定位元件	球面三点式		用于断续平面或阶梯平面的定位	与工件三点接触
	杠杆两点式			与工件两点接触
	三点浮动式			工件轴向位置是通过与其端面相接触的三个支承销3确定的，而三个支承销之间通过钢球1可以浮动

续表

类别与定义		图例	应用场合	特点
辅助支承：只起提高工件装夹刚度和稳定性而不起定位作用的元件	螺旋式	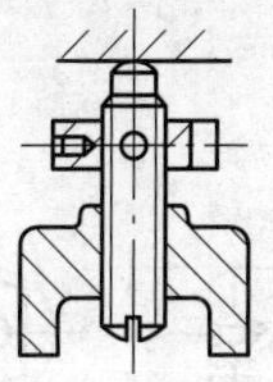	适用于工件较重、垂直作用的切削载荷较大的场合	支承结构简单，但效率较低
	自位式	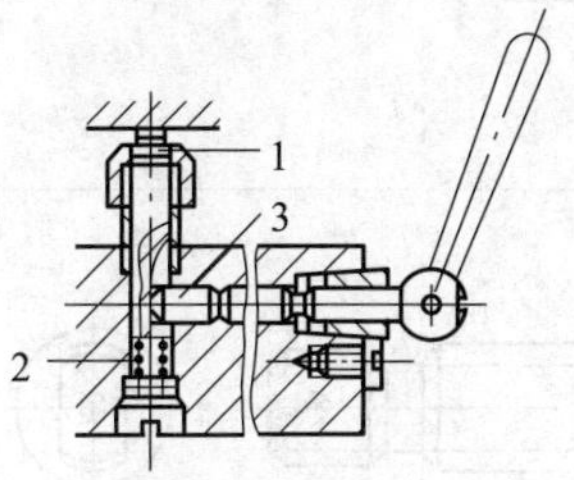		弹簧 2 推动滑柱 1 与工件接触，用滑块 3 锁紧
	推引式	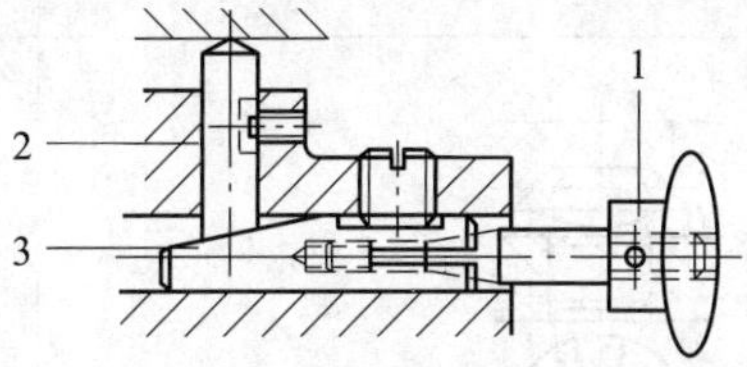		工件定位后，推动手柄 1 使滑柱 2 与工件接触，然后转动手柄使斜楔 3 开槽部分胀开而锁紧
	液压锁紧式	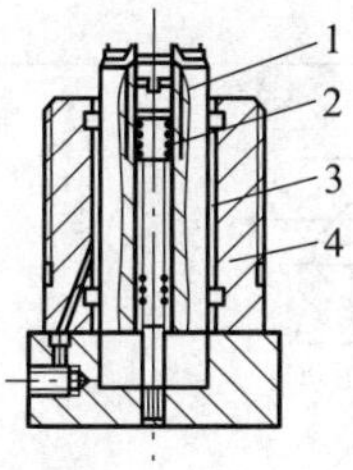		滑柱 1 在弹簧 2 作用下与工件接触，然后将压力油通入油腔 3 内使薄壁夹紧套 4 变形而锁紧滑柱；结构紧凑、操作方便，动作迅速

表 2　圆孔定位的定位元件

类别		图例	说明
圆柱心轴	间隙配合心轴	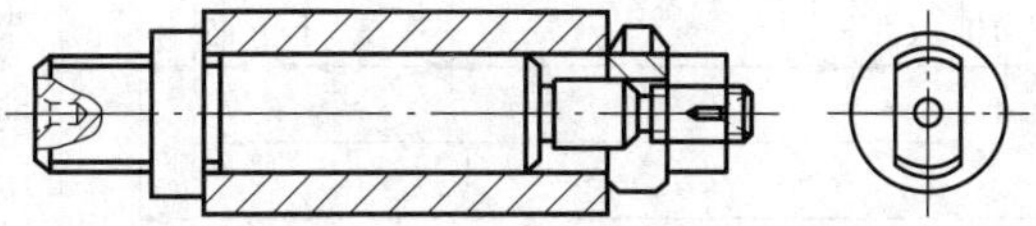	装卸工件方便，但定心精度不高。常要求工件以孔和端面组合定位，夹紧螺母可通过开口垫圈快速装卸工件

类别		图例	说明
圆柱心轴	过盈配合心轴		由引导部分 1、工作部分 2 及传动部分 3 组成;制造简单,定心准确,但装卸工件不方便,易损伤工件定位孔,多用于定心精度要求高的场合
	花键心轴		用于加工以花键孔定位的工件
圆锥销	A 型		用于粗定位基面
	B 型		用于精定位基面
圆锥心轴			定心精度较高,但其轴向位移误差较大,工件易倾斜,传递转矩较小,装卸工件不便,且不能加工端面。一般只用于工件孔精度不低于 IT7 的加工

表 3　以外圆柱面定位时的定位元件

类别		图例	说明
V 形块:外圆柱面最常用的定位元件,无论定位基面是否经过加工,是完整的圆柱面还是局部圆弧面,都可采用 V 形块定位。其优点是对中性好(工件的定位基准始终处在 V 形块两限位基面的对称面内),并且安装方便	A 型		用于较短的精定位基面
	B 型		用于较长的或阶梯定位面(粗定位基面)
	C 型		用于较长的或阶梯定位面(精定位基面)
	D 型		用于工件较长且定位基面直径较大的场合,此时 V 形块不必做成整体钢件,可在铸铁底座上镶装淬硬支承板或硬质合金板
定位套:定位时,把工件的定位基面直接放入定位套的限位基面中,即可实现定位			定位套结构简单,制造容易,但定心精度不高,只适用于精定位基面
半圆套:分成上、下两个半圆套,下面的半圆套放在夹具体上,起定位作用;上面的半圆装在可卸式或铰链式的盖上,仅起夹紧作用			半圆套的最小内径应取工件定位基面的最大直径
圆锥套:工件以圆柱面的端部在圆锥套 3 的锥孔中定位,锥孔中有齿纹,以便带动工件旋转。顶尖体 1 的锥柄插入机床主轴孔中,螺钉 2 用来传递转矩			这种圆锥套通常称为反顶尖

参考文献

[1] 汪应洛.系统工程[M].2 版.北京:机械工业出版社,1995.

[2] 汪应洛.系统工程导论[M].北京:机械工业出版社,1982.

[3] 朱龙根.机械系统设计[M].2 版.北京:机械工业出版社,2001.

[4] 杨汝清.现代机械设计:系统与结构[M].上海:上海科学技术文献出版社,2000.

[5] 张君安.机电一体化系统设计[M].北京:兵器工业出版社,1997.

[6] 赵松年,李恩光,黄耀志.现代机械创新产品分析与设计[M].北京:机械工业出版社,2000.

[7] 胡胜海.机械系统设计[M].哈尔滨:哈尔滨工程大学出版社,1997.

[8] 牟致中,朱文予.机械可靠性设计[M].北京:机械工业出版社,1993.

[9] 烟村洋太郎.机械设计实践[M].王启义,译.北京:机械工业出版社,1998.

[10] 黄天铭,邓先礼,梁锡昌.机械系统学[M].重庆:重庆出版社,1997.

[11] 魏章庆,胡秋玲,柳荣贵.电风扇、洗衣机原理与检修技术[M].北京:电子工业出版社,1994.

[12] 汤瑞.轻工机械设计[M].上海:同济大学出版社,1994.

[13] 黄靖远,龚剑霞.机械设计学[M].北京:机械工业出版社,1991.

[14] 董仲远,蒋克铸.设计方法学[M].北京:高等教育出版社,1991.

[15] 邱丽芳,唐进元,高志.机械创新设计[M].3 版.北京:高等教育出版社,2020.

[16] 曹琰.数控机床使用与维修[M].北京:电子工业出版社,1994.

[17] 刘飞,杨丹,陈进.制造系统工程[M].北京:国防工业出版社,1995.

[18] 杨平,廉仲.机械电子工程设计[M].北京:国防工业出版社,2001.

[19] 谢存禧,邵明.机电一体化生产系统设计[M].北京:机械工业出版社,1999.

[20] 郑力,陈恳,张伯鹏.制造系统[M].北京:清华大学出版社,2001.

[21] 张晓萍,颜永年,吴耀华,等.现代生产物流及仿真[M].北京:清华大学出版社,1998.

[22] 孙光华.工装设计[M].北京:机械工业出版社,1998.

[23] 宋甲宗,石永铎.物流机械化技术[M].北京:机械工业出版社,1991.

[24] 翟华.轴类零件校直理论研究[D].合肥:合肥工业大学,2003.

[25] 曹金榜.现代设计技术与机械产品[M].北京:机械工业出版社,1987.

[26] 方德政.电路与电机[M].银川:宁夏人民出版社,1987.

[27] NASAR S A.电机与机电学[M].綦慧,译.北京:科学出版社,2002.

[28] 马守明.柴油机[M].北京:煤炭工业出版社,1981.

[29]　TAYLOR C F.内燃机:下册[M].张胜瑕,程末云,等,译.北京:人民交通出版社,1983.

[30]　张建民,等.机电一体化系统设计[M].5 版.北京:高等教育出版社,2020.

[31]　华中工学院等五院(校)《机械传动及曲柄压力机》编写组.机械传动及曲柄压力机:上册[M].北京:人民教育出版社,1976.

[32]　邹慧君.机械系统设计原理[M].北京:科学出版社,2003.

[33]　邹慧君.机械原理课程设计手册[M].北京:高等教育出版社,1998.

[34]　阮忠唐.机械无级变速器设计与选用指南[M].北京:化学工业出版社,1999.

[35]　吴文琳,郭力作.汽车无级变速器原理与维修[M].北京:机械工业出版社,2008.

[36]　辛一行.现代机械设备设计手册[M].北京:机械工业出版社,1996.

[37]　邹慧君.机械运动方案设计手册[M].上海:上海交通大学出版社,1994.

[38]　王贤坤.机械 CAD/CAM 技术应用与开发[M].北京:机械工业出版社,2001.

[39]　杨叔子,杨克冲,等.机械工程控制基础[M].4 版.武汉:华中科技大学出版社,2002.

[40]　廖效果,朱启述.数字控制机床[M].武汉:华中理工大学出版社,1992.

[41]　贾伯年,俞朴.传感器技术[M].南京:东南大学出版社,1992.

[42]　周佩玲,吴耿锋,万炳奎.16 位微型计算机原理·接口及其应用[M].修订版.合肥:中国科学技术大学出版社,1997.

[43]　刘杰,周宇博.基于模型的设计[M].北京:国防工业出版社,2011.

[44]　孙增圻,等.智能控制理论与技术[M].北京:清华大学出版社,1997.

[45]　刘金环,任玉田.机械工程测试技术[M].北京:北京理工大学出版社,1990.

[46]　卢耀祖,郑惠强,张氢.机械结构设计[M].2 版.上海:同济大学出版社,2009.

[47]　吴宗泽.机械结构设计准则与实例[M].北京:机械工业出版社,2007.

[48]　陈为.计算机辅助设计[M].合肥:安徽人民出版社,2000.

[49]　魏俊民,周砚江.机电一体化系统设计[M].北京:中国纺织出版社,1998.

[50]　徐杜,蒋永平,张宪民.柔性制造系统原理与实践[M].北京:机械工业出版社,2001.

[51]　任守榘,等.现代制造系统分析与设计[M].北京:科学出版社,1999.

[52]　王文奇.噪声控制技术及其应用[M].沈阳:辽宁科学技术出版社,1985.

[53]　庄表中,刘明杰.工程振动学[M].北京:高等教育出版社,1989.

[54]　郭青山,汪元辉.人机工程学[M].天津:天津大学出版社,1994.

[55]　俞志豪,王祖铭.机械产品造型设计[M].北京:机械工业出版社,1992.

[56]　庞志成,于惠力,陈世家.工业造型设计[M].哈尔滨:哈尔滨工业大学出版社,1995.

[57]　谢庆森.工业造型设计[M].天津:天津大学出版社,1994.

[58]　刘志峰.绿色设计方法、技术及其应用[M].北京:国防工业出版社,2008.

[59]　赵仕奇,黄银花.基于燕尾槽型墙壁板的创新设计[J].黑龙江科技信息,2008(26):11.

[60] 吴慧中,陈定方,万耀青.机械设计专家系统研究与实践[M].北京:中国铁道出版社,1994.

[61] 任卫平,陈定方,等.面向对象编程的C++/ES[M].北京:中国铁道出版社,1992.

[62] 陈定方,倪笃明.机械的CAD与专家系统[M].北京:北京科学技术出版社,1986.

[63] 林卫,苏智剑,叶元烈,等.汽车离合器设计专家系统研究[J].汽车研究与开发,1999(3):19-21,25.

[64] 董明望,李和平,张晓川.一种参数化绘制机械图形程序的结构[J].交通与计算机,1995,13(2):40-42.

[65] 王国强,张进平,马茗丁.虚拟样机技术及其在ADAMS上的实践[M].西安:西北工业大学出版社,2002.

[66] 肖田元,张燕云,陈加栋.系统仿真导论[M].北京:清华大学出版社,2000.

[67] 黄国权.有限元法基础及ANSYS应用[M].北京:机械工业出版社,2004.

[68] 詹启贤.自动机械设计[M].北京:轻工业出版社,1987.

[69] 李诗久,周晓君.气力输送理论与应用[M].北京:机械工业出版社,1992.

[70] Lahman H S.基于模型的软件开发[M].王慧,马苏宏,译.北京:机械工业出版社,2015.

[71] 李国琛.数字孪生技术与应用[M].长沙:湖南大学出版社,2020.

[72] 陈根.数字孪生[M].北京:电子工业出版社,2020.